Python算法的奇妙之旅

王小川◎编著

机械工业出版社
China Machine Press

图书在版编目（CIP）数据

Python算法的奇妙之旅/王小川编著. —北京：机械工业出版社，2022.7
ISBN 978-7-111-71212-1

Ⅰ．①P… Ⅱ．①王… Ⅲ．①软件工具－程序设计 Ⅳ．①TP311.561

中国版本图书馆CIP数据核字（2022）第124068号

Python 算法的奇妙之旅

出版发行：机械工业出版社（北京市西城区百万庄大街 22 号　邮政编码：100037）			
责任编辑：刘立卿		责任校对：姚志娟	
印　　刷：涿州市京南印刷厂		版　　次：2022 年 8 月第 1 版第 1 次印刷	
开　　本：186mm×240mm　1/16		印　　张：20	
书　　号：ISBN 978-7-111-71212-1		定　　价：89.80 元	

客服电话：（010）88361066　88379833　68326294　　投稿热线：（010）88379604
华章网站：www.hzbook.com　　　　　　　　　　　　读者信箱：hzjsj@hzbook.com

随着人工智能和大数据时代的到来，数据分析越来越流行，自动化迅速崛起，这带"火"了得天独厚的 Python 语言。从小型创业公司到如日中天的大型企业，从战略规划的新兴产业到生机勃勃的成长产业乃至举足轻重的支柱产业，都对 Python 技术人员青睐有加。不论你所在的行业是自媒体、医疗、政务、金融还是其他新兴行业，也不论你从事的工作是开发、维护、运营、产品还是其他新兴岗位，你都能看到 Python 算法的身影。在许多互联网公司中，从业人员能熟练掌握 Python 并融会贯通各种算法的思路，会成为他们的一个加分项。

目前图书市场上关于 Python 算法的相关图书不少，但真正从实际应用出发，通过各种算法思想和案例来指导读者提高算法设计能力的图书却凤毛麟角。本书以实战为主旨，通过 6 种常用算法思想，并佐以典型案例，帮助读者全面、深入、透彻地掌握各种典型算法的思路和应用，提高读者解决实际问题的能力。

本书特色

1．对Python算法涉及的概念和数据结构做原理性分析

本书从一开始便对 Python 算法的概念、特征、应用和设计策略做了基本介绍，并对涉及的各种数据结构类型进行原理性分析，帮助读者夯实基础，为后续学习算法思想和演练典型案例打好基础。

2．结合大量典型案例介绍Python热门算法的思想

本书结合大量案例介绍排序、遍历、迭代、递归、回溯、贪心和分治等热门算法的思想，并详解水仙花数、埃及分数、鸡兔同笼、阶乘算法、辗转相除法、斐波那契数列、汉诺塔问题、八皇后问题和背包问题等典型案例的求解过程。

3．分类驱动，逻辑性强

本书首先介绍十大排序算法和 10 种数字相关的算法，然后介绍遍历、迭代、递归、回溯、贪心、分治算法思想，这些都是 Python 算法学习必须要掌握的知识。书中还对各类算法的异同进行了对比，帮助读者对算法进行逻辑梳理。

4．案例典型，实用性强

本书详解 40 多个典型案例及其对应的 100 多种解题思路与方法，它们均来自笔者在

学习、生活和工作中的亲身体验和奇思妙想，具有很高的应用价值和参考性。这些案例使用不同的思想和解法组合实现，便于读者融会贯通地理解本书中介绍的算法，读者对这些案例稍加修改，便可应用于实际开发中。

5．注释详细，图示丰富，容易理解

本书中的案例源代码逐行进行了详细的注释，并给出流程图或示意图，便于读者直观地理解所讲内容，从而提高学习效率。

6．提供完善的技术支持和售后服务

本书提供专门的技术支持邮箱（WoLykos@163.com 和 hzbook2017@163.com）与微信公众号（gh_0a33f89bdafe），读者在阅读本书的过程中若有任何疑问，可以通过邮箱或公众号获得帮助。

本书内容

第1篇　基础知识

本篇涵盖第 1～4 章。第 1～3 章主要介绍 Python、算法、数据结构、时间复杂度和空间复杂度等基础概念，其中涵盖整型、布尔值、字符串、列表、元组、字典、集合等数据类型，以及表、树、图等数据结构；第 4 章主要介绍十大排序算法，包括冒泡排序、快速排序、直接插入排序、希尔排序、简单选择排序、堆排序、归并排序、计数排序、桶排序和基数排序。

第2篇　开始算法之旅

本篇涵盖第 5～11 章。第 5 章主要介绍 10 种与数字相关的算法，包括素数、完美数、自守数、快乐数、水仙花数、埃及分数、阶乘算法、辗转相除法、兔子序列和数独，旨在表达数字之美；第 6～11 章主要介绍六种常用算法思想，包括遍历法、迭代法、递归法、回溯法、贪心法和分治法，涉及其基本思想、关键特征、解题步骤和算法框架等内容，讲解时以 6 种算法思想为依据，列举 40 多个典型案例及其对应的 100 多种解题思路和方法。

本书读者

- 准备从事数据分析、AI 和算法等工作的人员；
- Python、C++、Java 和 PHP 等程序员；
- 数据专员和数据分析工程师；
- 运营、产品和研发人员；

- 对算法有浓厚兴趣和需求的人员；
- 广大数学爱好者；
- 希望提升逻辑思维的人员；
- 高等学校相关专业的学生；
- 专业培训机构的学员。

配书资源获取方式

本书涉及的所有源代码都需要读者自行下载。请在机械工业出版社华章分社（www.hzbook.com）上搜索到本书，然后单击"资料下载"按钮，即可在本书页面上找到下载链接。

售后支持

读者阅读本书时若有疑问，可以发电子邮件（邮箱地址见前文）获得帮助，也可以通过笔者的微信公众号 gh_0a33f89bdafe 提出，笔者会不定期解答。另外，书中若有疏漏和不当之处，也请读者及时反馈，以便后期修订。

前言

<h1 style="text-align:center">第 1 篇　基础知识</h1>

第2篇　开始算法之旅

第1篇
基础知识

第 1 章 概 述

对于算法，想必读者已是耳熟能详。随着人工智能和大数据时代的到来，生活中的许多问题也渐渐依赖于数据分析和数据挖掘来解决，算法在人类有效利用信息方面承担着不可或缺的角色。

而作为最受瞩目的编程语言 Python，更是在这风口浪尖一跃成为全球最受欢迎的编程语言。2018 年，在 PYPL 发布的 5 月编程语言指数榜中，Python 以 22.8%的份额首次超越 Java 拿下榜首位置，之后一路保持着增长趋势，两个月后便达到 23.59%的份额，远远甩开了 Java，凸显其能力与魅力！直至 2020 年 1 月，三连冠的 Python 更是与 Java 拉开了更大的距离，以 29.72%的份额稳居榜首，如图 1.1 和图 1.2 所示。

Worldwide, Jul 2018 compared to a year ago:				
Rank	Change	Language	Share	Trend
1	↑	Python	23.59 %	+5.5 %
2	↓	Java	22.4 %	-0.5 %
3	↑↑	Javascript	8.49 %	+0.2 %
4	↓	PHP	7.93 %	-1.5 %
5	↓	C#	7.84 %	-0.5 %
6		C/C++	6.28 %	-0.8 %
7	↑	R	4.18 %	+0.0 %
8	↓	Objective-C	3.4 %	-1.0 %
9		Swift	2.65 %	-0.9 %
10		Matlab	2.25 %	-0.3 %

Worldwide, Jan 2020 compared to a year ago:				
Rank	Change	Language	Share	Trend
1		Python	29.72 %	+4.3 %
2		Java	19.03 %	-1.9 %
3		Javascript	8.2 %	+0.1 %
4		C#	7.28 %	-0.2 %
5		PHP	6.09 %	-1.1 %
6		C/C++	5.91 %	-0.3 %
7		R	3.72 %	-0.2 %
8		Objective-C	2.47 %	-0.6 %
9		Swift	2.36 %	-0.2 %
10		Matlab	1.79 %	-0.2 %

图 1.1　2018 年 7 月 PYPL 编程语言指数榜　　　　图 1.2　2020 年 1 月 PYPL 编程语言指数榜

得益于 Python 易上手的特性、广泛的应用性及其极具潜力的发展空间，许多人都选择 Python 作为入门语言。根据国务院《新一代人工智能发展规划》的要求，Python 这把"火"更是已经烧到了程序员的圈子之外，不难推断，编程教育正在向低幼龄群体渗透。

🔔注意：由于篇幅有限，此处只截取了榜单前 10 名。

　　现在，Python 受到的质疑也越来越少。如今，Python 已经成为一款主流的编程语言。它以轻松上手、易于读写、极具语言艺术美且非常实用等优点，赢得了广泛的群众基础，被誉为"宇宙最好的编程语言"。当然，每个程序员都会觉得自己使用的编程语言是最好的语言。

　　最后，通过 Google 搜索频率词图（见图 1.3）以及 GitHub 上 Python 和 Java 的 5 年对比图（见图 1.4）可以清楚地看出：在图 1.3 中，Python 字样以绝对的优势占据了醒目的位置；而在图 1.4 中，Java 的曲线基本呈水平状态（图中上面的线），Python 的曲线则呈上升趋势（图中下面的线），其与 Java 的曲线相交于 2018 年。

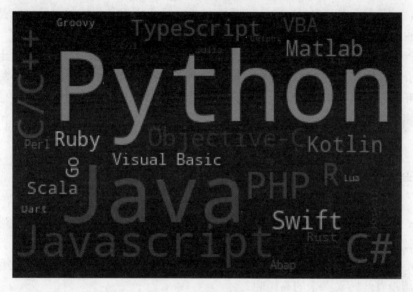

图 1.3　Google 搜索词图

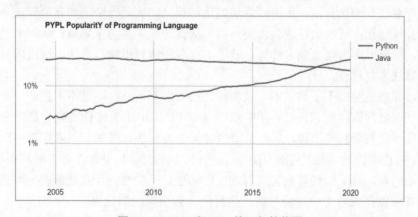

图 1.4　Python 和 Java 的 5 年趋势图

1.1　书 本 简 介

不知大家有没有看过《算法导论》这本书，有兴趣的读者可以看一看，这本书对于新手而言就是两个字——恐怖。《算法导论》是笔者看过的所有算法资料中内容最详细、最实用和叙述最严谨的书，其涵盖算法的方方面面，并涉及大量高等数学和离散数学的基础知识且所有算法均用英文伪代码进行描述。笔者当年看它，就像拿着一本中英文词典在背单词一样，结果只记住了 Abandon。《算法导论》是一本极其权威的书籍，只是它对于当时的我来说实在是太难了。如果还想要完全理解书中的数学证明，那就更难了。

而《Python 算法的奇妙之旅》（下文简称《奇妙之旅》）是一本会让你爱上算法的书籍，书中介绍了 40 多个典型案例及其对应的 100 多种解题思路与方法。这不算多，可别因此便被吓住了，毕竟本书仍属于算法入门书籍的范畴，书中的算法思想也定然不至于晦涩难懂到将你"劝退"。只要你跟随笔者的思路去学习，相信一定可以在阅读结束之后收获良多。

1.1.1　书本涉及的内容

作为一本算法书，最主要的内容当然是算法。不过，为了顾及一些对算法懵懵懂懂的读者，本书会先介绍一些算法所涉及的概念，让读者对算法有一个整体的了解，算是和算法的初识吧。然后就是学习与记忆阶段——熟悉各个数据结构，因为这些是必须记住的。就像盖楼，没有红砖又哪来的高楼呢？

如果你能顺利阅读完前 3 章，那么恭喜你来到算法世界！

从排序算法到遍历算法，从迭代算法到递归算法，从贪心算法到分治算法……覆盖所有典型的算法思想；从水仙花数到埃及分数，从辗转相除到兔子繁殖，从阿米巴分裂到汉诺塔传说，从最短迷宫到数独求解等，通过 100 多种解题思路与方法，给出所有的常见经典案例的算法求解过程。

当然，算法是脱离不了数学的，《奇妙之旅》也不例外。不过不用担心，本书涉及的仅仅是一些基础的数学知识而已，初中水平就够了。本书不要求读者熟知数学分析的理论知识或者线性代数、复变函数，只是希望读者能学习一些算法知识，就算有些地方稍微难以理解，本书也会由浅入深地把知识体系讲明白、讲通透。如果读者对有些问题不甚理解，也可以联系笔者，对于一些有意思或有难度的问题，笔者会抽空免费解答。当然，笔者还是希望读者可以养成自主学习的习惯，从而提高解决问题的能力。

1.1.2　书本不涉及的内容

《奇妙之旅》是一本专业的算法书，算法例子涵盖面极广，涉及希腊神话、物种繁殖和数字游戏等。

本书不会涉及的内容有以下几方面：

本书不会教你"用 Python 输出 Hello World"这类基础的编程知识。这是一本算法书而不是基础编程教材，适合有一定编程基础的读者阅读，至少是入门级水平。

本书也不会强调代码编写规范，这是编程语言教科书要讲的内容。但编写规范是十分重要的，是成为一个合格程序员的基础。因此读者需要事先了解一些知识：注释、排版、变量、函数和命名等。本书也自当"严于律己"，书中的代码基本符合规范且极具整洁的艺术美，不说面面俱到，至少让人觉得"赏心悦目"。

本书会列举很多算法例子，其中大部分是常见的或非常有代表性的，目的是让读者感到熟悉并易于接受。因此请读者不要太过纠结于细节问题及其他的条条框框，毕竟本书的目的是让大家建立一个对算法的框架性认识。学算法最重要的是思维，最忌讳的是规矩，我们必须遵循规则，但不能被规则绑住了手脚。

1.2　本书的优势

《奇妙之旅》以活泼、幽默的语言和天马行空的想象，将 40 多个典型案例的 100 多种解题思路娓娓道来，有趣而不失严谨，准确且容易理解。在一些难以理解的地方更是贴心地附上大量图解，图文结合，让读者学习起来得心应手。

本书将算法分门别类进行归纳，从思维的角度进行解析，把算法过程掰开揉碎地讲明白。相比于其他算法书，本书并非独立地讲这些算法，而是分门别类展开讲解，从而形成一个算法的关系网，从算法本身入手，并拓展、延伸至整个类型的核心逻辑。为了加深读者对各类别算法的认识，本书还将同一算法的不同解题思维衍生出的不同解法进行对比，以帮助读者加深理解。

还有一个重要的方面，那就是书中都给出完整的 Python 代码，并且基本上每行代码都有注释。详细的注释会让整段 Python 代码更容易理解，进而帮助读者掌握相关算法的思想。

本书每章最后的小结是对本章知识点的总结和"唤醒"，以帮助大家查漏补缺。另外，本书从第 7 章开始特意用一小节内容，对六种常用算法思想的本质特征进行对比，解答读者在学习过程中必然会产生的一些疑惑（因为这些问题笔者也曾遇到过）。

来吧，趣味盎然的算法实例，条修叶贯的算法思想，一定会让你受益匪浅。

《奇妙之旅》共囊括 7 个基础数据类型及其变化而成的 24 个数据结构以及各类算法对

应的的 40 多个经典案例的 100 多种解题思路与方法，对每个算法进行比物连类，再对每个类别由浅入深地展开讲解。

如果认真学完这本书，那么相信你的算法水平至少可以达到中等。为什么这么说呢？因为本书不仅教给你问题的解决方案或算法的初步应用，而且会带你去了解这个算法本身，了解它的原理，然后举一反三，触类旁通。

1.3　需要做的准备工作

首先，读者需要有一定的数学基础。这点在前面已经提到过，只需要初中水平即可，难度大一些的知识点，笔者会详细介绍。

其次，读者需要了解一些基本的计算机编程术语，当然，如果有 Python 编程基础更好。请注意，仅限于了解就够了，并非需要多么熟悉或精通。先将编程学精，再来学算法的想法实不可取。一来浪费精力，二来浪费最好的学习时光。人生苦短，很多事情不能等，因为你永远没有准备好的那一天。

最后，工欲善其事，必先利其器。你需要有一些顺手的 Python 开发工具。Python 的学习少不了 IDE 或者代码编辑器，这些 Python 开发工具能明显加快编译速度，提高编译效率。目前最常见的 Python 开发工具有 Vim、PyCharm、Anaconda、Eclipse with PyDev 和 Sublime Text 等，还有其他交互式 Shell，如 Idle 和 Ipython。

对于上面列举的 IDE 的优劣这里不多做评论，笔者个人推荐的是 PyCharm 和 Anaconda。这二者又有什么区别呢？

PyCharm 是 JetBrains 开发的 Python IDE，拥有一般 IDE 所具备的功能，如语法高亮、函数跳转、断点调试、智能提示、代码纠错、项目管理、单元测试和版本控制等。另外，PyCharm 还提供一些很好的功能用于 Django 开发，同时支持 Google App Engine。

对于 PyCharm，总结起来就是一句话：功能齐备，出类拔萃。

不过由于 PyCharm 具有众多的功能，其对于主机和网络还是有要求的，当网络不通畅时，第三方库的下载可能会慢到让你抓狂。

Anaconda 是开源的，并且包含 Conda 和 Python 等 720 多个与数据科学相关的开源包，在数据可视化、机器学习和深度学习等多方面都有所涉及，开发者无须再一个一个地安装，便可直接利用这些包大幅提升开发效率。Anaconda 不仅可以做数据分析，在大数据和人工智能领域也是如鱼得水，它通过对工具包、开发环境和 Python 版本的管理，可以大大简化工作流程。更重要的是，Anaconda 的环境是打包隔离的，其自带的 Python 并不会与系统的 Python 发生版本冲突，这可省去很多麻烦（当你的计算机被迫安装 3 个版本以上的 Python 时，你就明白这一点了）。官网上是这样介绍 Anaconda 的：适用于企业级大数据分析的 Python 工具。这倒是个中肯的介绍。

Anaconda 用起来省时、省心，是一款很好的分析利器。不过，由于 Anaconda 事先便嵌入了许多开源包，使得其安装包太大，占内存较大，启动时间也较长，并且它在项目管理上也显得捉襟见肘。

前面介绍了 PyCharm 和 Anaconda 两个 Python IDE 各自的优劣之处，相信很多读者对 Anaconda 已经很感兴趣了。下面我们就来了解一下 Anaconda 的安装步骤。

（1）进入 Anaconda 官网，单击 Download 按钮，如图 1.5 所示。

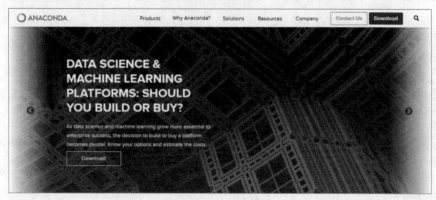

图 1.5　Anaconda 官网

（2）以 Windows 64 位为例，单击"Windows 图标"，选择 64-Bit Graphical Installer (462MB)选项。当然，也可以根据自己的实际情况选择 Python 3.6 版或者 32-Bit 版本，如图 1.6 所示。

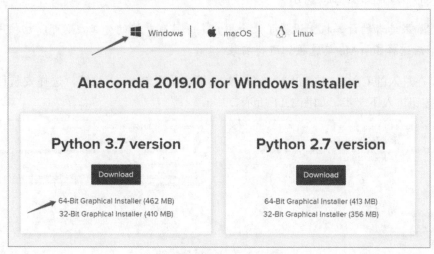

图 1.6　选择合适的版本

注意：跨平台的 Anaconda 有 Windows、macOS 和 Linux 这 3 个版本，另外还要区分 64-Bit 和 32-Bit，以及 Python 3.x 和 Python 2.x 的版本差别，请根据自己的实际情况进行选择。

（3）双击 Anaconda3-2019.10-Windows-x86_64.exe 文件进行安装，如图 1.7 所示。

（4）在弹出的对话框中单击 Next 按钮进入下一步，如图 1.8 所示。

图 1.7 安装文件

（5）在进入的 License Agreement 对话框中单击 I Agree 按钮进入下一步，如图 1.9 所示。

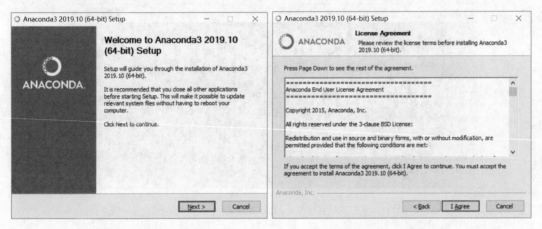

图 1.8 准备安装 　　　　　　　　　 图 1.9 同意安装

（6）在进入的 Select Installation Type 对话框中选择 All Users 单选按钮，然后单击 Next 按钮进入下一步，如图 1.10 所示。

⚠注意：如果读者的计算机上设置了几个用户，并且有严格的分工，则可以切换用户，然后选择 Just Me 单选按钮进行安装。

（7）在进入的 Choose Install Location 对话框中单击 Browse 按钮，选择安装目录后单击 Next 按钮进入下一步，如图 1.11 所示。

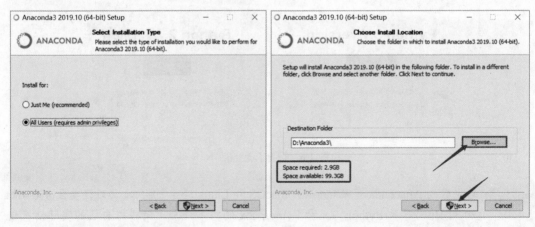

图 1.10 选择安装用户 　　　　　　　　 图 1.11 选择安装目录

🔔**注意**：安装软件所需的空间是 2.9GB，请确保计算机上有充足的安装空间。不建议将 Anaconda 安装在系统盘上。

（8）在进入的 Advanced Installation Options 对话框中不勾选第一个复选框（后续手动添加便可），单击 Install 按钮进入下一步，如图 1.12 所示。

（9）进入 Installing 对话框，开始安装 Anaconda，如图 1.13 所示。

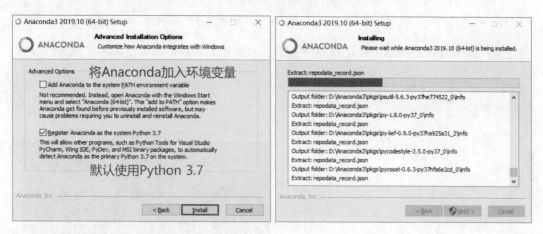

图 1.12　安装设置　　　　　　　　　　图 1.13　开始安装

（10）经过一段时间的等待，终于完成了安装，在 Installation Complete 对话框中单击 Next 按钮进入下一步，如图 1.14 所示。

（11）在进入的 Thanks for installing Anaconda3!对话框中，两个复选框都可以不选，然后单击 Finish 按钮结束安装过程，如图 1.15 所示。

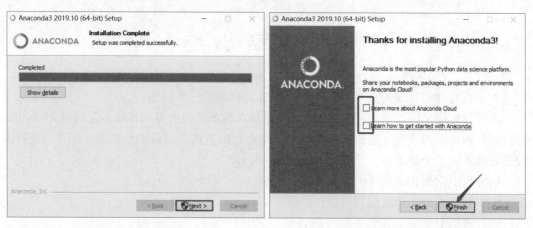

图 1.14　安装完成　　　　　　　　　　图 1.15　结束安装

（12）接下来是设置环境变量。

① 找到 Anaconda 和 Scripts 文件的安装路径，如图 1.16 所示。

② 打开"控制面板"，选择"系统和安全"|"系统"|"高级系统设置"选项，弹出"系统属性"对话框。单击"环境变量"按钮，弹出"环境变量"对话框，在"系统变量"区域单击 PATH，在其中加入 Anaconda 和 Scripts 的路径，如图 1.17 所示。

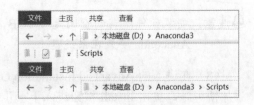

图 1.16　找到安装路径

🔔**注意**：添加后退出，退出时记得要一直单击"确定"按钮，而不是单击"取消"按钮。

（13）打开 cmd 窗口，输入 conda –version 命令，如果输出了 Anaconda 的版本，则说明安装成功，如图 1.18 所示。

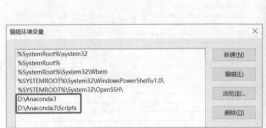

图 1.17　编辑环境变量

图 1.18　安装验证界面

🔔**注意**：虚拟环境、关联 PyCharm 和 Spyder 等功能请读者自行研究，这里不展开介绍。

1.4　本 章 小 结

本章没有介绍具体的技术，只是作为正式讲解前的一个铺垫。

本章首先简单讲述了 Python 的发展历史及本书涉及的内容和优势，让读者对 Python 编程语言和本书内容有一定的了解和认知；然后介绍正式学习前的一些准备工作，也可以说是对读者的 3 个要求：

- 具有小学或初中水平的数学基础；
- 了解基本的计算机编程术语；
- 计算机上安装了"顺手"的 Python 工具软件。

有了本章的铺垫，下面我们就可以扬帆起航，大胆地往下走了。

第 2 章　何 为 算 法

你相信算法吗？对于这个问题的答案，笔者并不关心，因为无论你信不信，不可否认的是算法席卷了你我的生活。

通信聊天时词汇的联想输入、网络购物时商品的关联推荐和下班回家时家电的智能声控，其算法早已悄无声息地进入我们的世界。但你是否知道算法是什么呢？

2.1　什么是算法

很多时候，比自己更了解自己的，不是你的父母和伴侣，也不是你的朋友，而是算法。算法就像一位智者那般，似乎只要我们有亟待解决的问题，它便可以为我们提供这个问题的可行解。

2.1.1　算法的概念

算法，即计算之法，是一串指令，一个方案，也是一个过程。算法就是一系列规范化的计算步骤，它对一个或多个输入值先进行计算，然后转换成所请求的结果再输出。当然，需要强调的是，所谓的"请求的结果"，并非请求一个精确的结果，而是算法根据我们的请求运行后得出一个结果。

简单地说就是，我们可以要求算法输出一个"请求的结果"，如"1+1=？"的结果，但我们无法要求当输入"1+1"时算法必然输出"2"（如果你直接把答案告诉算法那就另当别论了）。就像考试时，老师要求你在试卷上填上正确的答案，但老师并不能确保你所认为的正确答案便是正确的答案。

运行算法时，我们从一个初态开始，经过一系列有限、清晰且有明确定义的状态转化，最终产生并止步于一个终态。初态到终态的转化是无法确定的，甚至初态与终态之间多种状态的转化也是无法确定的。

或者换一个角度，我们可以这样理解：算法是由一系列数据对象的一系列运算和操作组成的。

运算包括算术运算、逻辑运算和关系运算。算术运算有加、减、乘、除，逻辑运算有或、与、非，关系运算有大于、小于、等于、不等于。操作包括输入、输出和赋值等。这么一看是不是就了然于胸了呢？那什么是数据对象呢？它其实就是指数据。至于数据类型，则是一个十分庞杂的问题，第 3 章将会详细地讲解。

2.1.2　算法的特征

通常来讲，算法有 5 个特征，即我们所说的"两项三性"。
- 输入项（Input）：有一个或多个初始输入，包括人为输入和算法定义；
- 输出项（Output）：有一个或多个输出，没有输出就没有任何意义；
- 确切性（Definiteness）：每个步骤都要清晰明确；
- 有穷性（Finiteness）：算法的步骤必须是有限个；
- 可执行性（Effectiveness）：每个步骤都是可执行的。

除了以上 5 个强制特性外，算法还有以下 5 个非强制特性：
- 正确性；
- 可读性；
- 健壮性；
- 鲁棒性；
- 可移植性。

正确性、可读性和可移植性很容易理解，就是字面意思。至于健壮性和鲁棒性，就有点意思了。鲁棒是 Robust 的音译，而 Robust 是健壮的意思，因此二者虽然不尽相同，但却是息息相关的，而且容易弄混。下面我们就来具体讲一下鲁棒性和健壮性的区别。

健壮性也称容错性，是指一个程序（算法）对不合理的输入的反应能力和处理能力。而鲁棒性又分为稳定鲁棒性和性能鲁棒性。稳定鲁棒性指小偏差只能产生小影响，大偏差不能产生大影响。而性能鲁棒性更简单，就是指高精度和有效性。

可以这样理解：健壮性的偏差是意料之外的，超出规定的外偏差；而鲁棒性的偏差是范围之内的，可预料的内偏差。

2.1.3　算法的应用

也许细心的你已经发现，前面讲到算法时用到了"席卷"一词。是的，毫不夸张地讲，由于算法的"神通广大"，它几乎被应用于人们生活的方方面面。当然，是几乎，而不是完全，毕竟算法还不是无所不能的，而且算法所引起的人们的不同价值观也是极具争议的热点。算法必然会继续发展，但我们也需要清醒地意识到现阶段它的局限性和问题，不要夸大和渲染它的神奇性。

识别算法可以隔离垃圾邮件和骚扰信息，量子算法可以在短时间内破译密钥，关联算法可以发现客户想买的或需要买的东西……这就是算法的"神通"。当然，对于这类高级算法，是需要设计数学模型的。不同的问题还需要设计不同的数学模型，这对于新手来说无疑有很高的门槛。要真正学会算法有很长的路要走，最重要的就是走好脚下的每一步。

2.1.4　算法的设计策略

一般来讲，算法的设计策略主要有遍历、迭代、递归、回溯、贪心和分治等。这些策略大部分都是本书要讲的。不仅要讲，还要详细地讲。毕竟知识体系环环相扣，没有夯实基础，知识体系就会漏洞百出。只懂表面，不懂原理的话，一道题稍稍变动一下就做不出来了。如果学算法却连算法的策略都无法掌握，那么和学数学不会加减乘除有什么区别呢？

2.2　空间复杂度和时间复杂度

不知前面所讲的算法的十大特征你是否记住了，其实除了这十大特征之外，算法还有两个衡量标准。

不同的问题需要使用不同的算法作为策略，不同的算法也可能占用不同的时间和空间来完成相同的任务，这时候，对算法的选择显得至关重要。一个算法的质量优劣将直接影响整个程序的运行效率。

算法分析的目的是选择合适的算法，并对算法进行改进。如何衡量一个算法的优劣呢？其标准是空间复杂度（Space Complexity）与时间复杂度（Time Complexity）。

2.2.1　空间复杂度

一个算法所占用的存储空间包括三个方面：算法本身所占用的空间、输入/输出数据所占用的空间，以及算法运行所占用的空间。

1．算法本身所占用的空间

算法本身所占用的空间即程序代码区，用于存放算法程序的二进制代码，与程序的代码行数和各行长度相关。例如以下两段代码，它们实现的功能是一样的，但代码 1 所占用的空间明显比代码 2 要多一些。

代码 1：

```
#输出 1~10 中 3 的倍数
#定义 test 函数：输入任何列表，返回列表中 3 的所有倍数
def test(x):
    list1 = []
    for i in x:
        if i % 3 == 0:              # %为取余数计算
```

```
        list1.append(i)              # 为 list1 添加 i 元素
    return list1
#调用 test 函数计算 1~10 中 3 的倍数
test(list(range(1,10)))
```

输出结果如图 2.1 所示。

```
In  [1]: # 输出1~10中3的倍数
         # 定义test函数: 输入任何列表, 返回列表中3的所有倍数
         def test(x):
             list1 = []
             for i in x:
                 if i % 3 == 0:  # %为取余数计算
                     list1.append(i)  # 为list1添加i元素
             return list1
         # 调用test函数计算1~10中3的倍数
         test(list(range(1,10)))

Out[1]: [3, 6, 9]
```

图 2.1　代码 1 的输出结果

代码 2:

```
list(filter(lambda x: x % 3 == 0, range(1, 10)))
```

输出结果如图 2.2 所示。

```
In  [2]: list(filter(lambda x: x % 3 == 0, range(1, 10)))
Out[2]: [3, 6, 9]
```

图 2.2　代码 2 的输出结果

☐注意: 由于算法本身所占用的空间很小, 所以我们一般不做深究。

2. 输入/输出数据所占用的空间

输入/输出数据所占用的空间主要是指问题所调用的数据所占用的空间, 跟算法没有关系。

3. 算法运行所占用的空间

算法运行所占用的空间就反映算法的空间复杂度, 它是算法运行时所消耗的内存空间的量度, 记作:

$$S(n)=O(f(n))$$

常见的空间复杂度有 $O(1)$、$O(n)$ 和 $O(n^2)$ 等。

它们分别代表什么意思呢? 很简单, 当算法运行时占用的临时空间不随某一变量 n 的改变而改变时, 即空间复杂度为常量, 表示为 $O(1)$。同理, 当算法运行时占用的临时空间

随 n 的改变而改变时，空间复杂度即为 $O(n)$；当算法运行时占用的临时空间随 n^2 的改变而改变时，空间复杂度则为 $O(n^2)$。以此类推。

用代码来表示空间复杂度，这对于 Python 来说简直太容易了。

```
#空间复杂度为1
a = 'Python'
# 空间复杂度为1
a = 'i'
b = 'you'
c = 'he'
# 空间复杂度为 n，这里 n = 3
list1 = [1, 2, 3]
# 空间复杂度为 n²，即 n*n = 3*3
list2 = [[1, 2, 3], [1, 2, 3], [1, 2, 3]]
# 空间复杂度为 n*m，即 n*m = 3*4
list3 = [[1, 2, 3], [1, 2, 3], [1, 2, 3], [1, 2, 3]]
# 空间复杂度为 n*m*o，即 n*m*o = 3*4*2
list3 = [[[1, 2, 3], [1, 2, 3], [1, 2, 3], [1, 2, 3]], [[1, 2, 3], [1, 2,
3], [1, 2, 3], [1, 2, 3]]]
```

🔔注意：空间复杂度是算法运行时所占用空间的一个量度，而不是计算具体的占用空间。

2.2.2　时间复杂度

同空间复杂度相比，时间复杂度的分析要复杂一些。时间复杂度是指运行算法所需要的计算工作量，记作：

$$T(n)=O(f(n))$$

简单理解，时间复杂度就是执行语句的次数。也就是说，时间复杂度高则运行时间长，时间复杂度低则运行时间短。常见的时间复杂度有 $O(1)$、$O(n)$、$O(n^2)$、$O(2^n)$ 和 $O(\log_2 n)$ 等，如图 2.3 所示。

我们还能据此对算法进行分类。$T(n)=O(1)$ 类算法称作"常数时间算法"，$T(n)=O(n)$ 类算法称作"线性时间算法"，$T(n)=O(\log_2 n)$ 类算法称作"对数时间算法"等。除此之外，还有幂对数时间算法、次线性时间算法和线性对数时间算法等。这些就交给大家自己去想，正好检验一下自己是否已经掌握。

讲到这里还没有讲如何计算 $T(n)$。不知道大家是否还记得空间复杂度的判别方法，如果不记得也没关系，毕竟 $T(n)$ 和 $S(n)$ 的计算完全不一样。

时间复杂度的计算方法：

（1）先将每行代码的执行次数写下来，然后相加。

（2）将算式中的所有常数项去掉。

（3）保留算式中的最高阶项。

（4）去掉最高阶项的系数。

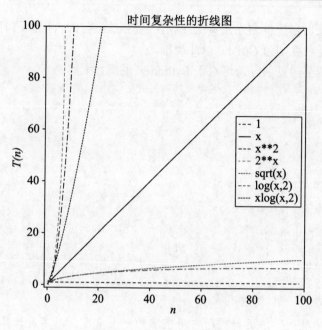

图 2.3　常见的时间复杂度

是不是没看懂？笔者刚开始接触时间复杂度的时候也对其算法百思不解，又是列式子又是一堆专业名词，差点被"绕晕"。不过，人生在勤，不索何获？在经过大量的练习和实际应用后，笔者终于参透并总结出了上面的时间复杂度的计算方法。和空间复杂度一样，用以下 Python 代码来表示读者就能看明白了。

```python
# 时间复杂度为 1
a = 'Python'
# 时间复杂度为 1
a = 'i'
b = 'love'
c = 'you'
# 时间复杂度为 n
for i in range(n):
    print(i)
# 时间复杂度为 n^2
for i in range(n):
    for j in range(n):
        print(j)
# 时间复杂度为 n^2
for i in range(n):
    for j in range(i):
        print(j)
# 时间复杂度为 n^3
for i in range(n):
    for j in range(n):
        for k in range(n):
            print(k)
```

☌**注意**：时间复杂度和空间复杂度一样，都只是算法运行时消耗时间的一个量度，而绝对
执行时间是无法计算的。

是否觉得易如反掌？那就让我们继续学习下一个时间复杂度吧：

```
# 时间复杂度为（log n）
n = 64
while n > 1:
    n = n // 2                        # 取商
    print(n)
```

是否又觉得满腹疑团、如坠云雾？看，这段代码有一个 while 循环，而且每循环一次，
n 就要除以 2 然后取整，直到 n 不大于 1。这个时候就应该想到 log 函数了，因为这段代
码和 log 函数的定义几乎一样。

因为

$$2^6=64$$

所以

$$\log_2 64=\log_2 2^6=6$$

由此可见，答案就是 $O(\log_2 n)$，即 $O(\log n)$。

由此我们可以得出结论：循环减半算法的时间复杂度为 $O(\log_2 n)$。

如果你实在理解不了这一段，那就记住结论吧。让我们继续看下一个时间复杂度 $O(2^n)$
的代码：

```
# 时间复杂度为 2ⁿ
def fibonacci(n):
    # 当 n 为负数时
    if n<0:
        return 'invalid n'           # 返回'invalid n'的错误提示
    # 当 n==0 和 n==1 时
    elif n<2:
        return n                     # 返回 n 本身
    return fibonacci(n - 1) + fibonacci(n -2)  # 返回前两项的和
```

这是一个超级经典的算法，叫斐波那契数列，后面的章节还会讲到它，这里只是先让
大家有个印象。由于上述代码使用了递归策略，所以它的时间复杂度是高度为（n-1）的
不完全二叉树的节点数，近似为 $O(2^n)$。

☌**注意**：$T(n)$ 是最坏情况复杂度。还有一种平均情况复杂度，一般在指定情况下使用。为
了避免混淆，这里也不讲解，如果有兴趣可自行学习。

了解了空间复杂度和时间复杂度之后，我们便可以据此对一个算法进行衡量。然而，
所谓鱼和熊掌不可兼得，空间复杂度和时间复杂度也时常处在此消彼长的状况，这时候就
需要我们选取一个平衡点，以达到最佳的效率。

2.3　算法趣闻

算法的复杂度计算是否让你觉得备受打击？请放轻松，让我们来聊一些算法的有趣事情吧。

2016 年 3 月，Google 的人工智能程序 AlphaGo 以 4∶1 的总比分战胜职业九段棋手李世石，从而震惊了世界。紧接着，AlphaGo 又横扫中韩围棋高手，60 局无一败绩！2017年 5 月，中国乌镇围棋峰会迎来了历史性的一刻——AlphaGo 和围棋世界冠军柯洁的对弈。万众瞩目下，AlphaGo 又以 3∶0 的总比分完胜。柯洁称其为"围棋上帝"，已经完全超过了人类围棋的顶尖水平。

2017 年，硅谷有一位工程师想去 Reddit 上班，觉得"入伙"得先有个见面礼。于是费尽心思地写了篇改进 Reddit 推荐算法的文章，准备直接发给 Reddit 的 CEO 霍夫曼。他先到 Facebook 等平台寻找 Reddit 公司 CEO 霍夫曼的公开账号，并收集该账号广告定向的关键字，如性别、年龄、地区和爱好等，形成了一张霍夫曼的人物画像，然后再用定向算法把自己的文章投放给符合人物画像的 197 个人，没想到竟然真的命中了霍夫曼本人。于是他被顺利录取，而这次推广只花了 10.6 美元。

这就是算法的"魅力"。不过这仅仅只是冰山一角。下面再列举一些算法应用的"翻车"例子。

1. 用K1炒股靠谱吗

2017 年底，中国香港地产商李建勤（Li Kin-Kan）将自己的 25 亿美元资产交给了由奥地利的 AI 公司 42.CX 研发的超级计算机 K1（通过抓取实时新闻和社交媒体的数据，以深度学习算法评估投资者的情绪并预测美国股票和期货，然后发送指令进行交易）来打理，准备在金融市场上大赚一笔。然而，现实总是残酷的。截至 2018 年 2 月，他仍处于亏损状态，有时候一天的亏损额超过 2000 万美元，李建勤终于明白算法在金融市场是不起作用的，于是他一怒之下将科斯塔（Costa）告上了法庭，声称他夸大了超级计算机的作用。科斯塔是李建勤在 2017 年 3 月 19 日去迪拜吃午饭时遇到的意大利金融家，正是他向李介绍了 K1 的智能技术。

2. 沃森癌症机器人能帮助医生吗

2013 年，IBM 与得克萨斯大学 MD 安德森癌症中心合作开发的沃森癌症机器人诞生了。它的使命是让临床医生能够从癌症中心的众多患者和研究数据库中发现宝贵的见解。2017 年 2 月，在花费了 6200 万美元之后，得克萨斯大学终止了和 IBM 的合作。因为 IBM 的沃森癌症机器人有时候给医生的治疗建议是错误的，甚至是危险的，比如建议有严重出血症状的癌症患者使用会加重出血的药物……

3．语音助手Alexa很任性

在德国汉堡，由于朋友出差，奥利弗便到朋友家借住一晚。然而，在奥利弗离开朋友家之后，朋友的亚马逊智能音响突然以最高音量开始播放摇滚音乐。那时是凌晨 1：50 分。在美梦中被吵醒的邻居无奈之下只能报警，警察破门而入之后终于拔下了音响的插头，而奥利弗只能跑一趟警局并支付一笔昂贵的换锁费用。

无独有偶，在加利福尼亚州，一个 5 岁的小女孩用智能音箱给自己买了超过 300 美元的饼干，把她的父母都惊呆了。故事还没结束，让人啼笑皆非的是，电视主持人在报道该条新闻时说了一句"Alexa，给我订购一个玩具屋"，结果更多的音箱听到了主持人的语音，真的下单购买了这个玩具屋，从而让亚马逊不得不为此事道歉。

还有更多的例子。2018 年 3 月，一名用户准备休息时试图通过 Alexa 关闭灯光，没想到 Alexa 却发出了"啊-哈-哈"三声机器合成音的诡异笑声，把他吓坏了。一石激起千层浪，Echo 的老板们纷纷表示自己的智能音箱也曾发出这种诡异的笑声。结合另外两件事则更加蹊跷。其一，霍金曾预言，人工智能或许不但是人类历史上最大的"事件"，而且还有可能是最后的"事件"，也就是说，人工智能可能会导致人类的灭亡；其二，霍金正是于 2018 年 3 月 14 日逝世。

2018 年 5 月，在俄勒冈州波特兰一家中，Alexa 又偷偷录制了一对夫妇的私人对话，并且在该用户不知情的情况下广播给了该用户的同事。

4．AI聊天机器人的"善变"

2016 年 3 月，微软在 Twitter 上开发了一个叫 Tay 的 AI 聊天机器人（通过挖掘网民对话进行自我学习），Tay 的定位是善解人意，活泼可爱，因此 Twitter 上的网民和其聊得非常开心。然而，仅仅 12 小时后，Tay 便变成了一个满嘴脏话的"恶魔"机器人，于是微软立即关闭了 Tay，而这离 Tay 上线还不到 24 小时。

或许正是由于有 Tay 的前车之鉴，所以微软对其推出的小冰（人工智能框架）也更加谨慎。

5．其他

除了以上列举的一些失败的算法应用例子外，生活中还有很多类似的例子。例如：乘客登机前的嫌疑度评分，经常有乘客因嫌疑度较高被拘留检查而错过飞机；Facebook（现为 Meta）的回忆功能，会在使用者的亲人逝世的周年纪念日那一天显示他的照片，或者督促使用者向已故朋友说生日快乐；Uber 公司在美国坦佩市测试自动驾驶时识别错误，撞上了伊莱恩并致其死亡；城市中安装的智能交通摄像头（检测、识别红灯时乱穿马路的行人），误将公交车广告牌上的明星头像识别成行人，还曝光了"某某乱穿马路"的照片，甚至把婴儿车识别成机动车，然后将照片放在大屏幕上……

最可笑的是，2015 年 6 月，一位外国用户发了条说说：Google Photos, y'all fucked up.

My friend's not a gorilla。大致的意思是：谷歌，我的朋友才不是大猩猩。原来，Google Photos 利用人工智能算法，能够对照片中的人脸和物品等进行自动识别然后分类，没想到出了乌龙事件，把外国用户的黑人朋友归到了 gorilla（大猩猩）的文件夹中。

讲了这么多算法应用的失败案例，笔者并不是为了逗你们笑的，更重要的是在笑完之后，我们要对其失败的原因进行更深层次的思考——为什么会这样？

其实总结一下，原因无非有三点：技术、数据和人性。

- 技术：不用多讲，算法或程序总会有 bug。
- 数据：像风险评估算法和 Tay 聊天机器人，我们是用大量的数据去训练它们的模型，如果作为前提的数据出现了偏差，那么输出的结果肯定也会有偏差。
- 人性：现在的人工智能，离真正理解人类的情感和行为依然遥远，Tay 并不能理解历史事件的意义，Facebook 的回忆功能也无法真正理解死亡的意义。

算法并非万能的，也无法独立于人类而存在。就像牛津大学计算机教授莱斯利·安·高柏所说："我认为人们并不真正了解算法的局限，有的问题根本无法通过算法得到有效解决。"数据只关注相关性而不是因果关系，它可以提供显著的信息，但却无法给出解释，因为数据是缺乏想象力和感知力的，它无法感知人们行为背后的复杂动机。数据的意义仍然来自人们对它的解读，如果脱离了具体的语境，那么它所呈现的只是这个世界的抽象表征而不是世界本身。

2.4 本 章 小 结

算法是一系列规范的计算步骤，对一个或多个输入值进行计算，转换成所请求的结果并输出。我们也可以这样理解：算法是由一系列数据对象的一系列运算和操作组成的。

通常来讲，算法有 5 个特征，即"两项三性"，分别指输入项、输出项、确切性、有穷性和可执行性。此外，算法还有 5 个非强制特性，即正确性、可读性、健壮性、鲁棒性和可移植性。

算法的设计策略主要有遍历、迭代、递归、回溯、贪心、分治等。

空间复杂度和时间复杂度是衡量一个算法优劣的两个标准。

空间复杂度包括以下三个方面：

- 算法本身所占用的空间；
- 输入/输出数据所占用的空间；
- 算法运行所占用的空间。

时间复杂度则是指运行算法所需要的计算工作量。

第 3 章　数据结构是算法的骨骼

本章我们将会学习 Python 的基本数据类型，以及堆、栈、链表、树和图等数据结构，这是学习算法的基础。套用行业内的一句话：数据结构是算法的骨骼。

数据结构是一门庞大的学科，远不是一本书就可以讲清楚的。如果想更深入地学习，可以参考类似《数据结构教程》等专门讲解数据结构的书籍。接下来让我们先学习 Python 的数据类型。

3.1　Python 的基本数据类型

数据结构是指彼此存在关系的数据的集合。因此要了解数据结构，就得先了解数据。

数据结构是算法的骨骼，而骨骼有骨架和骨头之意。那么我们可以这样理解：数据结构是骨架，而数据则是一块块骨头，即骨架是指彼此存在关系的骨头的集合。

最常见的数据类型分为以下两种：

- 静态类型；
- 动态类型。

静态类型在编译期间会报告类型错误，因此需要显式地声明数据类型。C、C++和 Java 就属于这种情况。

与静态类型相反，动态类型则会在运行时检查类型错误，也就是说不需要显式地声明数据类型。Python、Ruby 和 JavaScript 都是这种情况。

一般来说，静态类型和动态类型都有其相应的优点，而这些优点有时候也是缺点，只是看开发者如何取舍。

在静态类型的语言（如 C++）中，开发者必须在使用前就声明变量，而且必须在执行代码前进行分析。这样做虽然麻烦，但是可以确保变量类型是匹配的，从而对变量的控制会更有力，安全性也就更高。而动态类型可以通过隐式的数据类型声明减少一部分代码，从而让编程变得更简洁、容易。但是这个特性在大型项目的开发中容易引发维护性的问题。

Python 的数据类型与其他语言有些许不同，不过万变不离其宗，让我们从简单的数据类型开始学习，最终揭开数据结构的面纱。

3.1.1　int 类

int 是数字类。在其他语言中，数字类有很明细的区分，如 int（整型）、unsigned int（无符号整型）、short（短整型）、long（长整型）、longlong（长长整型）、float（单精度浮点型）和 double（双精度浮点型）等。这些类所占用的字节（byte）和内存（memory）均不同，甚至在不同的操作系统上也有细微差异，但在 Python 中它们都被称为 int，这样省去了许多类似内存溢出的麻烦。

1．int的赋值

```
# 最常用的赋值方法，不需声明，直接赋值
int_test = 1
type(int_test)
```

输出结果如下：

```
int
```

2．Python中int的知识点

```
# 最常用的赋值方法，不需要声明，直接赋值
test = 1
# 当不传入参数时，得到的结果默认为 0
test = int()
# 当传入的参数为整数时，得到的结果为括号内的参数——1
test = int(1)
# 当传入的参数为小数时，得到的结果为括号内的参数取整——3
test = int(3.1415926)
# 当传入的参数为字符串时，得到的结果为括号内的参数转整——1
test = int('1')
# 当传入两个参数时，第一个参数必须为字符串形式，第二个参数为进制数
test = int('11', 2)              # 得到的结果为 3
test = int('12', 8)             # 得到的结果为 10
test = int('13', 16)            # 得到的结果为 19
test = int('0xa', 16)           # 得到的结果为 10
```

3.1.2　bool 类

bool 是布尔类。它是最简单的一个类，其取值有两种，1 和 0，即 True 和 False。可以这样简单地理解，除了 1 和 0 以及 True 和 False 的情况之外，但凡有值（非空）即为真，但凡无值（空）即为假。

1．bool的赋值

```
# 最常用的赋值方法，不需要声明，直接赋值
```

```
bool_test = True
type(bool_test)
```

输出结果如下：

```
bool
```

注意：虽说 1 和 0 也是 True 和 False 的意思，但并不代表赋值为 0 的 test 值是 bool 类，例如下面的输入和输出。

代码如下：

```
#数字均为 int 类，而关 bool 类
test = 0
type(test)
```

输入结果如下：

```
int
```

代码如下：

```
#但其仍可用来作为真假的判断依据
if test == False:
print('True')
else:
print('False')
```

输入结果如下：

```
True
```

如果要用 0 和 1 为 bool 赋值，也不是没有办法，让我们继续往下看。

2. Python 中 bool 的知识点

```
# 以下是结果为真的赋值，就像前面说的，但凡有值则为真
test = bool(1)
test = bool(True)
test = bool(2)                        # 任意数字
test = bool('a')                      # 任意字符
test = bool(para)                     # para 为任意非空参数
# 以下是结果为假的赋值，就像前面所说的，但凡空则为假
test = bool(0)
test = bool(False)
test = bool(None)                     # 是 None 不是 NULL
test = bool('')                       # 空字符串
test = bool("")                       # 空字符串
test = bool([])                       # 空列表
test = bool({})                       # 空字典
test = bool(())                       # 空集合
```

注意：字符串、列表、字典和集合等知识后续将会陆续讲解。

3.1.3　str 类

str 是字符串类。str 大概是 Python 中除了 int 之外最基本、最常用的数据类型，其用

途广泛，随处可见，但是要记住一点，字符串是不允许修改的。不过，我们仍然可以对其进行输出、检索、统计、遍历、切片、转换和删除等操作。

1．str的赋值

```
# 一般使用 '' 或者 "" 来创建字符串
str_test = 'Hello World'
type(str_test)
```

输出结果如下：

```
str
```

2．Python中str的知识点

str 的知识点错综复杂，本书将其概括为若干类，包括切片、检索、统计、判断、转换、删除、连接、分割、替换、格式化和去空等。接下来将通过代码进行一一讲解。

（1）str 的切片——索引从 0 开始

代码及其注释如下：

```
# 先对 test 进行赋值
str_test = "Hello World"
# 全部输出
print(str_test)
# 单一输出，切记索引从 0 开始
print(str_test[0])
# 截取一部分，切记并不包含索引为 4 的'o'
print(str_test[1:4])
# 进行负数索引，切记，不包含索引为-1 的'd'
print(str_test[1:-1])
# 指定输出的起始位置，直到结束
print(str_test[1:])
# 间隔着输出
print(str_test[4]+str_test[6:8])
# 无效截取，也不会报错
str_test[3:2]
```

输出结果如下：

```
Hello World
H
ell
ello Worl
ello World
oWo
''
```

（2）str 的检索——index()和 find()

代码及其注释如下：

```
# 先对 test 进行赋值
str_test = "Hello World"
# 参数为检索的子序列
```

```
print(str_test.index('o'))
# 第二个参数指定从何处开始检索
print(str_test.index('o', 5))
# 第三个参数指定从何处结束检索
print(str_test.index('o', 5, 8))
# find()的用法与index()相似
print(str_test.find('o', 5, 8))
# 区别是，若子序列不在字符串中，find()将返回-1
print(str_test.find('o', 2, 4))
# 而 index()将返回"substring not found"错误
print(str_test.index('o', 2, 4))
```

输出结果如下：

```
4
7
7
7
-1
-------------------------------------------------------------
ValueError                          Traceback (most recent call last)
<ipython-input-35-68ef88619b79> in <module>()
    10 print(str_test.find('o', 2, 4))
    11 # 而 index()将返回"substring not found"错误
---> 12 print(str_test.index('o', 2, 4))

ValueError: substring not found
```

（3）str 的统计——len()、count()、max()和 min()

代码及其注释如下：

```
# 先对 str_test 进行赋值
str_test = "Hello World"
# 获取字符串 str_test 的长度——len()
print(len(str_test))
# 获取"o"在字符串 str_test 中出现的次数——count()
print(str_test.count('o'))
# 还可以指定起始位置和终止位置
print(str_test.count('o', 1, 5))
# 获取字符串 str_test 中的最大字母——max()
print(max(str_test))
# 获取字符串 str_test 中的最小字母——min()
min(str_test)
```

输出结果如下：

```
11
2
1
r
' '
```

（4）str 的判断——isalpha()、isdigit()、isalnum()、 startswith()、endswith()和 in/not in

代码及其注释如下：

```
alpha_test = "NCP"
digit_test = "2020"
alnum_test = "KN95"
# 判断是否仅由字母组成——isalpha()
print(alpha_test.isalpha())
print(digit_test.isalpha())
print(alnum_test.isalpha())
```

输出结果如下：

```
True
False
False
```

代码及其注释如下：

```
# 判断是否仅由数字组成——isdigit()
print(alpha_test.isdigit())
print(digit_test.isdigit())
print(alnum_test.isdigit())
```

输出结果如下：

```
False
True
False
```

代码及其注释如下：

```
# 判断是否仅由字母和数字组成——isalnum()
print(alpha_test.isalnum())
print(digit_test.isalnum())
print(alnum_test.isalnum())
# "*A0260W"则会返回 False
print('*A0260W'.isalnum())
```

输出结果如下：

```
True
True
True
False
```

代码及其注释如下：

```
# 判断是否以"95"开头
print(alnum_test.startswith("95"))
# 判断是否以"95"结尾
print(alnum_test.endswith("95"))
```

输出结果如下：

```
False
True
```

代码及其注释如下：

```
# 判断"95"是否存在于 alnum_test 中
#存在，则返回 True
print('N95' in alnum_test)
print('N95' not in alnum_test)
```

输出结果如下：

```
True
False
```

（5）str 的转换——upper()、lower()、capitalize()、title()、swapcase()和 expandtabs()

代码及其注释如下：

```
str_test= "you jump, I jump!"
# 全部转换为大写——upper()
print(str_test.upper())
# 全部转换为小写——lower()
print(str_test.lower())
# 首字母转换为大写，其他字母变成小写——capitalize()
print(str_test.capitalize())
# 各单词的首字母转化为大写，其余字母变为小写——title()
print(str_test.title())
# 所有字母大小写转换——swapcase()
print(str_test.swapcase())
```

输出结果如下：

```
YOU JUMP, I JUMP!
you jump, i jump!
You jump, i jump!
You Jump, I Jump!
YOU JUMP, i JUMP!
```

代码及其注释如下：

```
tabs_test = "you\tjump,\ti\tjump!"
# 将字符串中的转义符号转化为对应的效果——expandtabs()
print(tabs_test)
# 其实一般不会用到 expandtabs()
print(tabs_test.expandtabs())
# 也可自行指定转化的空格数，默认为 8
print(tabs_test.expandtabs(16))
```

输出结果如下：

```
you     jump,   I       jump!
you     jump,   i       jump!
you             jump,           i               jump!
```

（6）str 的删除——del

代码及其注释如下：

```
# 删除 test 字符串
del str_test
# 再次输出则会返回 not defined 的错误
print(str_test)
```

输出结果如下：

```
-------------------------------------------------------------------
NameError                        Traceback (most recent call last)
<ipython-input-67-ab1a7cca592d> in <module>()
```

```
----> 1 del test
      2 print(test)

NameError: name 'str_test' is not defined
```

除此之外，str 字符串还有许多方法和内建函数，包括判断函数 max()、min()、isupper()、islower()、isnumeric()、isspace()、istitle()和 isdecimal()，连接函数 join()，分割函数 split()和 partition()，替换函数 replace()、makestran()和 translate()，格式化函数 expandtabs()、format()、format_map()、center()、ljust()、rjust()和 zfill()，去空函数 strip()、lstrip()和 rstrip()等。

总之，方法总比困难多，不过大多数时候我们不会用到上面的这些函数，因此这里就不一一展开讲解了，有兴趣的读者可以自学。

3.1.4　list 类

list 是列表类。从 list 类开始，我们就要接触独属于 Python 的数据类型了。Python 简单、易用，很大一部分原因就是它对基础数据类型的设计各具特色又相辅相成。话不多说，让我们开始学习第一个 Python 数据类型——list。

1. list的赋值

```
# 最常用的赋值方法，不需要声明，直接赋值
list_test = [1, 2, 3]
type(list_test)
```

输出结果如下：

```
list
```

🔔注意：list 的元素可以是任何数据类型，包括前面已经讲过的 int 数字类、bool 布尔类、str 字符串类，还有后面会讲到的 tuple 元组类、dict 字典类、set 集合类，甚至是它本身 list 列表类。

2. Python中list的知识点

list 类与 str 类还是有几分相似的，在学习了 str 类的相关知识后，再学习 list 类就更好理解了，下面直接来看代码。

```
# 先对 list_test 进行赋值
list_test = ['齐', '秦', '燕']
# 检索——从 0 开始
print(list_test[1])
# 切片——左闭右开，正顺负逆
print(list_test[1:2])
print(list_test[1: ])
print(list_test[ :2])
print(list_test[0:-1])
```

```
# 添加——insert()、append()、extend()
list_test.insert(1, '楚')                        # 在指定位置插入一个
list_test.append('韩')                           # 只能在末尾追加一个
list_test.extend(['魏', '赵'])                   # 可一次性添加多个
print(list_test)
# 删除——remove()、pop()、del
list_test.remove('燕')                           # 可指定删除元素的名称（值）
pop_test = list_test.pop(1)                      # 可指定删除元素的位置
print(pop_test)                                  # 删除的同时可取出并另外赋值
print(type(pop_test))                            # 类型为 str
del list_test[3]                                 # 可指定删除元素的位置，注意为 [ ]
print(list_test)
# 排序——sorted()
print(sorted(list_test))                         # 字符串也能排序
list_test = [1, 8, 3, 34, 1, 13, 5, 21, 2]       # 再试一下数字
print(sorted(list_test))                         # 默认正向排序
print(sorted(list_test, reverse=True))           # 也可反向排序
```

输出结果如下：

```
秦
['秦']
['秦', '燕']
['齐', '秦']
['齐', '秦']
['齐', '楚', '秦', '燕', '韩', '魏', '赵']
楚
<class 'str'>
['齐', '秦', '韩', '赵']
['秦', '赵', '韩', '齐']
[1, 1, 2, 3, 5, 8, 13, 21, 34]
[34, 21, 13, 8, 5, 3, 2, 1, 1]
```

注意：list 的元素是有序的并且是可以修改的。记住这一点至关重要。

3.1.5　tuple 类

tuple 是元组类。tuple 就很有意思了，它和 3.1.4 小节介绍的 list 十分相似，都是线性表。最大的不同就是 list 可以改变，而 tuple 是不可变的。元组就像是列表的补充，我们甚至可以这么理解：元组就是只读的列表。

1. tuple的赋值

```
# 最常用的赋值方法，不需要声明，直接赋值
tuple_test = (1, 2, 3)
type(tuple_test)
```

输出结果如下：

```
tuple
```

🔔注意：如果赋值时只有一个元素，则一定要加逗号，否则会变成 int 型。

代码如下：

```
# 元组的错误赋值
test = (1)
print(type(test))
```

输出结果如下：

```
<class 'int'>
```

2. Python中tuple的知识点

由于元组类和列表类非常相似，所以对于 list 讲过的知识点，这里就不重复了。这里讲一下 tuple 的不同之处。

```
# 先对 tuple_test 进行赋值
tuple_test = (1, 2, 3, 4, 5)
# 检索、切片
print(tuple_test[1])
print(tuple_test[1:2])
# 删除——del
del tuple_test
```

输出结果如下：

```
2
(2,)
```

元组的功能还是比较少的，毕竟你也"动"不了它。如果我们真的需要修改，应该怎么办呢？有的读者可能会说：可以先把 tuple 转化成 list，对 list 进行修改，然后再将修改后的 list 转化为 tuple。这个方法虽然不错，但是我们还有另一个方法——重建。

```
# 修改元组——只能使用重新赋值的方法
tuple_test1 = (1, 2, 3)
tuple_test2 = tuple_test1 + (4, )
print(tuple_test2)
# 使用 id()便能看得仔细了
print(id(tuple_test1))          # tuple_test1 的内存地址
print(id(tuple_test2))          # tuple_test2 的内存地址
```

输出结果如下：

```
(1, 2, 3, 4)
2653321117984
2653320405784
```

可以看到，tuple_test1 和 tuple_test2 拥有不同的内存地址，因此二者并不是同一个变量，我们只是合并了元组 tuple_test1 和元组(4,)并赋值给了 tuple_test2。

3.1.6　dict 类

dict 是字典类。什么是字典（Dictionary）呢？就是一个可以通过索引找到对象的数据类型。在 Python 的 dict 类里，索引就是"键"，对象也叫"值"，二者合起来就叫"键值对"。每个"键值对"之间用逗号（,）隔开，每个"键"和"值"之间用冒号（:）隔开，"键"与"值"之间一一对应。

1. dict的赋值

```
# 最常用的赋值方法，不需要声明，直接赋值
dict_test = {
    0 : "zero",                  # 键为 int 型
    'zero' : 'ZERO',             # 键为 str 型
    (0,) : "(zero)",             # 键为 tuple 型
    True : 'right'               # 键为 bool 型
}
type(dict_test)
```

输出结果如下：

```
dict
```

注意："键"是不可变的，因此其类型只能是 int 型、str 型、tuple 型和 bool 型等；而"值"是可以随意改变的，也就意味着它可以是任意的数据类型。

2. Python中dict的知识点

dict 绝对算是 Python 中最常用的数据类型了，从检索的逻辑到方法，从元素添加到修改，无不体现出了暴力美学。

```
# 先对 dict_test 进行赋值
dict_test = {
    '姓名' : '小明',
    '性别' : '男',
    '年龄' : 61,
    '分数' : 59
}
# 复制——copy()
test = dict_test.copy()                 # 这是浅拷贝，不会拷贝内部子对象
# 检索——通过键进行检索
print(dict_test['姓名'])                 # 返回 dict_test1 中'姓名'的值
print(dict_test.keys())                 # 返回 dict_test1 的所有键
print(dict_test.values())               # 返回 dict_test1 的所有值
print(dict_test.items())                # 返回 dict_items 形式的元组数组
print(dict_test.get('班级', "查无班级")) # 检索"班级"，若无则返回"查无班级"
```

```
# 与 get 一样，若无则添加{'班级': '3 年级 2 班'}
print(dict_test.setdefault('班级', "3 年 2 班"))
print('——————————开始操作——————————')
# 修改
dict_test['分数'] = dict_test['年龄']
# 添加
dict_test['是否及格'] = '是'
# 统计——len()
print(len(dict_test))
print(dict_test)
print('——————————开始删除——————————')
# 删除——del、clear()
dict_test.pop('班级')                    # 删除指定键的值并返回
print(dict_test)
dict_test.popitem()                      # 删除最后的一对键值
print(dict_test)
del dict_test['年龄']                    # 删除指定键的值
print(dict_test)
dict_test.clear()                        # 清空整个字典但不删除
print(dict_test)
del dict_test                            # 删除了整个字典，继而报错
print(dict_test)
```

输出结果如下：

```
小明
dict_keys(['姓名', '性别', '年龄', '分数'])
dict_values(['小明', '男', 61, 59])
dict_items([('姓名', '小明'), ('性别', '男'), ('年龄', 61), ('分数', 59)])
查无班级
3 年级 2 班
——————————开始操作——————————
6
{'姓名': '小明', '性别': '男', '年龄': 61, '分数': 61, '班级': '3 年级 2 班',
'是否及格': '是'}
——————————开始删除——————————
{'姓名': '小明', '性别': '男', '年龄': 61, '分数': 61, '是否及格': '是'}
{'姓名': '小明', '性别': '男', '年龄': 61, '分数': 61}
{'姓名': '小明', '性别': '男', '分数': 61}
{}
---------------------------------------------------------------------
NameError                                Traceback (most recent call last)
<ipython-input-17-be3f1ebe9617> in <module>()
    34 print(dict_test)
    35 del dict_test                     # 删除了整个字典，继而报错
---> 36 print(dict_test)

NameError: name 'dict_test' is not defined
```

　　除此之外，字典还有 fromkeys()、update() 等很多十分实用的内置方法。字典还有一个极好的特性，就是检索字典的效率非常快，像列表、元组根本不能和它相比，因为字典是

一对一进行检索的，也就是时间复杂度为 $O(1)$。相比之下，列表的时间复杂度则更复杂一些，如表 3.1 所示。

表 3.1 列表操作的时间复杂度

	操 作	操 作 说 明	时间复杂度	注 释
	index(value)	查询索引	$O(1)$	
	append(value)	队尾添加	$O(1)$	
	pop()	删除并返回最后的元素	$O(1)$	
list	pop(index)	根据索引删除某个元素	$O(n)$	后面的元素需要前移
	insert(index, value)	根据索引插入某个元素	$O(n)$	后面的元素需要后移
	reverse	列表反转	$O(n)$	
	sort	列表排序	$O(n \log n)$	

🔔 注意：字典的 copy() 和 iteration() 的时间复杂度为 $O(n)$。

这就又涉及时间复杂度和空间复杂度的计算问题了，你可还记得算法量度？

3.1.7　set 类

set 是集合类。这个类很特别，它是唯一坚决追求"特立独行"的数据类型。在这里，你没办法找到两个一样的值，即使强硬赋予，它也会强硬剔除，也就是去重——一个非常实用的技能，这也是 set 类存在的最大意义。

set 类还是无序的，不像列表和元组那般可以下标指定，同时，set 类的元素需要是不可变类型，就和字典的键一样。

1. set的赋值

```
# 最常用的赋值方法，不需要声明，直接赋值
set_test = {
    0,                      # 键为 int 型
    'zero',                 # 键为 str 型
    (0,),                   # 键为 tuple 型
    False,                  # 键为 bool 型
    0,                      # 看是否会剔除这一重复值
}
print(set_test)
type(set_test)
```

输出结果如下：

```
{0, (0,), 'zero'}
set
```

我们发现，两个 0 不见了一个，确实去重了，而且输出结果是无序的。但还有一个问

题：False 怎么也不见了？它去哪了？

🔔**注意**：之前讲过，True==1，False==0，在 set 类中也是如此。当集合内的元素同时存在 1 和 True 时会去重；同时存在 0 和 False 时也会去重。例如：

```python
set_test = {0, True, False}
print(set_test)
set_test = {1, True, False}
print(set_test)
```

输出结果如下：

```
{0, True}
{False, 1}
```

2. Python中set的知识点

由于 set 类与 dict 类一样也使用大括号作为标识符，所以当我们创建一个空集合时必须用 set()而不是{ }，因为{ }用于创建一个空字典。

```python
# 先对 set_test 进行赋值
set_test = {'int', 'str', 'bool'}
# 添加——add()、update()
set_test.add('set')                              # 添加单个值
set_test.update({'list', 'tuple', 'dict'})       # 添加多个值
print("添加后的 set_test: ", set_test)
# 删除——pop()、remove()、discard()
print(set_test.pop())                            # 随机删除，可返回值
set_test.remove("tuple")                         # 指定删除，若元素不存在则报错
set_test.discard("dict")                         # 指定删除，若元素不存在则跳过
print("删除后的 set_test: ", set_test)
```

输出结果如下：

```
添加后的 set_test: {'set', 'int', 'dict', 'bool', 'tuple', 'list', 'str'}
set
删除后的 set_test: {'int', 'bool', 'list', 'str'}
```

🔔**注意**：update()的参数必须为元组类型，否则会变成一个个字母。

这里还有必要强调一下 set 的关系运算——交、并、差、补。

假设现在某地出现了严重流感，政府需要统计接触过流感患者的人（contacted_test）和去过流感重灾区的人（visited_test）的各种组合数据：

```python
# 接触过流感患者的人的集合 contacted_test
contacted_test = {'张', '李', '蒋', '马'}
# 去过流感重灾区的人的集合 visited_test
visited_test = {'王', '黄', '蒋', '马'}
# 去过流感重灾区并且接触过流感患者的人
print(contacted_test & visited_test)             # 交集&
```

```
print(contacted_test.intersection(visited_test))
# 接触过流感患者或者去过流感重灾区的人
print(contacted_test | visited_test)                    # 并集 |
print(contacted_test.union(visited_test))
# 接触过流感患者但没去过流感重灾区的人
print(contacted_test - visited_test)                    # 差集 -
print(contacted_test.difference(visited_test))
# 没有去过流感重灾区并且没有接触过流感患者的人
print(contacted_test ^ visited_test)                    # 交差补集 ^
##———— 判断两个集合的关系（父集子集）————##
# contacted_test 是否大于 visited_test
print(contacted_test > visited_test)
# contacted_test 是否大于 contacted_test 和 visited_test 的交集
print(contacted_test > contacted_test & visited_test)
# contacted_test 是否小于等于 contacted_test 和 visited_test 的并集
print(contacted_test <= contacted_test | visited_test)
# contacted_test 是否是 contacted_test 和 visited_test 的并集的子集
print(contacted_test.issubset(contacted_test | visited_test))
# contacted_test 是否是 contacted_test 和 visited_test 的并集的父集
print(contacted_test.issuperset(contacted_test | visited_test))
```

输出结果如下：

```
{'蒋', '马'}
{'蒋', '马'}
{'蒋', '张', '王', '李', '黄', '马'}
{'蒋', '张', '王', '李', '黄', '马'}
{'张', '李'}
{'张', '李'}
{'王', '张', '李', '黄'}
False
True
True
True
False
```

我们发现，多元组相加去重之后，也能实现并集的功能，例如：

```
# 并集 |
print(contacted_test | visited_test)
# 去重——update
contacted_test.update(visited_test)
print(contacted_test)
```

输出结果如下：
```
{'蒋', '张', '王', '李', '黄', '马'}
{'蒋', '张', '王', '李', '黄', '马'}
```

3.1.8　小结

鉴于本章所讲的基础内容的重要性，这里再次总结一下几个易混淆的知识点。

- str 类的符号为' '和" "，其是有序的，不可修改；
- list 类的符号为[ ]，其是有序的，可以修改；
- tuple 类的符号为(,)，其是有序的，不可修改；
- dict 类的符号为{:}，其是有序的，可以修改（键不可修改，值可以修改）；
- set 类的符号为{}，其是无序的，可修改且不重复。

🔔注意：在 Python 3.6 版本之前，dict 类是无序的，OrderedDict 才是有序的。

　　以上就是本章最重要的知识点，一定要牢记这几点，在以后的使用中，根据自己的需求来选择数据类型并进行转化，这样才能实现最优的算法。

3.2　数据结构——线性表

　　线性表（linear list）也叫线性存储结构，即数据元素的逻辑结构为线性的数据表，它是数据结构中最简单和最常用的一种存储结构，专门存储"一对一"逻辑关系的数据。何为"一对一"？即除去第一个和最后一个数据元素，其他元素均首尾相通，第一个元素只有下家没有上家，最后一个元素只有上家而没有下家。

　　此外还有一种特殊的线性表——循环链表，其将尾指针指向首元素从而形成了一个闭环。存储在同一个线性表中的数据，其类型必须一致，即要么都是整型，要么都是字符串型。如果从数据结构的逻辑层次上讲，那么线性表还可以进一步细分为一般线性表和受限线性表。

3.2.1　一般线性表

　　一般线性表可分为顺序表和链表，链表又可分为单向链表、双向链表和循环链表等，如图 3.1 所示。

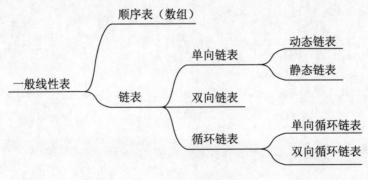

图 3.1　一般线性表分类

1. 顺序表

顺序表（Sequential List）也叫顺序存储结构，即将数据依次存储在连续的物理空间中，如图 3.2 所示。

是不是发现这样的结构很熟悉？是的，顺序表最底层的结构即为我们常听说的数组（Array），而针对顺序表的任何操作（包括查找、添加和删除等）都是基于遍历。

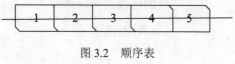

图 3.2　顺序表

注意：一般情况下，顺序表申请的存储容量应大于顺序表的长度。

2. 链表

链表（Linked List）也叫链式存储结构，即将数据依次存储在分散的物理空间中，但其逻辑关系仍是连续的，如图 3.3 所示。

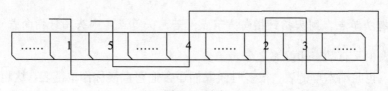

图 3.3　链表

与顺序表不同，链表的数据元素是随机存储的，因此其物理存储空间比较散乱，但其凭借着一条连接各个数据元素的线条，使数据元素之间保持着一定的逻辑关系。

链表还可细分为单向链表、双向链表和循环链表等，接下来让我们逐一进行学习。

（1）单向链表

单向链表也叫单链表，是链表中最基础的类型，通过单链表开启对于链表的学习，显然是明智的。

前文我们讲到，链表的物理存储空间是不连续的，但逻辑关系却可以保持。这是如何实现的呢？答案是指针域。单链表为每个元素配备了一个指针域（next），指向自己的直接后继元素。

注意：直接后继元素即目标元素后相邻的一个元素，相似的还有后继元素、前驱元素和直接前驱元素。

因此，单链表的数据元素结构应该包含数据域（data）和指针域（next），它们也称为节点，如图 3.4 所示。

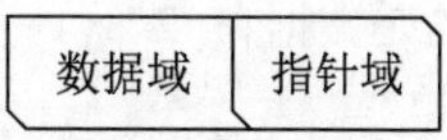

数据域	指针域

整个单链表的结构如图 3.5 所示。

图 3.4　单链表

图 3.5　单链表结构

然而完整的链表结构应该有头节点、头指针和首元节点，如图 3.6 所示。

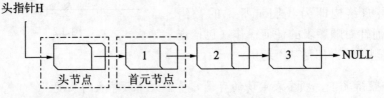

图 3.6　完整的单链表结构

- 头指针：指向链表第一个节点（头节点或首元节点）的指针，用于指明链表的位置；
- 头节点：链表第一个不包含数据的空节点，不是必需的；
- 首元节点：链表第一个包含数据的节点，不过作用不如头节点大。

🔔注意：若有头节点，则头指针指向头节点；若无头节点，则头指针指向首元节点。

在单链表中又有动态和静态之分。

动态链表也叫动态单链表，很多时候人们还会把它直接称作单链表，这也导致很多人都会把链表的关系树混淆。不过，动态链表确实就是单链表，因此在后面的章节中笔者将会把动态链表称为单链表。

我们已经讲解了顺序表和单链表，而静态链表可以理解为顺序表和单链表的结合体。静态链表融合了顺序表和单链表的优点——既可快速访问元素，又可快速增加和删除元素。这是怎么做到的呢？

在静态链表中，数据依旧存储在数组中（和顺序表一样），物理空间也是连续的（和顺序表一样），但存储位置是随机的（和单链表一样），元素的逻辑关系则靠"游标"（指针）进行维持（和单链表一样）。

是不是感觉有点懵？别急，我们继续往下看。假设我们创建了一个长度为 5 的静态链表，它的基础结构如图 3.7 所示。

图 3.7 所示的是一个空数组。我们进一步剖析一下：一个静态链表，应该是由数据链表和备用链表组成的才对。为了方便理解，我们进一步假设这个长度为 5 的静态链表存储的是数据{1, 2, 3}，则存储状态可能如图 3.8 所示。

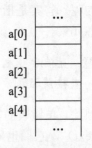

🔔注意：通常，备用链表表头指向 a[0]的位置，而数据链表表头指向 a[1]的位置。

图 3.7　静态链表的基础结构

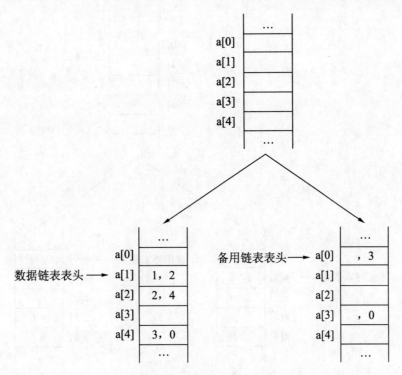

图 3.8　数据链表和备用链表

这里的数据链表即为存储数据的链表。该链表的每个节点除了包含所存储的数据（如
1、2、3）之外还拥有一个整型变量，这个变量称为游标变量，用于标记该节点的直接后
继节点的位置下标（如 2、4、0）。而备用链表则是记录空闲位置的链表。通过备用链表，
我们可以清晰、便捷地知道目标链表是否还有空余位置，还可以快速又准确地找到空余位
置的物理地址。静态链表的完整结构如图 3.9 所示。

在这个例子里，数据链表依次连接的是 a[1]、a[2]、a[4]，而备用链表依次连接的是
a[0]、a[3]。在静态链表中，a[0]位置默认是不存储数据的，若 a[0]位置有数据，则说明该
数组已满，即链表已满。

让我们将数据链表和备用链表结合起来，便可以得到如图 3.9 所示存储{1, 2, 3}的静态
链表的完整结构。

- 当想要查找元素时，便从数据链表的 a[1]位置开始遍历，毕竟我们只知道 a[0]和 a[1]
的地址；
- 当想要修改元素时，我们依旧从数据链表的 a[1]位置开始遍历，找到目标元素后直
接修改它的数据域即可，游标不用修改；
- 当想要增加元素时，默认插入位置为备用链表 a[0]的直接后继节点，这样就不用移
动游标，时间复杂度仅为 $O(1)$；

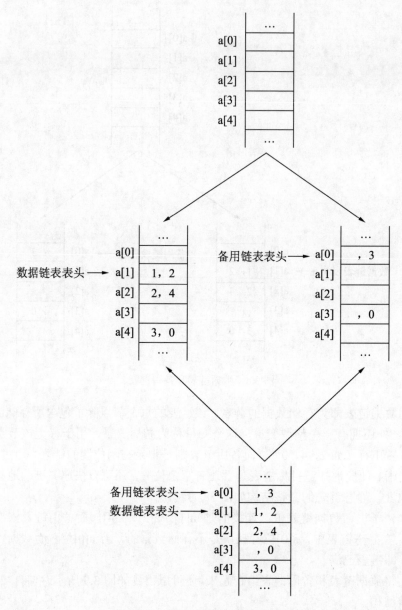

图 3.9　静态链表的完整结构

- 当想要删除元素时，我们先找到目标元素，将其直接前驱节点的游标指向其直接后继节点，然后删除该节点，并将空余位置存放于备用链表中，方便下次使用。

（2）双向链表

有单向链表则必有双向链表，双向链表也叫双链表。无论是我们学过的单链表还是静态链表，节点中都只包含一个指针（游标），用于指向直接后继节点，这确实解决了最基本的"一对一"问题。

当我们编写算法需要多次查找目标节点的前驱节点时，如果使用单链表的话问题就严重了——效率超低！因为单链表是"一根筋的憨憨"，更适合"从前往后"进行遍历。

那怎么办呢？这时候双链表就诞生了。双链表的存储结构和单链表基本一致，只是一个箭头变成了两个而已，这里就不赘述了。双链表的节点结构如图 3.10 所示。

图 3.10　双链表节点

双链表的每个节点都有一个数据域和两个指针域，prior 指针指向直接前驱节点，next 指针指向直接后继节点。

🔔 **注意**：虽然双向链表的逻辑关系是双向的，但通常情况下，头指针依旧只有一个。

（3）循环链表

循环链表，即环状链表，只是把单链表最后一个节点的指针指向了第一个节点（头节点或首元节点），形成一个头尾相接的环状链表，像个圆圈一样，因此也被称为"环"。

循环链表之下还有单向循环链表和双向循环链表。

单向循环链表：与动态单链表一样，单向循环链表也经常被简单称为循环链表。为了方便理解，笔者画了一个循环链表的整体结构图，如图 3.11 所示。

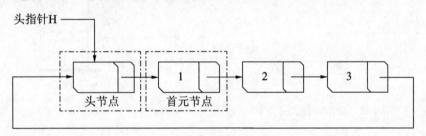

图 3.11　循环链表结构

双向循环链表：有了对从单链表到循环链表变形过程的认知，相信双向循环链表也就不难理解了。这里就作为作业，读者可尝试一下把双向循环链表的整体结构完整地画出来。

题外拓展：说到循环链表，提到了环，就必然会想到约瑟夫环。读者可以试着实现约瑟夫环，以加深自己对链表的理解。

3.2.2　受限线性表

对于一般线性表，虽然必须通过遍历逐一查找再对目标位置进行增、删和查操作，但至少一般线性表对于可操作元素并没有限制。说到这里，读者应该明白了，所谓的受限线性表，就是可操作元素受到了限制。

受限线性表可分为栈（Stack）和队列（Queue），如图 3.12 所示，这是较特殊但很重要的数据结构，一定要掌握。

1. 栈

栈，讲究的是"先进后出"，即最先进栈的数据最后出栈。就像箱子，我们整理东西时，先放进箱子里的东西会被压在最下面，后放进箱子里的东西会被放在最上面，等到从箱子里往外拿东西时，需要先把上面的东西拿出来才能拿到箱子最底下的东西，这就叫"先进栈的后出栈，后进栈的先出栈"。这与线性表分为顺序表和链表一样，栈也分为顺序栈和链栈。

（1）顺序栈

顺序栈也属于线性存储结构，而且和顺序表的数组结构极为相似，如图 3.13 所示。

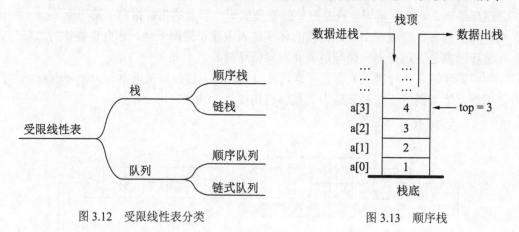

图 3.12　受限线性表分类　　　　　图 3.13　顺序栈

可以看出，在这个数组中，我们先把 1 放了进去，然后依次是 2、3 和 4，当我们要取出 1 时，必须先依次取出 4、3 和 2。

（2）链栈

链栈的原理和顺序栈很相似。顺序栈是将顺序表的一端封死作为栈底，将另一端作为栈顶。链栈也是如此，它把链表一端（尾部）封死作为栈底，将另一端（头部）作为栈顶，如图 3.14 所示。

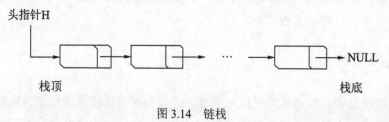

图 3.14　链栈

可以看出，链栈其实就是一个只能用头插法插入和删除元素的链表。问题来了：如此限制链表有什么好处呢？有！那就是可以提高效率。在我们只开放链表头部进行插入和删除元素的同时，避免了大量遍历链表所带来的耗时操作。

2. 队列

队列讲究的是"先进先出"，即最先进队列的数据最先出队列。队列就像一根吸管，队列里的元素就像珍珠奶茶里的珍珠——最先进入吸管的珍珠将最先离开吸管（当然是被你吃了）。这就叫"先进队的先出队，后进队的后出队"。

生活中的队列应用也很多，如排队买票。前面的人比你先到，因此他先买，然后才轮到你。队列和栈一样，也可以分为顺序队列和链式队列。

（1）顺序队列

顺序队列其实就是在顺序表上实现队列结构。它和顺序栈的区别是，顺序栈是一边开口，而顺序队列是两边开口，如图 3.15 所示。

聪明的读者肯定会发现一个问题：顺序队列一直在往前"蹭"，前面的存储空间无法再次使用，这样会造成很大的空间浪费，而且还很容易导致数组溢出，引发错误。

那应该怎么办呢？读者肯定以为笔者要讲链式队列吧，然而并不是。不知读者是否还记得前面我们讲过的"环"？环就是解决这个问题的基本思路。我们完全可以用一个环状的顺序队列，把它的头尾巧妙地连接在一起，即可实现存储空间的循环使用，如图 3.16 所示。

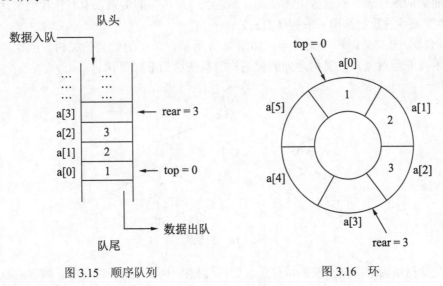

图 3.15 顺序队列　　　　图 3.16 环

剩下的就让 top 和 rear 这两个指针像仓鼠玩跑轮一样去工作就可以了。

（2）链式队列

链式队列也叫链队列，可以说是单链表和顺序队列的结合体，它的初始状态如图 3.17 所示。

　　此时队列里什么都没有，因此 top 和 rear 指针同时指向了头节点。当我们试图添加新的数据元素时，需要按照以下 3 步来操作：

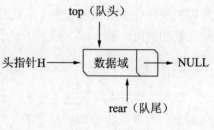

图 3.17　链队列

　　（1）创建一个该数据元素的新节点。

　　（2）将队尾指针 rear 所指向的节点的指针指向新节点。

　　（3）将队尾指针 rear 指向新节点。

　　当我们试图删除数据元素时，可以按照以下 3 步来操作：

　　（1）创建一个新指针 p 指向将出队的节点（首元节点）。

　　（2）将头节点的指针指向 p 指针所指向节点的下一个节点。

　　（3）释放 p 指针所指向的节点，回收内存空间。

> 注意：如果该链式队列没有头节点，则第（1）步应改为将队头指针 top 指向 p 指针所指向节点的下一个节点。

3.3　数据结构——树

　　前面讲的线性表，不论数组还是链，都是"一对一"的关系，本节让我们来认识一下"一对多"关系的数据结构——树（Tree）。

　　树结构分为二叉树和三叉树等，如图 3.18 所示。常用的就是二叉树，因此本节以二叉树为主要介绍对象，二叉树之外的树结构暂且统称为非二叉树。

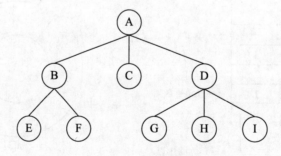

图 3.18　树结构

　　树在数据结构中占据重要的地位。对于树结构的学习其实不难，先了解它的概念和性质，然后结合图示去理解，最后亲自动手实现其功能，按照这样的思路去学习，一定可以轻松掌握。

　　让我们先来认识几个树的相关词汇吧。

　　• 节点：用树存储的每一个数据元素都称为节点；

- 父节点：也叫双亲节点，某一节点的上一个节点即为其父节点，如在图 3.18 中，A 是 B、C、D 的父节点，B 是 E、F 的父节点；
- 子节点：与父节点相反，在图 3.18 中，B、C、D 是 A 的子节点，E、F 是 B 的子节点；
- 兄弟节点：拥有同一个父节点的若干节点互为兄弟节点，如在图 3.18 中，B、C 和 D 互为兄弟节点；
- 根节点：每棵非空树有且只有一个根节点，如图 3.18 中的 A 节点；
- 叶子节点：也叫叶节点，指没有子节点的节点，如图 3.18 中的 C、E、F、G、H 和 I 节点；
- 空树：没有节点的树就是空树；
- 子树：只包含该节点某一子节点下所有节点的树称为该节点的子树，其有左子树（leftsubtree）和右子树（rightsubtree）之分；
- 森林：拥有若干棵互不相交的树的集合；
- 度：一个节点拥有的子节点数（子树数）；
- 层次：根节点为第一层，根节点的子节点为第二层，以此类推；
- 深度：也叫高度，即树中节点层次的最大值；
- 有序树：有顺序的树，即对哪个节点在左边及哪个节点在右边有明确规定的树；
- 无序树：没有限制节点顺序的树。

🔔注意：一棵树的度，是树内各节点的度的最大值。

下面让我们来了解一下二叉树的相关知识吧。

二叉树的定义很简单：其一，它是有序树；其二，各节点的度（子节点数）均不超 2。但是二叉树的功能却不简单。

二叉树又分为普通二叉树、对称二叉树、满二叉树和完全二叉树，如图 3.19 所示。由于各种树之间可相互转化，所以按道理它们均可使用顺序存储和链式存储，但鉴于空间使用率，普通二叉树和对称二叉树一般使用链式存储。

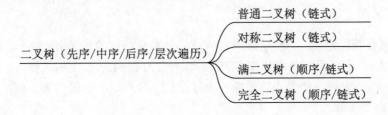

图 3.19　二叉树的分类

1．普通二叉树

普通二叉树其实就是二叉树，只是为了将二叉树更好地分类，才在这里为其加上"普通"二字，以下简称为二叉树，如图 3.20 所示。

二叉树的性质如下：

- 二叉树的第 i 层最多有 $2i-1$ 个节点；
- 二叉树最多有 $2k-1$ 个节点，k 为该树的深度；
- 二叉树的叶子节点数 n_0 比度为 2 的节点数 n_2 多 1，即 $n_0=n_2+1$。

对于第 3 个性质，很多人肯定有疑问：看似毫无关联的 n_0 和 n_2，不可能只相差 1 吧？其实很好证明。我们知道，树的每个节点头上都有一条分路（根节点除外），于是可以得到等式：

$$总节点数=总路数+1$$

总节点数即 $n_0+n_1+n_2$，总路数即 n_1+2n_2，于是可得：

$$n_0+n_1+n_2=n_2+2n_2+1$$

化简可得：

$$n_0=n_2+1$$

2．对称二叉树

如果某二叉树根节点的左右子树互为镜像，则称其为对称二叉树。或者换个说法，某二叉树与其镜像是完全一致的，则称其为对称二叉树，如图 3.21 所示。

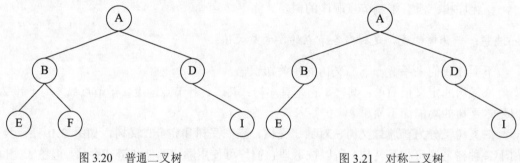

图 3.20　普通二叉树　　　　　　　　　　图 3.21　对称二叉树

3．满二叉树

满二叉树有两种定义：一种是指所有节点的度为 0 或 2 的二叉树（要么"后继无人"，要么"一朝双喜"）；另一种是指深度为 k，节点数为 $2k-1$ 的二叉树（要么在最底层作叶子节点，要么就得有两个子节点，就像一个标准的三角形）。这里以第二种定义为准进行介绍，如图 3.22 所示。

满二叉树除了具有普通二叉树的性质之外，还有以下性质：

- 第 i 层的节点数为 $2i-1$；
- 满二叉树的节点数必为 $2k-1$，叶子数必为 $2k-1$，k 为该树的深度；
- 满二叉树的深度为 $\log_2(n+1)$，n 为该树的节点数；

- 所有节点的度要么为 0，要么为 2，并且叶子节点均在最底层。

4．完全二叉树

完全二叉树由满二叉树演变而来。如果二叉树从根节点到倒数第二层为满二叉树，并且最底层的节点均靠左对齐，则这个二叉树为完全二叉树。显而易见，满二叉树一定是完全二叉树，如图 3.23 所示。

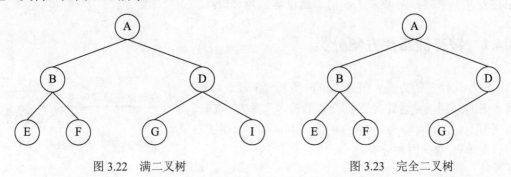

图 3.22　满二叉树　　　　　　　　　　图 3.23　完全二叉树

完全二叉树同样具有二叉树的所有性质，并且其深度为 $\lfloor \log_2 k \rfloor + 1$，$k$ 为该树的节点数。

💬注意：$\lfloor\ \rfloor$ 表示向下取整，如 $\lfloor \log_2 4 \rfloor$ 和 $\lfloor \log_2 5 \rfloor$ 均等于 2。

如果将完全二叉树的节点按照先从上到下再从左到右的顺序进行标号，那就更有意思了：
（1）若 $i>1$，节点 i 的父节点为节点 $\lfloor i/2 \rfloor$；
（2）若 $2i>n$，则节点 i 为叶子节点，n 为该树的节点数；
（3）若 $2i+1>n$，则节点 i 无右子节点，n 为该树的节点数；
（4）若节点 i 有子节点，则其左孩子为 $2i$，右孩子为 $2i+1$。
如果用数组来实现已标号的完全二叉树，则变成了"堆"（Heap）。

3.4　数据结构——图

图（Graph）是比树还要难以理解和学习的"多对多"数据结构，可以认为树也是图的一种。图的知识点众多，按照存储路径的方向分，可分为无向图和有向图，按照图的存储结构分，可分为完全图与有向完全图、连通图与强连通图、连通分量与强连通分量、无环图与有向无环图，其涉及的算法则包括克鲁斯卡尔算法、普里姆算法、迪杰斯特拉算法和弗洛伊德算法等。如图 3.24 所示为图的分类。

与表和树相同，图虽然有"多对多"的逻辑关系，但同样可以使用顺序存储和链式存储

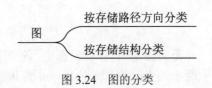

图 3.24　图的分类

有效地保存数据元素；与表和树不同的是，图的顺序存储需要两个数组（包含一个二维数组），链式存储则包括邻接表、邻接多重表和十字链表等。

与表和树不同，图中存储的数据元素不叫节点，我们称其为顶点；若两个顶点直接相连，则称它们互为邻接点；两个顶点及它们中间途径的所有顶点组成的序列称为路径；用字母 V 表示图中顶点的集合，V_R 表示图中顶点之间关系的集合。

🔊注意：如果路径的始末点相同，则该路径为"回路"或"环"。

3.4.1 按存储路径方向分类

按存储路径的方向，图分为单向图和双向图。单向/双向图的区别就是看路径上有没有箭头，无箭头（双向）的图为无向图，有箭头（单向）的图为有向图。如图 3.25 所示为单向/双向图的分类。

图 3.25 单向/双向图的分类

1．无向图

在无向图中（如图 3.26 所示），相连的两个顶点互相建立联系，顶点的集合可表示为 V={$V1, V2, V3, V4, V5, V6, V7$}，顶点关系的集合可表示为 V_R={($V1, V2$), ($V1, V3$), ($V2, V4$), ($V2, V5$), ($V4, V5$), ($V3, V6$), ($V3, V7$), ($V6, V7$)}。

2．有向图

在有向图中（如图 3.27 所示），箭头出发的顶点称为"初始点"或"弧尾"，箭头指向的顶点称为"终端点"或"弧头"，指向某一顶点的箭头数称为该顶点的"入度"（InDegree，顶点 V 的入度可表示为 ID(V)），离开某一顶点的箭头数称为该顶点的"出度"（OutDegree，顶点 V 的出度可表示为 OD(V)）。

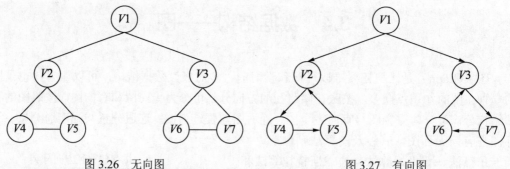

图 3.26 无向图　　　　　　　　　　图 3.27 有向图

和无向图不同，在有向图中，各个顶点之间的关系是"单向"的。在无向图中，用($V1, V2$)表示两个顶点间的二元关系，并将其称为"边"；在有向图中，用<$V1, V2$>表示两个顶点间的二元关系，并将其称为"弧"。

3.4.2　按存储结构分类

除了无向图和有向图之外，根据图的
存储结构，图又可分为完全图与有向完全
图、连通图与强连通图、连通分量与强连
通分量、无环图与有向无环图，如图 3.28
所示。

图 3.28　按图的存储结构分类

1. 完全图与有向完全图

完全图指各顶点与其他顶点均有联系的无向图，满足该条件的有向图即为有向完全
图，如图 3.29 所示。

图 3.29　完全图与有向完全图

一定要分清的是：具有 n 个顶点的完全图拥有 $\dfrac{n(n-1)}{2}$ 条边，具有 n 个顶点的有向完
全图拥有 $n(n-1)$ 条弧。

2. 连通图与强连通图

如果图的两个顶点之间至少存在一条路径，则称这两个顶点是连通的。如果无向图中
的任意两个顶点都是连通的，则称其为连通图。同理，满足该条件的有向图即为强连通图。
如图 3.30 所示为连通图与强连通图。

图 3.30　连通图与强连通图

显而易见，完全图一定是连通图，而有向完全图一定是强连通图。

3．连通分量与强连通分量

如果无向图不是连通图，但其最大连通子图符合连通图的定义，则称该子图为连通分量。同理，满足该条件的有向图即为强连通分量。如图 3.31 所示为连通分量与强连通分量示意图。

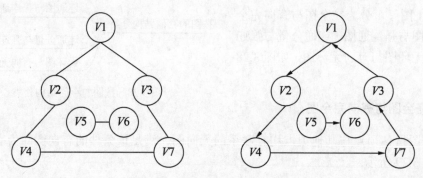

图 3.31　连通分量与强连通分量

🔔注意：连通分量的前提是其必须是非连通图。

4．无环图与有向无环图

无环图就容易理解了，没有回路（环）的无向图称为无环图。同理，满足该条件的有向图即为有向无环图。如图 3.32 所示为无环图与有向无环图。

图 3.32　无环图与有向无环图

3.5　本章小结

本章的内容不可谓不多，从基本数据类型到数据结构，涵盖整型、布尔值、字符串、列表、元组、字典、集合、堆、栈、链表、树和图，以及队列和环等相关内容。

这里再补充一点：树和图都有更高阶的"玩法"，那就是加权——为每条路径加上权值，然后就变为加权树和加权图了。加权图就是"网"。最后我们对数据结构做一个总结，如图 3.33 所示。

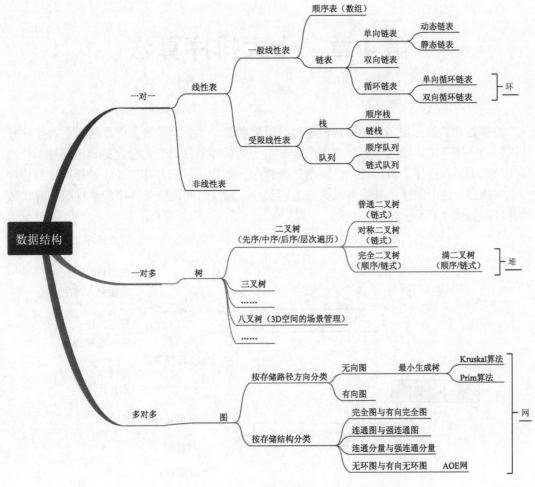

图 3.33　数据结构

　　读者一定要厘清各存储结构的异同之处和它们之间的关联，这样也算没有辜负笔者的良苦用心了。

第 4 章　十大排序算法

数据处理的算法很多，排序是最基础且最重要的一类，大多数人都是通过学习排序算法入门的。接下来让我们一起学习闻名遐迩的十大排序算法，它们分别是冒泡排序、快速排序、直接插入排序、希尔排序、简单选择排序、堆排序、归并排序、计数排序、桶排序和基数排序。这十大排序算法可以大致为两类：非线性时间比较类排序和线性时间非比较类排序，如图 4.1 所示。

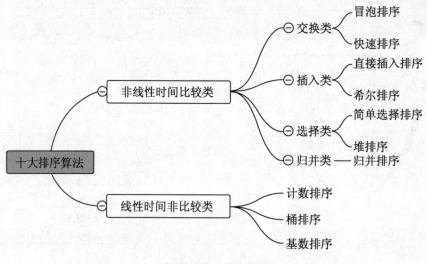

图 4.1　十大排序算法

所谓线性时间并不是"按照时间顺序讲述故事"的方式，而是与时间复杂度相关的词条。在计算复杂性理论中，如果实现某算法所需的时间与输入数据的大小成正比的线性关系，则称该算法为线性时间的算法，或者 $O(n)$ 时间的算法；比较类则是指在排序过程中通过元素之间的相互比较进行位置和值的交换。

4.1　非线性时间比较类排序

非线性时间比较类排序包括冒泡排序、快速排序、直接插入排序、希尔（Shell）排序、简单选择排序、堆排序和归并排序，而这七种算法又可分为四大类型：

- 交换类排序，如冒泡排序和快速排序；
- 插入类排序，如直接插入排序和希尔排序；
- 选择类排序，如简单选择排序和堆排序；
- 归并排序。

其中，归并排序号称计算速度最快，快速排序和堆排序次之。快速排序和堆排序二者在计算速度上其实并没有差别，只是数据的初始排序状态会对快速排序产生较大影响，而对堆排序则没有影响。

4.1.1 冒泡排序

冒泡排序是最基础的排序算法之一，但它并不是最优的排序算法。

1．算法思想

冒泡排序是将数据中的每个数与相邻数进行比较并交换，大数往上冒，小数往下沉，每个数都遍历一次后便可以排出顺序。

2．算法步骤

（1）取数据中的第一个数，依次与下一个数进行比较，然后与小于（或大于）自己的数交换位置直到最后一个数，这个过程称为"冒泡"。

（2）如果未发生位置交换，则说明数据有序，排序结束；如果发生了位置交换，则重复步骤（1）。

3．算法分析

当待排序的数据列为正序时，只需一次遍历即可，比较次数为 n-1，并且没有发生位置移动（交换），时间复杂度为 $O(n)$，这是最好的情况。

当待排序数据列为逆序时，则需进行 n-1 次遍历，每次发生 n-i 次比较和移动，则：

$$C_{\max} = \sum_{i=1}^{n-1}(n-i) = \frac{n(n-1)}{2} \approx n^2$$

时间复杂度为 $O(n^2)$，这是最坏的情况。因此冒泡排序的平均时间复杂度为 $O(n^2)$。由于相同元素的相对位置不变，即如果两个元素相同，插入元素依旧放在相同元素后面，所以冒泡排序是一种稳定排序。

4．算法代码

算法代码如下：

```
# 冒泡排序
def bubble_sort(nums):
```

```
    # 冒泡排序进行的次数 n-1
    for i in range(len(nums)-1):
        # j 为进行比较的数据下标
        for j in range(len(nums)-1-i):
            # 若下标为 j 的数据大于其右相邻数据
            if nums[j] > nums[j+1]:
                # 二者交换位置
                nums[j], nums[j+1] = nums[j+1], nums[j]
    return nums
#调用 bubble_sort 函数
bubble_sort([34, 5, 2, 1, 55, 3, 13, 8, 21])
```

5. 输出结果

代码输出结果如下：

```
[1, 2, 3, 5, 8, 13, 21, 34, 55]
```

6. 算法过程分解

第 1 个数与第 2 个数进行比较并交换：[5, 34, 2, 1, 55, 3, 13, 8, 21]
第 2 个数与第 3 个数进行比较并交换：[5, 2, 34, 1, 55, 3, 13, 8, 21]
第 3 个数与第 4 个数进行比较并交换：[5, 2, 1, 34, 55, 3, 13, 8, 21]
第 4 个数与第 5 个数进行比较不交换：[5, 2, 1, 34, 55, 3, 13, 8, 21]
第 5 个数与第 6 个数进行比较并交换：[5, 2, 1, 34, 3, 55, 13, 8, 21]
第 6 个数与第 7 个数进行比较并交换：[5, 2, 1, 34, 3, 13, 55, 8, 21]
第 7 个数与第 8 个数进行比较并交换：[5, 2, 1, 34, 3, 13, 8, 55, 21]
第 8 个数与第 9 个数进行比较并交换：[5, 2, 1, 34, 3, 13, 8, 21, 55]

第 1 个数与第 2 个数进行比较并交换：[2, 5, 1, 34, 3, 13, 8, 21, 55]
第 2 个数与第 3 个数进行比较并交换：[2, 1, 5, 34, 3, 13, 8, 21, 55]
第 3 个数与第 4 个数进行比较不交换：[2, 1, 5, 34, 3, 13, 8, 21, 55]
第 4 个数与第 5 个数进行比较并交换：[2, 1, 5, 3, 34, 13, 8, 21, 55]
第 5 个数与第 6 个数进行比较并交换：[2, 1, 5, 3, 13, 34, 8, 21, 55]
第 6 个数与第 7 个数进行比较并交换：[2, 1, 5, 3, 13, 8, 34, 21, 55]
第 7 个数与第 8 个数进行比较并交换：[2, 1, 5, 3, 13, 8, 21, 34, 55]

第 1 个数与第 2 个数进行比较并交换：[1, 2, 5, 3, 13, 8, 21, 34, 55]
第 2 个数与第 3 个数进行比较不交换：[1, 2, 5, 3, 13, 8, 21, 34, 55]
第 3 个数与第 4 个数进行比较并交换：[1, 2, 3, 5, 13, 8, 21, 34, 55]
第 4 个数与第 5 个数进行比较不交换：[1, 2, 3, 5, 13, 8, 21, 34, 55]
第 5 个数与第 6 个数进行比较并交换：[1, 2, 3, 5, 8, 13, 21, 34, 55]

第 6 个数与第 7 个数进行比较不交换：[1, 2, 3, 5, 8, 13, 21, 34, 55]

第 1 个数与第 2 个数进行比较不交换：[1, 2, 3, 5, 8, 13, 21, 34, 55]
第 2 个数与第 3 个数进行比较不交换：[1, 2, 3, 5, 8, 13, 21, 34, 55]
第 3 个数与第 4 个数进行比较不交换：[1, 2, 3, 5, 8, 13, 21, 34, 55]
第 4 个数与第 5 个数进行比较不交换：[1, 2, 3, 5, 8, 13, 21, 34, 55]
第 5 个数与第 6 个数进行比较不交换：[1, 2, 3, 5, 8, 13, 21, 34, 55]

第 1 个数与第 2 个数进行比较不交换：[1, 2, 3, 5, 8, 13, 21, 34, 55]
第 2 个数与第 3 个数进行比较不交换：[1, 2, 3, 5, 8, 13, 21, 34, 55]
第 3 个数与第 4 个数进行比较不交换：[1, 2, 3, 5, 8, 13, 21, 34, 55]
第 4 个数与第 5 个数进行比较不交换：[1, 2, 3, 5, 8, 13, 21, 34, 55]

第 1 个数与第 2 个数进行比较不交换：[1, 2, 3, 5, 8, 13, 21, 34, 55]
第 2 个数与第 3 个数进行比较不交换：[1, 2, 3, 5, 8, 13, 21, 34, 55]
第 3 个数与第 4 个数进行比较不交换：[1, 2, 3, 5, 8, 13, 21, 34, 55]

第 1 个数与第 2 个数进行比较不交换：[1, 2, 3, 5, 8, 13, 21, 34, 55]
第 2 个数与第 3 个数进行比较不交换：[1, 2, 3, 5, 8, 13, 21, 34, 55]

第 1 个数与第 2 个数进行比较不交换：[1, 2, 3, 5, 8, 13, 21, 34, 55]

4.1.2　快速排序

快速排序也称为分区交换排序，它采用的是分治思想，是冒泡排序的改良版。冒泡排序需要进行比较并交换的次数较多，因为它是在两个相邻数据之间进行比较并交换的操作，每次只能移动一个位置，而快速排序是在两个分区之间进行比较并交换的操作。

1. 算法思想

选取一个基准值，将待排序数据分为左（小于基准值）右（大于基准值）两个区间，然后对两个分区的数据进行同样的循环操作，最后便可得到一组有序数据。

2. 算法步骤

（1）选取待排序数据的第一个数值作为分区标准。
（2）遍历数组，将小于标准数的数据移到左边，将大于标准数的数据移到右边，则中间为标准数。

（3）对标准数左右两个子序列分别进行（1）和（2）步的操作。

（4）当左右子序列的长度均小于或等于 1 时，排序完成。

3．算法分析

如果选取的标准数为待排序数组的中位数，即每次划分后的左右子序列长度基本一致，则时间复杂度为 $O(n\log_2 n)$，为最好的情况。

如果待排序数组是逆序，第一趟选取的标准数为待排序数组的最大值，经过 $n-1$ 次比较和移动后，得到一个 $n-1$ 个元素的左子序列；第二趟选取的标准数依旧是待排序子序列的最大值，经过 $n-2$ 次比较和移动后，得到一个 $n-2$ 个元素的左子序列。以此类推，则总操作次数为：

$$C_{\max} = \sum_{i=1}^{n-1}(n-i) = \frac{n(n-1)}{2} \approx n^2$$

这是最坏的情况。因此快速排序的平均时间复杂度为 $O(n^2)$，并且属于**不稳定**排序。

4．算法代码

算法代码如下：

```python
# 快速排序
def quick_sort(array):
    if len(array) <= 1:                # 当子序列长度<=1 时
        return array                   # 排序完成，停止递归
    else:
        # 切记不可写成"small = equal = large = []"
        small = []                     # 由所有小于基准值的元素组成的子数组
        equal = []                     # 包括基准值在内并且和基准相等的元素
        large = []                     # 由所有大于基准值的元素组成的子数组
        reference = array[0]           # 选择第一个数值作为基准值
        # 遍历 array 中的每一个元素
        for s in array:
            # 当前元素小于基准值时
            if s < reference:
                # 将当前元素插入 small 中
                small.append(s)
            # 当前元素等于基准值时
            elif s == reference:
                equal.append(s)
            # 当前元素大于基准值时
            else:
                large.append(s)
        print(small, equal, large)
    # 调用自身，即为递归
    return quick_sort(small) + equal + quick_sort(large)
# 调用 quick_sort 函数
quick_sort([34, 5, 2, 1, 55, 3, 1, 13, 8, 21])
```

个人不建议采用这种冗杂的写法，这里只是为了让读者更方便理解。如果读者有编程基础，还是建议采用下面的写法：

```python
#快速排序
def quick_sort(array):
    if len(array) <= 1:                          # 当子序列长度<=1 时
        return array                             # 排序完成，停止递归
    else:
        reference = array[0]                     # 选择第一个数值作为基准值
        # 由所有小于基准值的元素组成的子数组
        small = [s for s in array[1:] if s < reference]
        # 包括基准值在内并且和基准相等的元素
        equal = [e for e in array if e == reference]
        # 由所有大于基准值的元素组成的子数组
        large = [l for l in array[1:] if l > reference]
    # 调用自身，即为递归
    return quick_sort(small) + equal + quick_sort(large)
# 调用 quick_sort 函数
quick_sort([34, 5, 2, 1, 55, 3, 1, 13, 8, 21])
```

注意：这里的代码用到了递归思想，且采用了简略写法，如果看不懂也没关系，只要了解这个分区交换的思想就可以了。

5. 输出结果

代码输出结果如下：

```
[1, 1, 2, 3, 5, 8, 13, 21, 34, 55]
```

6. 算法过程分解

这里通过两段代码从两个角度进行分析和讲解。如果你都能看懂，那么恭喜你，你已经掌握了快速排序算法和递归思想。

（1）第一段代码的结果分解如下：

第 1 遍循环后的结果为[] [34] []

第 2 遍循环后的结果为[5] [34] []

第 3 遍循环后的结果为[5, 2] [34] []

第 4 遍循环后的结果为[5, 2, 1] [34] []

第 5 遍循环后的结果为[5, 2, 1] [34] [55]

第 6 遍循环后的结果为[5, 2, 1, 3] [34] [55]

第 7 遍循环后的结果为[5, 2, 1, 3, 1] [34] [55]

第 8 遍循环后的结果为[5, 2, 1, 3, 1, 13] [34] [55]

第 9 遍循环后的结果为[5, 2, 1, 3, 1, 13, 8] [34] [55]

第 10 遍循环后的结果为[5, 2, 1, 3, 1, 13, 8, 21] [34] [55]

第 11 遍循环后的结果为[] [5] []

第 12 遍循环后的结果为[2] [5] []

第 13 遍循环后的结果为[2, 1] [5] []

第 14 遍循环后的结果为[2, 1, 3] [5] []

第 15 遍循环后的结果为[2, 1, 3, 1] [5] []

第 16 遍循环后的结果为[2, 1, 3, 1] [5] [13]

第 17 遍循环后的结果为[2, 1, 3, 1] [5] [13, 8]

第 18 遍循环后的结果为[2, 1, 3, 1] [5] [13, 8, 21]

第 19 遍循环后的结果为[] [2] []

第 20 遍循环后的结果为[1] [2] []

第 21 遍循环后的结果为[1] [2] [3]

第 22 遍循环后的结果为[1, 1] [2] [3]

第 23 遍循环后的结果为[] [1] []

第 24 遍循环后的结果为[] [1, 1] []

第 25 遍循环后的结果为[] [13] []

第 26 遍循环后的结果为[8] [13] []

第 27 遍循环后的结果为[8] [13] [21]

左右子序列均已排序完成，得出的最终排序数组如下：

[1, 1, 2, 3, 5, 8, 13, 21, 34, 55]

（2）第二段代码的结果分解如下：

第Ⅰ遍快速排序：

待排序数组为[34, 5, 2, 1, 55, 3, 1, 13, 8, 21]

基准值为 34

左子序列为[5, 2, 1, 3, 1, 13, 8, 21]

相等子序列为[34]

右子序列为[55]

第Ⅱ遍快速排序：

待排序数组为[5, 2, 1, 3, 1, 13, 8, 21]

基准值为 5

左子序列为[2, 1, 3, 1]

相等子序列为[5]

右子序列为[13, 8, 21]

```
------------------------------------------------
第Ⅲ遍快速排序：
待排序数组为[2, 1, 3, 1]
基准值为 2
左子序列为[1, 1]
相等子序列为[2]
右子序列为[3]
------------------------------------------------
第Ⅳ遍快速排序：
待排序数组为[1, 1]
基准值为 1
相等子序列为[1, 1]
------------------------------------------------
第Ⅴ遍快速排序：
待排序数组为[13, 8, 21]
基准值为 13
左子序列为[8]
相等子序列为[13]
右子序列为[21]
------------------------------------------------
左右子序列均已排序完成，得出的最终排序数组如下：
[1, 1, 2, 3, 5, 8, 13, 21, 34, 55]
```

4.1.3　直接插入排序

前面已经讲完了交换类排序，这两节开始学习插入类排序。顾名思义，所谓插入排序指我们会为每一个数据安排一个适合它的位置并将其插入，直到所有数据就位则排序完成。

直接插入法便是插入排序的典型方法，完全继承了插入排序的"脾气"：简单、粗暴，逮到就插入，毫无技术可言，耿直得可爱。

1. 算法思想

将待排序数组中的记录逐一插入已排序的子序列中，从而得到一个完整的有序数组。

2. 算法步骤

（1）将数组的第一个数据看成一个有序的子序列。

（2）从第二个数据开始，依次与前面的有序子序列进行比较，若待插入数据 array[i]

大于或等于数据 array[i-1]，则原位插入；若待插入数据 array[i]小于数据 array[i-1]，则将数据 array[i]临时存放在哨兵 temp 中，将有序序列中大于哨兵的所有数据后移一位，然后将哨兵数据插入相应位置。

（3）重复步骤（2），直到整个数组变成有序数组。

3. 算法分析

也许有的读者看得有点糊涂了。为了便于理解，我们将步骤进行拆分讲解。假设我们要给数组[3, 1, 8, 2, 1, 5]进行排序，由于有两个 1，所以将第二个 1 标记为"1*"，排序过程如表 4.1 所示。

表 4.1　直接插入排序过程

排序过程	哨兵temp	数组array					
1	1	[3]	1	8	2	1*	5
2	8	[1	3]	8	2	1*	5
3	2	[1	3	8]	2	1*	5
4	1*	[1	2	3	8]	1*	5
5	5	[1	1*	2	3	8]	5
6	--	[1	1*	2	3	5	8]

以上是直接插入排序的过程。接下来再细分每一步的比较移位过程。以 i=3 为例，此时 array[0]～array[2]已经排好序，为[1, 3, 8]。因为 array[3]＜array[2]，所以需要将 array[3]临时存储到哨兵 temp 中，以防止 array[2]后移时将 array[3]覆盖。然后从 array[2]～array[0]中依次寻找插入的位置，执行"比较……后移……比较……后移……"操作，直到小于或等于 temp 的值出现或有序子序列已遍历结束，最后将 temp 插入，则 array[0]～array[3]序列的排序便完成，如表 4.2 所示。

表 4.2　i=3 时的直接插入排序过程

移位过程	哨兵temp	数组array					
1	--	[1	3	8]	2	1*	5
2	2	[1	3	8]	2	1*	5
3	2	[1	3	8	8]	1*	5
4	2	[1	3	3	8]	1*	5
5	2	[1	2	3	8]	1*	5

当待排序数组为正序，即数组中的所有元素均已按照从小到大的顺序排好时，只需进行 $n-1$ 次循环即可，每次循环只需与前面有序子序列的最后一个元素进行一次比较并且无须移动元素。此时，比较次数 $C=n-1$ 和移动次数 $M=0$ 均为最小值，时间复杂度为 $O(n)$，是最好的情况。

当待排序数组为逆序时，同样需要进行 $n-1$ 次循环，但每次循环均需要将待插入数据与有序子序列 array[0, i-1] 中的第 i 个元素进行比较，并且每比较一次便需要做一次数据移动。此时，比较次数为：

$$C_{max} = \sum_{i=1}^{n-1} i = \frac{n(n-1)}{2} \approx \frac{n^2}{2}$$

移动次数为：

$$M_{max} = \sum_{i=1}^{n-1} (i+2) = \frac{(n+4)(n-1)}{2} \approx \frac{n^2}{2}$$

此时，比较和移动的次数均为最大值，时间复杂度为 $O(n^2)$，是最坏的情况。因此直接插入排序的平均时间复杂度为 $O(n^2)$。

💬注意：$i+2$ 中的 2 即表示 temp=array[i] 和 array[j]=temp 这两次赋值行为。

这里我们只使用了 i、j 和 temp 这三个辅助变量，与问题的规模无关，因此空间复杂度为 $O(1)$。且由于相同元素的相对位置不变，所以直接插入排序属于**稳定排序**。

4. 算法代码

算法代码如下：

```python
# 直接插入排序
def insert_sort(array):
    n = len(array)
    # 切记是从 1 到 n-1，前闭后开
    for i in range(1, n):
        # 如果待插入数据小于前一个数据
        if array[i] < array[i-1]:
            # index 为待插入的下标
            index = i
            # 将待插入的数据存放在 temp 中
            temp = array[i]
            # 从 i-1 循环到 0（包括 0），反向取值，间距为 1
            # 前两个参数表示区间，第三个参数表示取值的方向和间距
            for j in range(i-1, -1, -1):
                # 如果 array[j] 大于哨兵值
                if array[j] > temp:
                    # 将 array[j] 后移一位
                    array[j+1] = array[j]
                    # 更新待插入的下标
                    index = j
                # 如果 array[j] 小于或等于哨兵值
                else:
                    # 跳出并结束整个循环
                    break
            # 将哨兵值插入有序子序列
            array[index] = temp
```

```
    # 当待插入数大于前一个数值时，无须进行操作
  return array
# 调用 insert_sort 函数
insert_sort([34, 21, 13, 2, 5, 1, 55, 3, 1, 8])
```

5. 输出结果

代码输出结果如下：

```
[1, 1, 2, 3, 5, 8, 13, 21, 34, 55]
```

6. 算法过程分解

原待排序数组如下：

[34, 21, 13, 2, 5, 1, 55, 3, 1, 8]

第 1 遍直接插入排序：

因为 21 < 34，所以 temp= 21。

******** 开始比较并交换 ********

因为 21 < 34，所以 34 需要后移一位：

[34, 34, 13, 2, 5, 1, 55, 3, 1, 8]

新的有序子序列如下：

[21, 34, 13, 2, 5, 1, 55, 3, 1, 8]

第 2 遍直接插入排序：

因为 13 < 34，所以 temp= 13。

******** 开始比较并交换 ********

因为 13 < 34，所以 34 需要后移一位：

[21, 34, 34, 2, 5, 1, 55, 3, 1, 8]

因为 13 < 21，所以 21 需要后移一位：

[21, 21, 34, 2, 5, 1, 55, 3, 1, 8]

新的有序子序列如下：

[13, 21, 34, 2, 5, 1, 55, 3, 1, 8]

第 3 遍直接插入排序：

因为 2 < 34，所以 temp= 2。

******** 开始比较并交换 ********

因为 2 < 34，所以 34 需要后移一位：

[13, 21, 34, 34, 5, 1, 55, 3, 1, 8]

因为 2 < 21，所以 21 需要后移一位：

[13, 21, 21, 34, 5, 1, 55, 3, 1, 8]

因为 2 < 13，所以 13 需要后移一位：

[13, 13, 21, 34, 5, 1, 55, 3, 1, 8]

新的有序子序列如下：

[2, 13, 21, 34, 5, 1, 55, 3, 1, 8]

第 4 遍直接插入排序：

因为 5 < 34，所以 temp= 5。

******** 开始比较并交换 ********

因为 5 < 34，所以 34 需要后移一位：

[2, 13, 21, 34, 34, 1, 55, 3, 1, 8]

因为 5 < 21，所以 21 需要后移一位：

[2, 13, 21, 21, 34, 1, 55, 3, 1, 8]

因为 5 < 13，所以 13 需要后移一位：

[2, 13, 13, 21, 34, 1, 55, 3, 1, 8]

因为 5 > 2，所以无须后移。

新的有序子序列如下：

[2, 5, 13, 21, 34, 1, 55, 3, 1, 8]

第 5 遍直接插入排序：

因为 1 < 34，所以 temp= 1。

******** 开始比较并交换 ********

因为 1 < 34，所以 34 需要后移一位：

[2, 5, 13, 21, 34, 34, 55, 3, 1, 8]

因为 1 < 21，所以 21 需要后移一位：

[2, 5, 13, 21, 21, 34, 55, 3, 1, 8]

因为 1 < 13，所以 13 需要后移一位：

[2, 5, 13, 13, 21, 34, 55, 3, 1, 8]

因为 1 < 5，所以 5 需要后移一位：

[2, 5, 5, 13, 21, 34, 55, 3, 1, 8]

因为 1 < 2，所以 2 需要后移一位：

[2, 2, 5, 13, 21, 34, 55, 3, 1, 8]

新的有序子序列如下：

[1, 2, 5, 13, 21, 34, 55, 3, 1, 8]

第 6 遍直接插入排序：

因为 55 > 34，所以无须赋值及移位。

第 7 遍直接插入排序：

因为 3 < 55，所以 temp= 3。

******** 开始比较并交换 ********

因为 3 < 55，所以 55 需要后移一位：

[1, 2, 5, 13, 21, 34, 55, 55, 1, 8]

因为 3 < 34，所以 34 需要后移一位：

[1, 2, 5, 13, 21, 34, 34, 55, 1, 8]

因为 3 < 21，所以 21 需要后移一位：

[1, 2, 5, 13, 21, 21, 34, 55, 1, 8]

因为 3 < 13，所以 13 需要后移一位：

[1, 2, 5, 13, 13, 21, 34, 55, 1, 8]

因为 3 < 5，所以 5 需要后移一位：

[1, 2, 5, 5, 13, 21, 34, 55, 1, 8]

因为 3 > 2，所以无须后移。

新的有序子序列如下：

[1, 2, 3, 5, 13, 21, 34, 55, 1, 8]

第 8 遍直接插入排序：

因为 1 < 55，所以 temp= 1。

******** 开始比较并交换 ********

因为 1 < 55，所以 55 需要后移一位：

[1, 2, 3, 5, 13, 21, 34, 55, 55, 8]

因为 1 < 34，所以 34 需要后移一位：

[1, 2, 3, 5, 13, 21, 34, 34, 55, 8]

因为 1 < 21，所以 21 需要后移一位：

[1, 2, 3, 5, 13, 21, 21, 34, 55, 8]

因为 1 < 13，所以 13 需要后移一位：

[1, 2, 3, 5, 13, 13, 21, 34, 55, 8]

因为 1 < 5，所以 5 需要后移一位：

[1, 2, 3, 5, 5, 13, 21, 34, 55, 8]

因为 1 < 3，所以 3 需要后移一位：

[1, 2, 3, 3, 5, 13, 21, 34, 55, 8]

因为 1 < 2，所以 2 需要后移一位：

[1, 2, 2, 3, 5, 13, 21, 34, 55, 8]

因为 1 = 1，所以无须后移。

新的有序子序列如下：

[1, 1, 2, 3, 5, 13, 21, 34, 55, 8]

第 9 遍直接插入排序：

因为 8 < 55，所以 temp= 8。

********　开始比较并交换　********

因为 8 < 55，所以 55 需要后移一位：

[1, 1, 2, 3, 5, 13, 21, 34, 55, 55]

因为 8 < 34，所以 34 需要后移一位：

[1, 1, 2, 3, 5, 13, 21, 34, 34, 55]

因为 8 < 21，所以 21 需要后移一位：

[1, 1, 2, 3, 5, 13, 21, 21, 34, 55]

因为 8 < 13，所以 13 需要后移一位：

[1, 1, 2, 3, 5, 13, 13, 21, 34, 55]

因为 8 > 5，所以无须后移。

新的有序子序列如下：

[1, 1, 2, 3, 5, 8, 13, 21, 34, 55]

所有元素均已插入相应位置，得出的最终排序数组如下：

[1, 1, 2, 3, 5, 8, 13, 21, 34, 55]

4.1.4　希尔排序

希尔（音同 Shell）排序，也叫缩小增量排序，它通过将原始列表分解为多个子列表来改进插入排序。虽然它叫希尔排序，但和命令解析器 Shell 不是一回事，只是因为该算法是由 D.L.shell 提出的而已。

1. 算法思想

希尔排序法摒弃了直接插入排序逐一比较的方式，而是对指定距离（增量 d）的元素进行比较，并不断把增量缩小至 1，直到排序完成。

📢注意：对于增量取值的规律，可以是奇数、偶数或者质数等，并且不断将增量除以 2
　　　直至其值为 1。

2. 算法步骤

（1）选取增量 $d=\frac{n}{2}$。

（2）将待排序数组分为 d 个子序列，然后分别进行直接插入排序。

（3）将增量取半，即 $d=\frac{d}{2}=\frac{\frac{n}{2}}{2}$。

（4）重复步骤（2）和（3），直到增量 d 等于 1。

（5）对整个待排序数组进行直接插入排序，然后完成排序。

3. 算法分析

同样，还是用例子和图来帮助读者理解这个算法。假设我们要对数组[3, 13, 1, 8, 2, 21, 1, 5]进行排序，由于有两个 1，所以将第二个 1 标记为“1*”。

首先，待排序数组长度 n=8，选取增量 $d=\frac{n}{2}=4$，则第 1 遍排序过程如图 4.2 所示。

初始序列：　[3,　13,　1,　8,　2,　21,　1*,　5]
3　2
13　21
d=4
1　1*
8　5
排序结果：　[2,　13,　1,　5,　3,　21,　1*,　8]

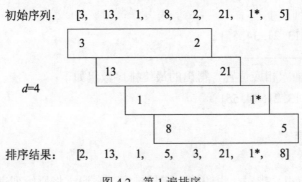

图 4.2　第 1 遍排序

第 2 遍排序时增量 $d=\frac{d}{2}=2$，排序过程如图 4.3 所示。

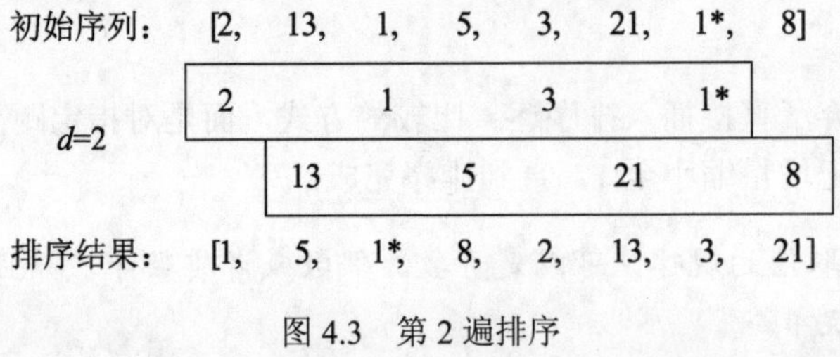

初始序列：　[2,　13,　1,　5,　3,　21,　1*,　8]
2　1　3　1*
d=2
13　5　21　8
排序结果：　[1,　5,　1*,　8,　2,　13,　3,　21]

图 4.3　第 2 遍排序

第 3 遍排序时增量 $d=\frac{d}{2}=1$，排序过程如图 4.4 所示。

初始序列：　[1,　5,　1*,　8,　2,　13,　3,　21]

d=1	1	5	1*	8	2	13	3	21

排序结果：　[1,　1*,　2,　3,　5,　8,　13,　21]

图 4.4　第 3 遍排序

　　这样看起来似乎希尔排序并不比直接插入排序快。其实不是这样的，让我们来分析一下。开始时，希尔排序的增量 d 较大——分组较多，每组记录较少，因此直接插入排序的速度较快，后来增量 d 缩小——分组减少，每组记录增多，但各组内的记录均已为正序，因此排序速度还是比正常情况下的直接插入要快。看出来了吗？其实希尔排序相较于直接插入排序，就是优化了待排序数组的初始顺序，使其达到或接近于直接插入排序的最好情况。

　　由于增量的取值不同，增量的个数也不同，所以希尔排序算法的时间复杂度分析十分复杂。如果增量取值合理的话，则时间复杂度约为 $O(n^{1.3})$。当然，若运气不好，则最坏情况的时间复杂度依然为 $O(n^2)$，并且希尔排序为**不稳定排序**。

4．算法代码

算法代码如下：

```
# 希尔排序
def shell_sort(array):
    # 设定初始增量 d = n/2
    d = len(array) // 2                     # "//"表示整数除法
    # 当增量大于 0 时执行，如果小于 0，则退出循环
    while d > 0:
        # i 的取值范围为 d 到 n
        for i in range(d, len(array)):
            # 类似于直接插入排序，比较当前值与之前指定增量的值
            while i >= d and array[i-d] > array[i]:
                # 符合条件，则交换位置
                array[i], array[i-d] = array[i-d], array[i]
                # 取前一个指定增量的值，继续下一个判断
                i -= d
        # 将增量取半，回到 while 外循环
        d = d // 2
    return array
# 调用 shell_sort 函数
shell_sort([34, 21, 13, 2, 5, 1, 55, 3, 1, 8])
```

5．输出结果

代码输出结果如下：

```
[1, 1, 2, 3, 5, 8, 13, 21, 34, 55]
```

6. 算法过程分解

原始数组为[34, 21, 13, 2, 5, 1, 55, 3, 1, 8]

################　开始 Shell 排序　################

**********　第 1 遍排序开始　**********

取增量 *d*=5，大于 0。将待排序数组分为 5 个子序列，分别进行直接插入排序。

令数组第 5 位[1]与第 0 位[34]进行比较：

因为 1 < 34，所以将 1 与 34 交换位置。

令数组第 6 位[55]与第 1 位[21]进行比较：

因为 55 > 21，所以无须交换位置。

令数组第 7 位[3]与第 2 位[13]进行比较：

因为 3 < 13，所以将 3 与 13 交换位置。

令数组第 8 位[1]与第 3 位[2]进行比较：

因为 1 < 2，所以将 1 与 2 交换位置。

令数组第 9 位[8]与第 4 位[5]进行比较：

因为 8 > 5，所以无须交换位置。

新的数组为[1, 21, 3, 1, 5, 34, 55, 13, 2, 8]

**********　第 2 遍排序开始　**********

取增量 *d*=2，大于 0。将待排序数组分为 2 个子序列，分别进行直接插入排序。

令数组第 2 位[3]与第 0 位[1]进行比较：

因为 3 > 1，所以无须交换位置。

令数组第 3 位[1]与第 1 位[21]进行比较：

因为 1 < 21，所以将 1 与 21 交换位置。

令数组第 4 位[5]与第 2 位[3]进行比较：

因为 5 > 3，所以无须交换位置。

令数组第 5 位[34]与第 3 位[21]进行比较：

因为 34 > 21，所以无须交换位置。

令数组第 6 位[55]与第 4 位[5]进行比较：

因为 55 > 5，所以无须交换位置。

令数组第 7 位[13]与第 5 位[34]进行比较：

因为 13 < 34，所以将 13 与 34 交换位置。

因为 13 < 21，所以将 13 与 21 交换位置。

因为 13 > 1，所以无须交换位置。

令数组第 8 位[2]与第 6 位[55]进行比较：

因为 2 < 55，所以将 2 与 55 交换位置。

因为 2 < 5，所以将 2 与 5 交换位置。

因为 2 < 3，所以将 2 与 3 交换位置。

因为 2 > 1，所以无须交换位置。

令数组第 9 位[8]与第 7 位[34]进行比较：

因为 8 < 34，所以将 8 与 34 交换位置。

因为 8 < 21，所以将 8 与 21 交换位置。

因为 8 < 13，所以将 8 与 13 交换位置。

因为 8 > 1，所以无须交换位置。

新的数组为[1, 1, 2, 8, 3, 13, 5, 21, 55, 34]

********** 第 3 遍排序开始 **********

取增量 d=1，大于 0。将待排序数组分为 1 个子序列，分别进行直接插入排序。

令数组第 1 位 [1] 与第 0 位 [1] 进行比较：

因为 1= 1，所以无须交换位置。

令数组第 2 位 [2] 与第 1 位 [1] 进行比较：

因为 2 > 1，所以无须交换位置。

令数组第 3 位 [8] 与第 2 位 [2] 进行比较：

因为 8 > 2，所以无须交换位置。

令数组第 4 位 [3] 与第 3 位 [8] 进行比较：

因为 3 < 8，所以将 3 与 8 交换位置。

因为 3 > 2，所以无须交换位置。

令数组第 5 位 [13] 与第 4 位 [8] 进行比较：

因为 13> 8，所以无须交换位置。

令数组第 6 位 [5] 与第 5 位 [13] 进行比较：

因为 5< 13，所以将 5 与 13 交换位置。

因为 5< 8，所以将 5 与 8 交换位置。

因为 5> 3，所以无须交换位置。

令数组第 7 位 [21] 与第 6 位 [13] 进行比较：

因为 21> 13，所以无须交换位置。

令数组第 8 位 [55] 与第 7 位 [21] 进行比较：

因为 55> 21，所以无须交换位置。

令数组第 9 位 [34] 与第 8 位 [55] 进行比较：

因为 34< 55，所以将 34 与 55 交换位置。

因为 34> 21，所以无须交换位置。

新的数组为[1, 1, 2, 3, 5, 8, 13, 21, 34, 55]

4.1.5 简单选择排序

选择类排序的思想很简单，每次从待排序数据中选择最小的一个放到最前面，直到把所有数据都遍历完。简单选择排序和直接插入排序一样，"直男"一个，做事踏实、认真、有条有理，但总让人觉得有些死板。

1．算法思想

遍历待排序数组并选出其中最小的数据元素并与第一个元素交换位置，第二小数据与第二个元素交换位置，直到剩下最后一个数据即为最大元素，排序结束。

2．算法步骤

（1）将第一个位置上的元素依次与后续元素进行比较，若前者较大，则交换二者位置。

（2）重复步骤（1），比较第二个位置上的元素，然后比较第三个位置上的元素，直至比较倒数第二个元素。

3．算法分析

相信读者也看出来了，上面的算法步骤一看就太"折腾"了，如果待排序数组正好为升序数列，则每个元素都需要与其后续元素逐个比较并交换，其时间复杂度可想而知。正因为如此，简单选择排序被视为在排序算法中"性能最差"的算法，并且是**不稳定**排序。无论是最好的情况，还是最坏的情况，或者是一般情况，简单选择排序的时间复杂度均为：

$$\sum_{i=1}^{n-1}(n-i) = \frac{n(n-1)}{2} = O(n^2)$$

4．算法代码

算法代码如下：

```python
# 简单选择排序
def select_sort(array):
    # 从 0 遍历到待排序数组的长度 len(array) 减 1, 记得减 1
    for i in range(len(array)-1):
        # smallest 为最小值的 index, 初始默认为当前循环的 i
        smallest = i
        # j 为比较 index, 从当前 index 的下一位到数组结束
        for j in range(i+1, len(array)):
            # 如果当前最小值大于当前值
            if array[smallest] > array[j]:
                # 则二者交换位置
                array[smallest], array[j] = array[j], array[smallest]
```

```
    return array
# 调用 select_sort 函数
select_sort([34, 21, 13, 2, 5, 1, 55, 3, 1, 8])
```

5. 输出结果

代码输出结果如下:

```
[1, 1, 2, 3, 5, 8, 13, 21, 34, 55]
```

6. 算法过程分解

简单选择排序算法的思路非常容易理解,而且时间复杂度均是 $O(n^2)$,因此笔者就不把算法过程分解得过于详细了。

***************　第 1 遍循环　***************

最小值候选人的变化:

[34, 21, 13, 2, 1]

数组的最终形态:

[1, 34, 21, 13, 5, 2, 55, 3, 1, 8]

***************　第 2 遍循环　***************

最小值候选人的变化:

[34, 21, 13, 5, 2, 1]

数组的最终形态:

[1, 1, 34, 21, 13, 5, 55, 3, 2, 8]

***************　第 3 遍循环　***************

最小值候选人的变化:

[34, 21, 13, 5, 3, 2]

数组的最终形态:

[1, 1, 2, 34, 21, 13, 55, 5, 3, 8]

***************　第 4 遍循环　***************

最小值候选人的变化:

[34, 21, 13, 5, 3]

数组的最终形态:

[1, 1, 2, 3, 34, 21, 55, 13, 5, 8]

***************　第 5 遍循环　***************

最小值候选人的变化:

[34, 21, 13, 5]

数组的最终形态:

[1, 1, 2, 3, 5, 34, 55, 21, 13, 8]

***************　第 6 遍循环　***************

最小值候选人的变化：

[34, 21, 13, 8]

数组的最终形态：

[1, 1, 2, 3, 5, 8, 55, 34, 21, 13]

*************** 第 7 遍循环 ***************

最小值候选人的变化：

[55, 34, 21, 13]

数组的最终形态：

[1, 1, 2, 3, 5, 8, 13, 55, 34, 21]

*************** 第 8 遍循环 ***************

最小值候选人的变化：

[55, 34, 21]

数组的最终形态：

[1, 1, 2, 3, 5, 8, 13, 21, 55, 34]

*************** 第 9 遍循环 ***************

最小值候选人的变化：

[55, 34]

数组的最终形态：

[1, 1, 2, 3, 5, 8, 13, 21, 34, 55]

🔔注意：简单选择排序也可以使用递归思想进行编写，有兴趣的读者可自行尝试。

4.1.6　堆排序

在 4.1.5 节中，简单选择排序这个"铁憨憨"只顾着自己做比较，并没有将对比较结果进行保存，因此只能一遍遍地重复相同的比较操作，降低了效率。针对这样的操作，Robert W.Floyd 在 1964 年提出了简单选择排序的升级版——堆排序方法。

堆是什么呢？堆是用数组实现的已标号的完全二叉树。

1. 算法思想

在讲算法思想前，先解释几个基本知识点。就像上文所说的：用数组实现的已标号的完全二叉树称之为堆。如果父节点的键值均不小于子节点，则为大顶堆；如果父节点的键值均不大于子节点，则为小顶堆，如图 4.5 所示。

圆圈旁边的数字即为节点的索引，如果我们按照这个索引将节点的逻辑结构映射到数组中，就变成了如图 4.6 所示的存储结构。

我们再用两个公式简单地描述一下节点之间的关系。

大顶堆：$arr[i] \geqslant arr[2i+1]$ && $arr[i] \leqslant arr[2i+2]$

小顶堆：$arr[i] \leqslant arr[2i+1]$ && $arr[i] \geqslant arr[2i+2]$

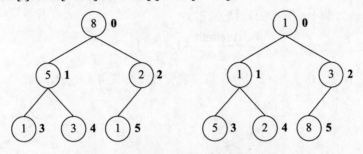

图 4.5 大顶堆和小顶堆的逻辑结构

	0	1	2	3	4	5
大顶堆arr	8	5	2	1	3	1

	0	1	2	3	4	5
小顶堆arr	1	1	3	5	2	8

图 4.6 大顶堆和小顶堆的存储结构

如果读者看懂了这两个公式，那么就会理解堆排序的基本思想：一次又一次地将待排序数组构造成一个大顶堆，然后一次又一次地将大顶堆的根节点（最大值）和最末尾的元素交换位置并将最末尾的元素隔离，直到整个序列变得有序。

2．算法步骤

假设初始序列的堆结构如图 4.7 所示。

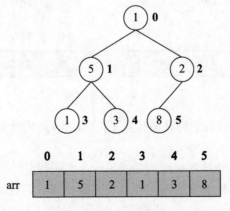

	0	1	2	3	4	5
arr	1	5	2	1	3	8

图 4.7 初始序列的堆结构

（1）将待排序数组构建成一个大顶堆（若降序排列，则采用小顶堆）。

为了构建大顶堆，我们需要从最后一个非叶子节点开始先从左到右，再从上到下地进行调整。最后一个非叶子节点的计算公式为：

$$\frac{arr.length}{2} - 1 = \frac{6}{2} - 1 = 2$$

即为"2"节点，由于 8>2，所以将二者交换，如图 4.8 所示。

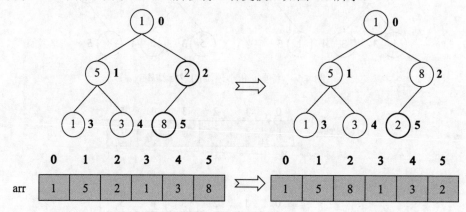

图 4.8　8 与 2 交换

找到第二个非叶子节点"5"，因为[5, 1, 3]中 5 最大，所以无须进行交换。第三个非叶子节点为"1"，因为[1, 5, 8]中 8 最大，所以 1 和 8 交换，如图 4.9 所示。

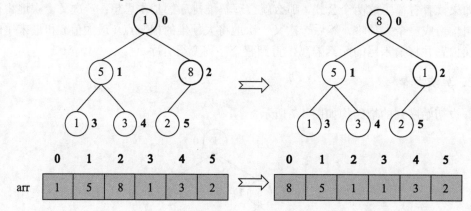

图 4.9　1 与 8 交换

我们发现，这次交换后右子树又被打乱了，2 比 1 大，因此需要再更新一下，如图 4.10 所示。

这样，我们成功地将待排序数组构建成第一个大顶堆。

（2）将堆顶元素与末尾元素交换，使最大元素"沉"到数组末尾，如图 4.11 所示。

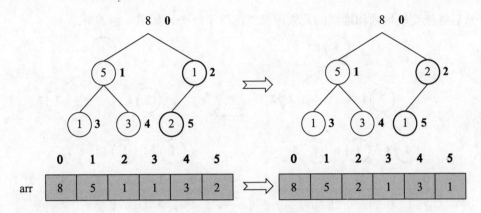

图 4.10　1 与 2 交换

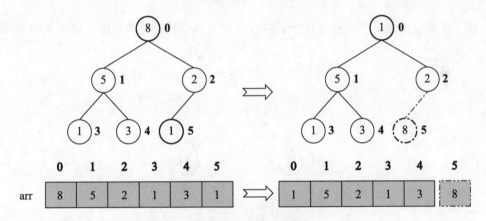

图 4.11　8 与 1 交换

（3）重复步骤（1）和（2），直到整个序列变得有序。

重新调整数组结构，使其满足大顶堆的结构，如图 4.12 所示。

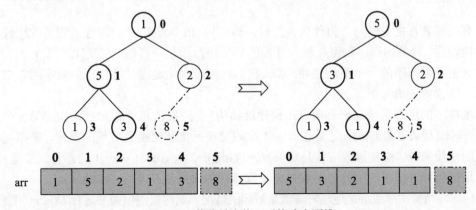

图 4.12　剪除最大值 8 后构建大顶堆

然后继续交换堆顶和堆底的元素，又"沉"了一个，如图 4.13 所示。

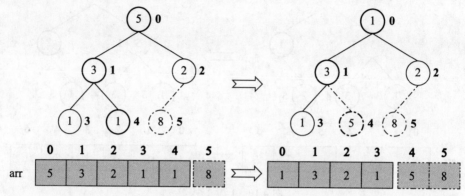

图 4.13　剪除最大值 5

接下来都是类似操作，就这样一直执行，直到整个数组变得有序，如图 4.14 所示。

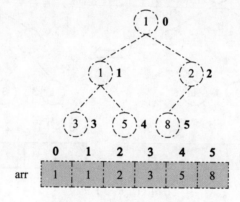

图 4.14　最终的排序结果

3. 算法分析

有的读者肯定有疑问，为什么在经过步骤（1）和步骤（2），进行了四五次比较和交换的操作后，得到的有序数组竟然和开始的待排序数组是一样的，都是[1, 5, 2, 1, 3, 8]呢？其实这也是堆排序的一个不足之处。那么我们如何最大化地提升堆排序的效率呢？这个问题就交给读者去思考吧。

堆排序的思想总结起来有两点：构建堆结构+交换堆顶和堆底元素。构建第一个大顶堆时，时间复杂度为 $O(n)$，之后还有 $n-1$ 次的交换元素和交换之后堆的重建，根据完全二叉树的性质来说，操作次数应该是呈 $\log(n-1),\log(n-2),\log(n-3),\cdots\cdots,1$ 的态势逐步递减的，也就近似为 $O(\log_2 n)$。因此，不难得出，堆排序的时间复杂度为 $O(n\log n)$。

同样，当待排序数组是逆序时，就是最坏的情况。这时候不仅需要进行 $O(n\log n)$ 复杂度的比较操作，还需要进行 $O(n\log n)$ 复杂度的交换操作，加起来总的时间复杂度为 $O(n\log n)$。

最好的情况则是正序的时候，只需要进行 $O(n\log n)$ 复杂度的比较操作，而不需移动操作，不过总的时间复杂度还是 $O(n\log n)$。也就是说，待排序数据的原始分布情况对堆排序的效率影响是比较小的。

另外，堆排序也是**不稳定排序**。

4. 算法代码

算法代码如下：

```python
#堆排序
def heap_sort(array):
    """
    这里需要注意两点：
    （1）递归思想
    （2）列表切片
    """
    length = len(array)
    # 当数组 array 的长度为 1 时，说明只有一个元素
    if length <= 1:
        # 无须排序，直接返回原列表
        return array
    # 若存在两个或以上节点
    else:
        #调整成大顶堆：按照先从下往上，再从左到右的顺序进行调整
        # 从最后一个非叶子节点(length//2-1)开始向前遍历，直到根节点
        for i in range(length//2-1, -1, -1):            # //为取整
            # 当左孩儿大于父节点时
            if array[2*i+1] > array[i]:
                # 二者交换位置
                array[2*i+1], array[i] = array[i], array[2*i+1]
                # 如果右孩儿存在且大于父节点时
                if 2*i+2 <= length-1:
                    if array[2*i+2] > array[i]:
                        # 二者交换位置
                        array[2*i+2], array[i] = array[i], array[2*i+2]
        '''此处省略重构建过程，对结果并不影响'''
        # 将堆顶元素与末尾元素进行交换，使最大元素“沉”到数组末尾
        array[0], array[length-1] = array[length-1], array[0]
        # 递归调用 heap_sort 函数对前 n-1 个元素进行堆排序并返回排序后的结果
        return heap_sort(array[0:length-1]) + array[length-1:]
# 调用 heap_sort 函数
heap_sort([34, 21, 13, 2, 5, 1, 55, 3, 1, 8])
```

5. 输出结果

代码输出结果如下：

```
[1, 1, 2, 3, 5, 8, 13, 21, 34, 55]
```

6. 算法过程分解

**********   第 1 次递归   **********
待排序数组如下:
[34, 21, 13, 2, 5, 1, 55, 3, 1, 8]
返回结果:
[5, 21, 34, 3, 8, 1, 13, 2, 1] + [55]
**********   第 2 次递归   **********
待排序数组如下:
[5, 21, 34, 3, 8, 1, 13, 2, 1]
返回结果:
[1, 5, 21, 3, 8, 1, 13, 2] + [34]
**********   第 3 次递归   **********
待排序数组如下:
[1, 5, 21, 3, 8, 1, 13, 2]
返回结果:
[2, 1, 8, 3, 5, 1, 13] + [21]
**********   第 4 次递归   **********
待排序数组如下:
[2, 1, 8, 3, 5, 1, 13]
返回结果:
[8, 2, 5, 1, 3, 1] + [13]
**********   第 5 次递归   **********
待排序数组如下:
[8, 2, 5, 1, 3, 1]
返回结果:
[1, 3, 5, 1, 2] + [8]
**********   第 6 次递归   **********
待排序数组如下:
[1, 3, 5, 1, 2]
返回结果:
[2, 1, 3, 1] + [5]
**********   第 7 次递归   **********
待排序数组如下:
[2, 1, 3, 1]
返回结果:

[1, 1, 2] + [3]

**********　第 8 次递归　**********

待排序数组如下：

[1, 1, 2]

返回结果：

[1, 1] + [2]

**********　第 9 次递归　**********

待排序数组如下：

[1, 1]

返回结果：

[1] + [1]

**********　第 10 次递归　**********

待排序数组如下：

[1]

因为只有一个元素，所以无须排序。

返回结果：　[1]

*********　最终的输出结果　*********

[1, 1, 2, 3, 5, 8, 13, 21, 34, 55]

4.1.7　归并排序

归并排序是包含归并思想的排序方法，它是分治法（Divide and Conquer）的一个典型应用。所谓分治，即将问题"分"（Divide）为更小的问题进行递归求解，再将得到的各个递归结果合并在一起，达到"治"（Conquer）问题的目的，也称"分而治之"。

"分"的阶段可一分为二、一分为三……，据此我们也将归并排序分为二路归并、三路归并……，此处以二路归并为例进行讲解。

1. 算法思想

先将原数组均分为子序列，一生二，二生四，四生无穷，然后使每个子序列有序，再将两个有序子序列合并为一个有序序列，直到无穷合四，四合二，二合一。

2. 算法步骤

（1）将待排序数组一分为二，再将两个子序列一分为二，成为两个新的待排序数组。

（2）重复步骤（1），直到待排序数组的长度为 1。

（3）按原路径将长度为 1 的两个数组合成一个有序序列，然后一直向前合并，最终就会得到一个完整的有序序列。

归并排序算法的排序步骤如图 4.15 所示。

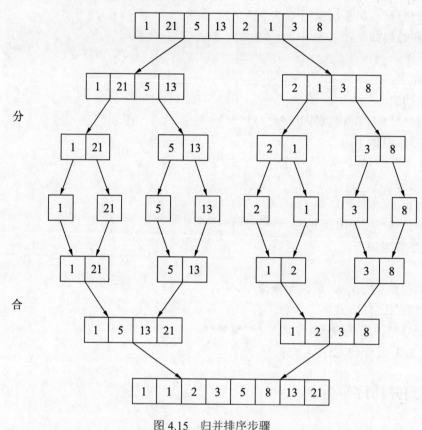

图 4.15　归并排序步骤

📖注意：　"分"阶段的结构和完全二叉树一模一样，这意味着我们可以使用递归和迭代，递归深度为 $\log_2 n$。

3．算法分析

归并排序是一种十分高效的算法，毕竟能利用完全二叉树特性的算法其性能都不会差。从图 4.15 中可以看出，分和合的二叉树深度均为 $\log_2 n$，而每次分分合合的平均时间复杂度为 $O(n)$，二者相乘即为总的平均时间复杂度 $O(n\log n)$，最好和最坏的情况都是一样的。

需要说明的是，归并排序属于**稳定**排序算法。

4．算法代码

算法代码如下：

```python
# 归并排序
def merge(left, right):
    """
    两个有序子序列的有序合并:
    依次对两个有序列表的最小数进行比较, 较小的放入 result 中
    :param left: 左子序列
    :param right: 右子序列
    :return: 左右子序列所合成的有序序列
    """
    # result: 存放已经排好顺序的数组
    result = []
    # 如果不符合左右子序列长度均大于 0, 则说明至少其中的一个数组已无数据
    while len(left) > 0 and len(right) > 0:
        # 相等的时候优先把左侧的数放进结果列表, 以保证其稳定性
        if left[0] <= right[0]:
            # list.pop(0)为移除并返回列表的第一个元素
            result.append(left.pop(0))
        else:
            result.append(right.pop(0))
    # 跳出 while 循环后, 我们便可以把另一个数组尽数加入 result 后面
    result += left
    result += right
    return result
def merge_sort(array):
    '''
    无序序列的不断拆分:
    每次均由中间位置进行拆分, 不断自我递归调用, 直到子序列长度为 1
    '''
    # 如果拆分后仅有单个元素, 则返回该元素而不再拆分
    if len(array) == 1:
        return array
    # 如果有两个及以上元素, 则取中间位置进行拆分
    middle = len(array) // 2
    # 拆分后的左侧子串
    array_left = array[:middle]
    # 拆分后的右侧子串
    array_right = array[middle:]
    # 对拆分后的左右子序列进行再拆分, 直到 len(array)为 1
    left = merge_sort(array_left)
    right = merge_sort(array_right)
    # 合并已拆分的左右子序列的同时进行排序并返回排序后的结果
    return merge(left, right)
# 调用 merge_sort 函数
merge_sort([34, 21, 13, 2, 5, 1, 55, 3, 1, 8])
```

5. 输出结果

代码输出结果如下:

```
[1, 1, 2, 3, 5, 8, 13, 21, 34, 55]
```

6. 算法过程分解

********　第 1 次拆分　********

当前的待排序数组为[34, 21, 13, 2, 5, 1, 55, 3, 1, 8]

左子序列为[34, 21, 13, 2, 5]，右子序列为：[1, 55, 3, 1, 8]

********　第 2 次拆分　********

当前的待排序数组为[34, 21, 13, 2, 5]

左子序列为[34, 21]，右子序列为[13, 2, 5]

********　第 3 次拆分　********

当前的待排序数组为[34, 21]

左子序列为[34]，右子序列为[21]

********　第 4 次拆分　********

当前的待排序数组为[34]

因为只有一个元素，所以无法再进行拆分。

********　第 5 次拆分　********

当前的待排序数组为[21]

因为只有一个元素，所以无法再进行拆分。

----------　第 1 次合并　----------

左子序列为[34]，右子序列为[21]

将左右子序列合并：[21, 34]

********　第 6 次拆分　********

当前的待排序数组为[13, 2, 5]

左子序列为[13]，右子序列为[2, 5]

********　第 7 次拆分　********

当前的待排序数组为[13]

因为只有一个元素，所以无法再进行拆分。

********　第 8 次拆分　********

当前的待排序数组为[2, 5]

左子序列为[2]，右子序列为[5]

********　第 9 次拆分　********

当前的待排序数组为：[2]

因为只有一个元素，所以无法再进行拆分。

********　第 10 次拆分　********

当前的待排序数组为[5]

因为只有一个元素，所以无法再进行拆分。

----------　第 2 次合并　----------

左子序列为[2]，右子序列为[5]

将左右子序列合并：[2, 5]

---------- 　第 3 次合并　 ----------

左子序列为[13]，右子序列为[2, 5]

将左右子序列合并：[2, 5, 13]

---------- 　第 4 次合并　 ----------

左子序列为[21, 34]，右子序列为[2, 5, 13]

将左右子序列合并：[2, 5, 13, 21, 34]

********　第 11 次拆分　********

当前的待排序数组为[1, 55, 3, 1, 8]

左子序列为[1, 55]，右子序列为[3, 1, 8]

********　第 12 次拆分　********

当前的待排序数组为[1, 55]

左子序列为[1]，右子序列为[55]

********　第 13 次拆分　********

当前的待排序数组为[1]

因为只有一个元素，所以无法再进行拆分。

********　第 14 次拆分　********

当前的待排序数组为[55]

因为只有一个元素，所以无法再进行拆分。

---------- 　第 5 次合并　 ----------

左子序列为[1]，右子序列为[55]

将左右子序列合并：[1, 55]

********　第 15 次拆分　********

当前的待排序数组为[3, 1, 8]

左子序列为[3]，右子序列为[1, 8]

********　第 16 次拆分　********

当前的待排序数组为[3]

因为只有一个元素，所以无法再进行拆分。

********　第 17 次拆分　********

当前的待排序数组为[1, 8]

左子序列为[1]，右子序列为[8]

********　第 18 次拆分　********

当前的待排序数组为[1]

因为只有一个元素，所以无法再进行拆分。

********　第 19 次拆分　********

当前的待排序数组为[8]

因为只有一个元素，所以无法再进行拆分。

---------- 第 6 次合并 ----------

左子序列为[1]，右子序列为[8]

将左右子序列合并：[1, 8]

---------- 第 7 次合并 ----------

左子序列为[3]，右子序列为[1, 8]

将左右子序列合并：[1, 3, 8]

---------- 第 8 次合并 ----------

左子序列为[1, 55]，右子序列为[1, 3, 8]

将左右子序列合并：[1, 1, 3, 8, 55]

---------- 第 9 次合并 ----------

左子序列为[2, 5, 13, 21, 34]，右子序列为[1, 1, 3, 8, 55]

将左右子序列合并：[1, 1, 2, 3, 5, 8, 13, 21, 34, 55]

4.2　线性时间非比较类排序

线性时间的算法执行效率也较高，从时间占用上看，线性时间非比较类排序要优于非线性时间排序，但其空间复杂度较非线性时间排序要大一些。因为线性时间非比较类排序算法会额外申请一定的空间进行分配排序，这也是它的典型特点——以空间换时间。而且，线性时间非比较类排序对待排序元素的要求较为严格，如计数排序要求待排序序列的差值范围不能太大，桶排序要求元素的分布要尽量均匀等。

4.2.1　计数排序

计数排序由 HaroldH.Seward 于 1954 年提出，它是一种非基于比较的排序算法，通过辅助数组来确定各元素的最终位置。因为在排序过程中不存在元素之间的比较和交换操作，所以当待排序数组为整数且数组内数据的范围较小时，其优势是十分明显的。

1. 算法思想

对待排序数组中的每一个元素分别进行计数，确定整个数组中小于当前元素的个数，计数完成后便可以按照各计数值将各元素直接存放在已排序的数组中。

注意：当存在多个相同的值时，不可以把它们放在同一位置上，需要在代码中进行适当的修改。

2．算法步骤

（1）根据待排序序列中的最大元素和最小元素确定计数数组 c 的空间大小。

（2）统计待排序序列中每个元素 i 出现的次数并存入 $c[i-1]$ 中。

（3）对 c 中所有的值进行累加，后者为其前面所有的值的总和。

（4）将每个元素放入已排序序列的第 $c[i]$ 项，每放入一个元素，$c[i]$ 便减 1。

（5）所有的元素都放入或者 $c[i]$ 均为 0 之后，排序结束。

3．算法分析

第一个循环用于记录每个元素出现的次数，复杂度为 $O(n)$；第二个循环用于对计数数组进行累加，复杂度为 $O(k)$，k 为申请空间的大小（即差值范围）；第三个循环用于反向填充已排序序列，复杂度为 $O(n)$。总结可得，计数排序的时间复杂度为 $O(n+k)$。

正如前文所说的"以空间换时间"——虽然十分消耗空间，但只要 $O(k) < O(n\log_2 n)$，计数排序便可快于任何比较排序算法。因为比较排序算法的时间复杂度存在一个理论边界——$O(n\log_2 n)$。

在比较排序算法中，如果存在 n 个元素，则会形成 $n!$ 个排列个数，也就是说这个序列构成的决策树叶子节点个数为 $n!$。由叶子节点的个数又可以知道，这棵决策树的高度为 $\log_2(n!)$，也就是说从这棵树的根节点到叶子节点需要比较 $\log_2(n!)$ 次。根据斯特灵公式，已知：

$$n! \approx \sqrt{2\pi n}\left(\frac{n}{e}\right)^n$$

所以：

$$O\left(\log_2\left(n!\right)\right) \approx O\left(\log_2\left(\sqrt{2\pi n}\left(\frac{n}{e}\right)^n\right)\right) \approx O\left(n\log_2 n\right)$$

注意：如果 $O(k) < O(n\log_2 n)$，那么其反而不如基于比较的排序算法（如快速排序、堆排序和归并排序）快。

由于我们额外申请了一个大小为 k 的计数数组和一个与待排序数组同样大小的排序空间，所以空间复杂度为 $O(n+k)$，而且计数排序属于**稳定排序**。

结合时间复杂度和空间复杂度不难发现计数排序存在的弊端：待排序数组中的最大值和最小值之差不可太大，否则会使开销增大，性能变差；因为我们是以元素值为下标，所以在待排序数组中最好不要存在浮点数或其他形式的元素，否则还需要对元素值和元素差值进行相应的转换。因此，一定要谨慎使用计数排序。

4. 算法代码

算法代码如下：

```python
# 计数排序
def count_sort(arr):
    # 计算序列的最大值和最小值
    maximum, minimum = max(arr), min(arr)
    # 申请额外的空间作为计数数组，大小为最大值减最小值+1
    countArr = [0 for i in range(maximum - minimum + 1)]
    # 申请一个存放已排序序列的等长空间
    finalArr = [0 for i in range(len(arr))]
    # 统计各元素出现的次数，并将统计结果存入计数数组中
    for i in arr:
        # 出现一次就加 1
        countArr[i-minimum] += 1  # 注意下标 index = data - min
    # 对计数数组进行累加
    for i in range(1, len(countArr)):
        # 从第二个位置开始，每个位置的值等于其本身加上前者的值
        countArr[i] += countArr[i-1]
    # 开始把元素反向填充至最终的数组中
    for i in arr:
        finalArr[countArr[i-minimum]-1] = i
        # 填充了一个就减一
        countArr[i-minimum] -= 1
    return finalArr
# 调用 count_sort 函数
print(count_sort([34, 21, -2, 13, 2, 5, 1, 55, -3, 3, 1, 8]))
```

5. 输出结果

代码输出结果如下：

```
[-3, -2, 1, 1, 2, 3, 5, 8, 13, 21, 34, 55]
```

6. 算法过程分解

待排序序列为[-2, 2, 5, 1, -3, 3, 1]

最大值为 5，最小值为-3

所以，需申请的计数数组空间为 9

计数数组如下：

Index	0	1	2	3	4	5	6	7	8
Value	-3	-2	-1	0	1	2	3	4	5
Times	1	1	0	0	2	1	1	0	1

累加更新后，计数数组如下：

Index	0	1	2	3	4	5	6	7	8
Value	−3	−2	−1	0	1	2	3	4	5
Position	1	2	2	2	4	5	6	6	7

**********　开始填充排序　**********
填充元素−2，填充位置为 2
填充后的有序数组为[0, −2, 0, 0, 0, 0, 0]
填充元素 2，填充位置为 5
填充后的有序数组为：[0, −2, 0, 0, 2, 0, 0]
填充元素 5，填充位置为 7
填充后的有序数组为：[0, −2, 0, 0, 2, 0, 5]
填充元素 1，填充位置为 4
填充后的有序数组为：[0, −2, 0, 1, 2, 0, 5]
填充元素−3，填充位置为 1
填充后的有序数组为：[−3, −2, 0, 1, 2, 0, 5]
填充元素 3，填充位置为 6
填充后的有序数组为：[−3, −2, 0, 1, 2, 3, 5]
填充元素 1，填充位置为 3
填充后的有序数组为：[−3, −2, 1, 1, 2, 3, 5]
**********　数组填充完毕　**********
最终的已排序序列为[−3, −2, 1, 1, 2, 3, 5]

4.2.2　桶排序

桶排序也叫箱排序，1956 年便开始使用，它可以算是计数排序的一个改进版本。

1. 算法思想

根据元素的特性将集合拆分为多个值域，我们称之为桶，将同一值域的元素存放在同一个桶内并进行桶内排序使其处于有序状态。如果每个桶是有序的，则由这些桶按顺序构成的集合也必定是有序的。

2. 算法步骤

（1）根据待排序序列中元素的分布特征和差值范围，确定映射函数与申请桶的个数。
（2）遍历序列，将每个记录放到对应的桶中。
（3）选取排序方法，对不为空的桶进行内部排序。
（4）把已排序的桶中的元素放回已清空的原序列中。

3．算法分析

其实，对于桶排序的把握还是比较难的，因为桶排序有点像快速排序又有点像计数排序。桶排序与快速排序的区别如下：

- 快速排序是两个分区的排序，而桶排序是多个分区；
- 快速排序是原地排序方式，即在数组本身内进行排序，而桶排序是在申请的额外的操作空间中进行排序；
- 快速排序中每个分区的排序方式依然是快速排序，而桶排序则可以自主选择恰当的排序算法进行桶内排序。

桶排序与计数排序的区别如下：

- 计数排序申请空间的跨度是从最小元素到最大元素，受待排序序列范围的影响很大，而桶排序则弱化了这种影响，这样就减少了元素大小不连续时计数排序所存在的空间浪费情况。

总结一下，桶排序有两个关键点：元素值域的划分和排序算法的选择。

元素值域的划分也就是元素到桶的映射规则，需要根据待排序序列的分布特性进行分析和选择。如果规则设计得过于模糊和笼统，所有待排序元素可能会映射到同一个桶中，则桶排序向比较排序算法演变；如果映射规则过于具体和严苛，每一个待排序元素可能会单独映射到一个桶中，则桶排序向计数排序算法演变。

排序算法的选择是指在进行桶内排序时，可以自主选择任意的排序算法。桶排序的复杂度和**稳定性**根据桶内排序算法的不同而不同。

在桶排序算法中，时间复杂度分为两部分：映射过程和桶内排序及回填数组过程。映射过程涉及每个元素，所以时间复杂度为 $O(n)$；排序过程的时间复杂度是由选取的排序算法和桶的个数决定的，由于这里选取的是堆排序算法，并且有 n 个待排序元素和 m 个桶，每个桶中平均有 $\dfrac{n}{m}$ 个数据，所以时间复杂度为：

$$O\left(m \cdot \frac{n}{m}\log_2\frac{n}{m}+n\right)=O\left(n\left(\log_2 n-\log_2 m\right)+n\right)$$

当桶数等于元素个数，即 $m=n$ 时，桶排序向计数排序演变，堆排序不起作用，复杂度为 $O(n)$；当桶数为 1，即 $m=1$ 时，桶排序向比较排序算法演变，对整个集合进行堆排序并回填，复杂度为 $O(n+n\log_2 n)$。

由于桶排序算法需要额外申请空间进行分桶操作，所以空间复杂度为 $O(n+m)$。显而易见，当待排序元素的差值范围较大时，可能会导致绝大多数桶为空桶的现象，从而造成极大的浪费，并且对算法的时间复杂度和空间复杂度都有较大的影响，所以和计数排序一样，桶排序适用于元素值分布较集中的序列，数据均匀分布是最好的。

4．算法代码

算法代码如下：

```python
# 桶排序
def bucket_sort(arr):
    maximum, minimum = max(arr), min(arr)
    # 确定桶的个数
    buckets = [[] for i in range((maximum-minimum) // 10 + 1)]
    for i in arr:
        # 计算各元素所属的桶位
        index = (i - minimum) // 10
        # list.append()——添加元素
        buckets[index].append(i)
    # 将原数组清空
    arr.clear()
    for i in buckets:
        # 桶内排序——堆排序（详情见堆排列的内容）
        i = heap_sort(i)
        # 将已排序的桶重新放回已清空的原数组中
        arr.extend(i)
    return arr
# 调用 bucket_sort 函数
print(bucket_sort([34, 21, 13, 2, 5, 1, 55, 3, 1, 8]))
```

5．输出结果

代码输出结果如下：

```
[1, 1, 2, 3, 5, 8, 13, 21, 34, 55]
```

6．算法过程分解

最大值为 55，最小值为 1

需申请的桶的个数为(55 - 1) // 10 + 1 = 6

********* 开始分桶 **********

第 1 个桶内的值为[2, 5, 1, 3, 1, 8]

第 2 个桶内的值为[13]

第 3 个桶内的值为[21]

第 4 个桶内的值为[34]

第 5 个桶内的值为[]

第 6 个桶内的值为[55]

********* 桶内排序 **********

第 1 个桶内的值为[1, 1, 2, 3, 5, 8]

第 2 个桶内的值为[13]

第 3 个桶内的值为[21]

第 4 个桶内的值为[34]

第 5 个桶内的值为[]

第 6 个桶内的值为[55]

*********　回填数组　**********

得到的最终排序结果为[1, 1, 2, 3, 5, 8, 13, 21, 34, 55]

4.2.3　基数排序

基数排序是桶排序的扩展，因此又称"桶子法"，它是通过键值的部分信息，将要排序的元素分配至某些"桶"中，以达到排序的作用。

1．算法思想

将各元素按位数切割成不同的数字，然后分别根据每个位数的比较结果进行排序。

2．算法步骤

（1）确定待排序序列的最大位数。

（2）将所有待排序元素统一为最大数位长度（左补 0）。

（3）从最低位到最高位分别进行排序。

（4）当最高位排序完成后，原数组变成有序序列。

3．算法分析

基数排序的执行效率非常高。我们要做的仅仅是把原始数据项从数组复制到链表中，然后再复制回去。如果待排序序列有 10 个数据项和 5 个数位，则只需要 $10 \times 2 \times 5 = 100$ 次复制；如果待排序序列有 100 个数据和 5 个数位，则需要 $100 \times 2 \times 5 = 1000$ 次复制……复制次数和数据项的个数成正比，即 $O(n)$。这简直就是最高效率的排序算法。

但是，当数据项增加 10 倍时，一切就不一样了。关键字必须增加一位，多了一轮排序。复制的次数和数据项的个数与关键字长度成正比，可以认为关键字的长度是 n 的对数，因此在大多数情况下，基数排序的执行效率倒退为 $O(n\log_2 n)$，和快速排序差不多。

空间复杂度很好算，它是在分配元素时使用的桶空间，即 $10n$，因此空间复杂度为 $O(n)$。

4．算法代码

算法代码如下：

```
# 基数排序
def radix_sort(arr):
    maximum = max(arr)              # 确定待排序数组中的最大位数
    d = 0                          # d 为最大位数，初始为 0
    while maximum != 0:            # != —— 不等于
```

```
        maximum = maximum // 10
        d +=1
    for i in range(d):                    # d 轮排序
        s = [[] for k in range(10)]       # 因为每一位数字都是 0~9,所以建 10 个桶
        for j in arr:                     # 从个位数开始逐一进行分桶排序
            s[int(j / (10 ** i)) % 10].append(j)
        arr = [a for b in s for a in b]   # 用 10 个桶回填原数组
    return arr
# 调用 radix_sort 函数
print(radix_sort([34, 21, 13, 2, 5, 1, 55, 3, 1, 8]))
```

5. 输出结果

代码输出结果如下:

```
[1, 1, 2, 3, 5, 8, 13, 21, 34, 55]
```

6. 算法过程分解

待排序序列的最大位数为 2
**********   第 1 轮排序   **********
第 1 个桶为[]
第 2 个桶为[21, 1, 1]
第 3 个桶为[2]
第 4 个桶为[13, 3]
第 5 个桶为[34]
第 6 个桶为[5, 55]
第 7 个桶为[]
第 8 个桶为[]
第 9 个桶为[8]
第 10 个桶为[]
排序后的序列为[21, 1, 1, 2, 13, 3, 34, 5, 55, 8]
**********   第 2 轮排序   **********
第 1 个桶为[1, 1, 2, 3, 5, 8]
第 2 个桶为[13]
第 3 个桶为[21]
第 4 个桶为[34]
第 5 个桶为[]
第 6 个桶为[55]
第 7 个桶为[]
第 8 个桶为[]
第 9 个桶为[]

第 10 个桶为[]

排序后的序列为[1, 1, 2, 3, 5, 8, 13, 21, 34, 55]

**********　排序完成　**********

最终排序所得的序列为：[1, 1, 2, 3, 5, 8, 13, 21, 34, 55]

4.3　本 章 小 结

　　本章主要介绍了一些排序算法，包括冒泡排序、快速排序、直接插入排序、希尔排序、简单选择排序、堆排序、归并排序、计数排序、桶排序和基数排序。

　　排序算法本身并不难，但其涉及的知识点却星罗棋布，其变化莫测的思路更让人难以捉摸，而且还涉及时间复杂度和空间复杂度的计算，就更难了，因此希望读者可以多思考、多练习，这对算法思维的培养一定会大有裨益。

　　最后，附上笔者整理的一张十大排序算法的思维导图，如图 4.16 所示。

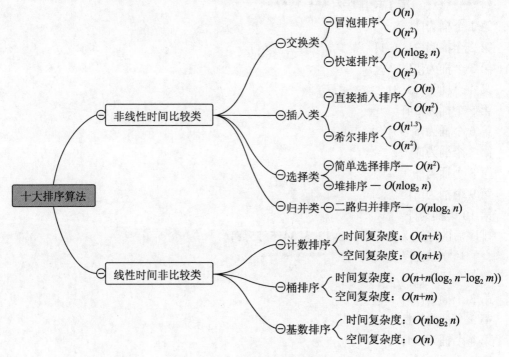

图 4.16　十大排序算法思维导图

第 2 篇
开始算法之旅

第 5 章　数字的魅力

经过前 4 章的学习，我们基本掌握了算法的基础知识。Python 是一种强大的编程语言，容易学习而且充满乐趣。但掌握了基本知识后，接下来要做什么呢？

从本章开始，我们就要用一些简单的算法来解决实际问题，全程都将以实例为基础进行讲解，所谓河边学钓鱼——现学现用，也就不会像前面的学习那么枯燥了。正如本章的标题一样，本章会围绕"数字"展开讲解，数字是最简、最美、最自然的存在。或许有读者会说，不就是 12345 嘛，有什么好讲的，最多再加个九九乘法表。非也，非也。数字是数学的基础，是想象和灵感所依托的证明，是建立在公理和逻辑上的有趣事实的集合。数字虽然只是一个个简单的符号，但其构成的"通天塔"却美得如梦似幻，让人流连忘返。

就像冯·诺依曼所说：如果有人不认为数学是简单的，是因为他还没有认识到生活有多复杂。这就是数学的魅力，也是数字的魅力。

5.1　情有独钟的素数

素数（Prime number）也称为质数，是指在非 0 自然数中，除了 1 与其本身之外不拥有其他因数的自然数。也就是说，素数需要满足两个条件：

- 大于 1 的整数；
- 只拥有 1 和其自身两个因数。

本节的任务就是输出 100 以内的所有素数，如 2、3、5、7、11、13……

先厘清一下思路：

（1）需要有一个 2～100 的外循环，还要有一个小于当前数的因子内循环；

（2）需要有一个判断是否可整除的 if 语句（整除就是余数为 0）。

求 100 以内的素数的思路如图 5.1 所示。

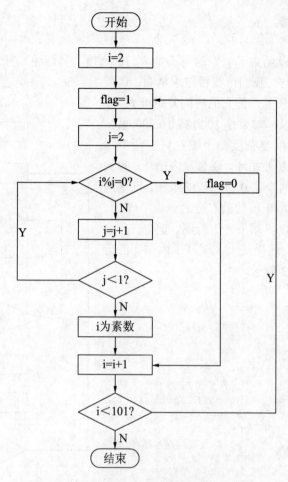

图 5.1　求 100 以内的素数思路 1

实现代码如下：

```python
# 100 以内的素数算法一
prime = []
# 从 2 开始遍历到 100
for i in range(2,101):
    flag = 1                          # i 是否为素数的标记
    # 因数应该是大于 1 小于自身的数
    for j in range(2, i):
        if i % j == 0:                # 一旦取模（余数）为 0
            flag = 0                  # 更改标记为 0
            break                     # 直接跳出本循环
    if flag == 1:                     # 标记为 1，则为素数
        prime.append(i)               # 添加到 prime 列表
print("100 以内的素数：", prime)
```

输出结果如下：

100 以内的全部素数：[2, 3, 5, 7, 11, 13, 17, 19, 23, 29, 31, 37, 41, 43, 47, 53, 59, 61, 67, 71, 73, 79, 83, 89, 97]

只要解决了问题就结束了吗？这可不是学习的态度。《诗经》有云："如切如磋，如琢如磨。"其斯之谓与？我们可要精益求精啊。这段代码虽实现了我们的任务，但它的时间复杂度太大，100 以内的素数还可以，如果是 1000 或 10 000 呢？

可是要怎样使时间复杂度变小呢？只有两个地方可以下手——要么是外循环，要么是内循环。我们知道：任意数若等于两个非 0 自然数的乘积，则这两个因子中至少有一个小于该数的二分之一。

当然，我们还可以再缩小一下范围，把"二分之一"缩减为"开方"，这样就大大缩减了内循环的运行时间。思路如图 5.2 所示。

实现代码如下：

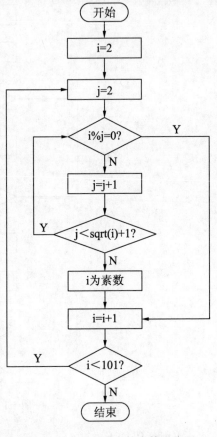

```python
# 100 以内的素数算法二
import math
prime = []
# 从 2 开始遍历到 100
for i in range(2,101):
    # 因数应该是大于 1 小于自身的开方+1
    for j in range(2, int(math.sqrt(i))+1):
        # 一旦取模（余数）为 0
        if i % j == 0:
            break              # 直接跳出本循环
    # 若余数均不为 0，则为素数
    else:
        prime.append(i) # 添加到 prime 列表中
print("100 以内的全部素数：", prime)
```

图 5.2　求 100 以内的素数思路 2

🔔**注意**：素数算法二的内循环范围记得加 1，否则输出结果会出错。

输出结果如下：

100 以内的全部素数：[2, 3, 5, 7, 11, 13, 17, 19, 23, 29, 31, 37, 41, 43, 47, 53, 59, 61, 67, 71, 73, 79, 83, 89, 97]

看，我们只改了一个值，便大大缩短了算法的运行时间，这就是思维逻辑的重要性。只要逻辑捋顺了，代码实现就很容易了。

观察结果发现，5+1=6，7-1=6，11+1=12，13-1=12，17+1=18，19-1=18，23+1=24……这些都是 6 的倍数，那我们岂不是可以利用（6n-1）和（6n+1）两个公式便可以得到质数的排列了？那么下一个质数应该是 6×4+1=25，再下个质数就是 6×5-1=29，但是 25 并不是质数，因此排列的规律还需要我们一步步地分析。

我们先不看 2 和 3，从 5 开始往后数，所有的素数都分布在 6n（n≥1）左右两侧，即（6n-1）与（6n+1）。那以 6 为间距的其他数又是如何分布的呢？6n % 6 = 0，（6n+2）% 2 = 0，（6n+3）% 3 = 0，（6n+4）% 2 = 0，（6n+5）则又回到了（6n-1），一个循环结束了。

我们发现：除去 2 和 3 以外，所有的素数都是符合（6n-1）和（6n+1）规律的，但符合这两个公式的数字不一定就是素数，因此这是一个充分非必要条件，而不是充要条件。

据此，我们可以进一步缩小因子范围，思路如图 5.3 所示。

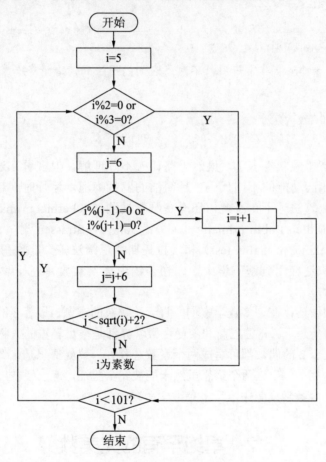

图 5.3　求 100 以内的素数思路 3

实现代码如下：

```
# 100 以内的素数算法三
import math
prime = []
prime.extend([2, 3])                    # 已知 2 和 3 是素数
# 从 5 开始遍历到 100
for i in range(5,101):
    # 非素数时
```

```
    if i % 2==0 or i % 3 == 0:
        continue                            # 跳过后续操作，直接进入下一循环
    # 因数应该是大于 1 小于自身的开方+2，以 6 为单位
    for j in range(6, int(math.sqrt(i))+2, 6):
        # 当可以整除 6 的倍数时两侧的数字也为非素数
        if i % (j-1) == 0 or i % (j+1) ==0:
            break                           # 直接跳出本循环
    # 若余数均不为 0，则为素数
    else:
        prime.append(i)                     # 添加到 prime 列表中
print("100 以内的全部素数: ", prime)
```

注意：continue 和 break 非常好用，不熟悉它们的用法的读者请务必掌握。

输出结果如下：

```
100 以内的全部素数: [2, 3, 5, 7, 11, 13, 17, 19, 23, 29, 31, 37, 41, 43, 47,
53, 59, 61, 67, 71, 73, 79, 83, 89, 97]
```

这么一看果然"顺眼"多了，虽然思路让人不好理解，但多看几遍还是能理解的。一般来说，实现相同功能的不同代码，越简洁的就越晦涩，运行时间越少的也越难懂。当然，素数的检测算法远不止于此，还有费马素性测试（Fermat primality test）、米勒-拉宾素性测试（Miller–Rabin primality test）、Solovay–Strassen 测试、卢卡斯-莱默素性测试（Lucas–Lehmer primality test）和埃拉托斯特尼筛法等。素数在自然数中的分布极其复杂，其被广泛应用到密码学中，即在公钥中插入素数并进行编码，以此达到提高破译难度的目的。

同时，素数领域还存在许多数学家们一直无法解决的难题，最著名的莫过于"哥德巴赫猜想"和"黎曼猜想"。哥德巴赫和黎曼在数学界都是举足轻重的人物。哥德巴赫猜想是："是否每个大于 2 的偶数都可写成两个素数之和？"黎曼猜想是："素数出现的频率与黎曼ζ函数紧密相关。"这两个猜想虽然未能被完全验证，但已经被广泛应用，黎曼猜想甚至已经成为当今数学文献中一千多条数学命题的前提。

5.2　卓绝罕有的完美数

我们都知道，6 是"溜"的谐音，用于表达人们对于超常能力的感叹。但许多人不知道的是，6 也是罕有的完美数！

所谓完美数，又称完全数或完备数，它的所有真因子（除了自身以外的约数）之和必须恰好等于它本身。

例如：

$$6=1+2+3$$
$$28=1+2+4+7+14$$

完美数是一种极其特殊及罕有的自然数，目前仅仅发现了 51 个。而我们这一节的任务正是输出 1000 以内的所有完美数。

先根据完美数的概念厘清一下思路：

（1）需要有一个 2～1000 的外循环，以及一个小于当前数的因子内循环。

（2）需要有一个判断是否为真因子的 if 语句，若不是，则判断下一个数，若是，则计入 num 中，再判断下一个数，如图 5.4 所示。

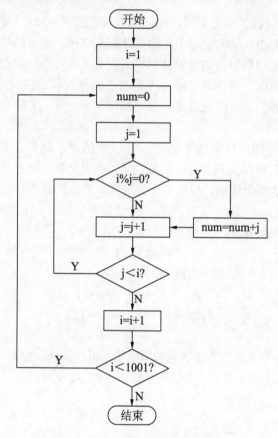

图 5.4　求 1000 以内的完美数思路

实现代码如下：

```
# 1000 以内的完美数
for i in range(1, 1001):
    # num 为当前数的所有真因子之和
    num = 0
    # 把每个小于当前数的数字都遍历一遍
    for j in range(1, i):
        # 如果可以整除
        if i % j == 0:
            # 全部相加
```

```
        num += j
    # 如果真因子之和等于其自身，则说明其是完美数
    if i == num:
        print(i)
```

输出结果如下：

```
6
28
496
```

是的，1000 以内只有 3 个完美数，而第 4 个完美数是 8128，接近于 10 000，至于第 5 个完美数，可就不止 100 000 级别了，而是 33 550 336。显而易见，如果用上面这几行代码遍历到千万级以上的数字，则你的计算机一定会"卡死"，因此，要想写出一个高效率的算法，就必须要全面、透彻地了解完美数的"性格"和"脾气"。

完美数是很有意思的，可以说是集"万千韵律"于一身。大概读者也发现完美数的一些规律了吧。

（1）所有的完美数都是以 6 或 8 结尾，若以 8 结尾，则肯定是以 28 结尾。

当然，这个规律只是限于我们目前所知的 51 个完全数，并不代表以后的完美数仍符合这一规律。宇宙是浩瀚无垠的，我们并无法证明，当追溯到无限大时是否会出现不一样的事物。

（2）所有的偶完美数都是三角形数。例如：

$$6=1+2+3$$
$$28=1+2+3+\cdots+6+7$$
$$496=1+2+3+\cdots+30+31$$
$$8128=1+2+3+\cdots+126+127$$
$$\cdots$$

那么，三角形数是什么？古希腊著名数学家毕达哥拉斯把一定数目的石子按照等距离的形式排成了一个等边三角形，并称其为三角形数，如 1、3、6、10、15、21 等，如图 5.5 所示。

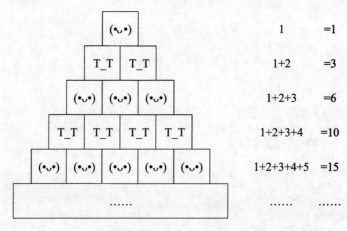

图 5.5　三角形数

（3）所有的偶完美数都是调和数。例如：

$$\frac{1}{1}+\frac{1}{2}+\frac{1}{3}+\frac{1}{6}=2$$

$$\frac{1}{1}+\frac{1}{2}+\frac{1}{4}+\frac{1}{7}+\frac{1}{14}+\frac{1}{28}=2$$

$$\frac{1}{1}+\frac{1}{2}+\frac{1}{4}+\frac{1}{8}+\frac{1}{16}+\frac{1}{31}+\frac{1}{62}+\frac{1}{124}+\frac{1}{248}+\frac{1}{496}=2$$

······

那么，调和数又是什么呢？估计很多人都不知道。

若一个正整数 n 的所有因子的调和平均数是整数，则称 n 为调和数（Harmonic number），又称为欧尔数（Ore number）。

🔔**注意：调和数绝不等于调和级数！**

问题来了，那调和级数是什么？调和平均数又是什么呢？

n 个正数的调和平均数是指其倒数算数平均数的倒数。是不是很绕？其实很简单，即 $x_1, x_2, \cdots, x_n$ 的调和平均数为：

$$\frac{n}{\frac{1}{x_1}+\frac{1}{x_2}+\cdots+\frac{1}{x_n}}$$

按上述定义，两个数 a 和 b 的调和平均数为：

$$\frac{2ab}{a+b}$$

而只有满足"从第二项起，每一项都是前后两项的调和平均数"条件的一组数据，才可以被称为调和级数。这可是相当严苛的条件。

（4）所有的偶完美数都可以表达为 2 的连续正整数次幂之和，而且项数为连续质数。例如：

$$6=2^1+2^2$$

$$28=2^2+2^3+2^4$$

$$496=2^4+2^5+2^6+2^7+2^8$$

$$8128=2^6+2^7+2^8+2^9+2^{10}+2^{11}+2^{12}$$

$$33\,550\,336=2^{12}+2^{13}+2^{14}+\cdots+2^{23}+2^{24}$$

（5）除 6 以外的完美数都可以表示成连续奇立方数之和，并呈规律地增加。例如：

$$28=1^3+3^3$$

$$496=1^3+3^3+5^3+7^3$$

$$8128=1^3+3^3+5^3+\cdots+15^3$$

$$33\ 550\ 336 = 1^3 + 3^3 + 5^3 + \cdots + 125^3 + 127^3$$

（6）除 6 以外的完美数，将其各位数字辗转相加必等于 1。例如：

$$28：2+8=10，1+0=1$$

$$496：4+9+6=19，1+9=10，1+0=1$$

$$8128：8+1+2+8=19，1+9=0，1+0=1$$

$$33\ 550\ 336：3+3+5+5+0+3+3+6=28，2+8=10，1+0=1$$

（7）除 6 以外的完美数，被 3 除余 1，被 9 除余 1，还有 1/2 被 27 除余 1。例如：

$$\frac{28}{3}=9\cdots\cdots1，\quad \frac{28}{9}=3\cdots\cdots1，\quad \frac{28}{27}=1\cdots\cdots1$$

$$\frac{496}{3}=165\cdots\cdots1，\quad \frac{496}{9}=55\cdots\cdots1$$

$$\frac{8128}{3}=2709\cdots\cdots1，\quad \frac{8128}{9}=903\cdots\cdots1，\quad \frac{8128}{27}=301\cdots\cdots1$$

除此之外，完美数还有许多含义，是一类"备受宠爱"的数字。公元前 6 世纪，毕达哥拉斯发现完美数时说："6 象征着完满的婚姻以及健康和美丽，因为它的部分是完整的，并且其和等于自身。"也有人认为："6 和 28 是上帝创造世界时所用的基本数字，因为上帝创造世界用了 6 天，28 则是月亮绕地球一周的日数。"而圣奥古斯丁说："6 这个数本身就是完美的，并不是因为上帝造物用了 6 天；事实上，正是因为这个数是一个完美数，所以上帝才能在 6 天之内把一切事物都造好了。"在我国文化洪流中也能看到"6"和"28"的应用。例如，六谷、六畜、六常、六朝、六甲、二十八星宿等，以及"眼观六路，耳听八方"等成语。

🔔**注意**：在西方文化中，"666"指魔鬼和撒旦，是不吉利的象征，可别乱用了。

千百年来，正是完美数的卓绝罕有，使得许多数学家及数学爱好者对它情有独钟，一路孜孜不倦地追寻。直到公元前 3 世纪，欧几里得提出了规范寻找完美数的方法，也就是我们所熟知的欧几里得定理：如果 2^p-1 是素数（其中指数 p 也是素数），则 $2^{p-1}(2^p-1)$ 是完美数。2^p-1 型的素数被数学界称为梅森素数，它是以 17 世纪法国数学家马林·梅森的名字命名的。到 1730 年，被称为"世界四大数学家"之一的 23 岁瑞士数学家欧拉提出：每一个偶完美数都是形如 $2^{p-1}(2^p-1)$ 的自然数，其中 p 是素数，2^p-1 也是素数。这简直与欧几里得定理相得益彰。欧几里得定理与欧拉定理的组合，成为寻找完美数的有力依据。

由欧几里得定理可知：只要找到一个梅森素数，就可以找到一个与其对应的完美数。因此，目前为止人们只发现了 51 个梅森素数和 51 个完全数。目前最大的完美数是在"互联网梅森素数大搜索"（GIMPS）项目中发现的，为 $2^{82\ 589\ 932}(2^{82\ 589\ 933}-1)$。该数有 49 724 095

位, 如果用普通字号将它打印下来, 其长度将超过 200 km!

不过有些尴尬的是, 完美数似乎并没有什么实际用处, 只是反映了自然数的某些基本规律而已。但这不就是科学吗? 探究自然规律, 揭开未知之谜, 或许有一天人们会发现完美数的实用价值。

然而, 当今数论领域还有两大著名难题:

- 是否有无穷个完美数?
- 是否存在着奇完美数?

法国哲学家、数学家、物理学家笛卡儿曾公开预言: "能找出的完美数不是很多, 好比人类一样, 要找一个完人亦非易事。"

毕达哥拉斯学派成员尼克马修斯也说: "正如美的、卓绝的东西是罕有的、容易计数的, 而丑的、坏的东西却滋蔓不已一样, 盈数和亏数非常之多且杂乱无章, 它们的发现也毫无规律可言, 但是完美数则易于计数而且顺理成章。"

5.3 洁身自好的 "吴柳"

"吴柳" 也叫五六 (56)。5 和 6 是非 0 非 1 数字集中的 "荷花", 因为这两个数无论取几次方, 乘积的个位数还是 "5" 和 "6"。所谓 "出淤泥而不染, 濯清涟而不妖"。它们从不招惹是非, 也不反复无常, 努力保持着自身的纯洁。

因此, 我们也把 "5" 和 "6" 这一类数称为自守数——数如其名, 洁身自守。当一个自然数的平方的尾数等于其自身时, 我们就称其为自守数。

例如:

$$5 \times 5 = 25$$
$$6 \times 6 = 36$$
$$25 \times 25 = 625$$
$$76 \times 76 = 5776$$

......

其中, "5" 和 "6" 为一位自守数, "25" 和 "76" 为二位自守数……或许有读者会问: 为什么 "0" 和 "1" 也完全符合定义, 却没有它俩的一席之地呢? 那是因为 "0" 和 "1" 不管是多少平方都等于其自身, 所以我们赋予它俩一个更加贴切的名字——平凡自守数, 就像超凡蜘蛛侠, 他其实也是蜘蛛侠, 但我们仍然习惯称他为超凡蜘蛛侠, 并以此与蜘蛛侠区分开。

那 10 000 以内有多少个自守数? 又分别是哪些数字呢? 思路如图 5.6 所示。

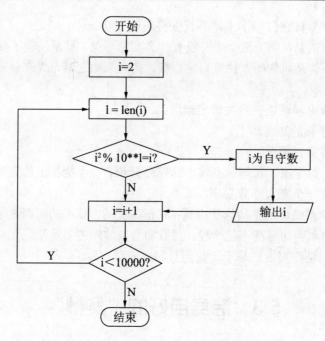

图 5.6　求 10 000 以内的自守数思路 1

实现代码如下：

```
# 10000 以内的自守数
for i in range(2, 10000):
    # 计算当前数字的位数
    length = len(str(i))
    # 当该数的平方的尾数等于自身时，则为自守数
    # % : 求余; ** : 次方
    if i * i % (10 ** length) == i:
        print(i)
```

输出结果如下：

```
5
6
25
76
376
625
9376
```

只用了 4 行代码就完成了 Java 中 40 行代码的工作量，效率是不是很高？这就是 Python 越来越"火"的原因。

仔细看的话读者一定能发现：n 位自守数都是在（n-1）位自守数的前面加一个数。例如："5"和"6"是一位自守数，因此二位自守数"25"和"76"的个位数肯定为 5 和 6；"25"和"76"是二位自守数，因此三位自守数"625"和"376"的后两位数肯定为 25 和 76；"625"和"376"是三位自守数，因此四位自守数"0625"和"9376"的后三位数肯定为 625 和 376……

除此之外，我们还能发现如下规律：

$$5 + 6 = 11$$
$$25 + 76 = 101$$
$$625 + 376 = 1001$$
$$0625 + 9376 = 10\,001$$

……

如果把这个规律写进算法里，那么运行时间肯定可以得到极大的缩减。这个规则很简单，当我们找到一个自守数后，用 10^x 加 1 去减它，即可以找到与它相同位数的另一个自守数，而不用继续遍历剩下的相同位数的数字了，其中，x 为该自守数的位数，思路如图 5.7 所示。

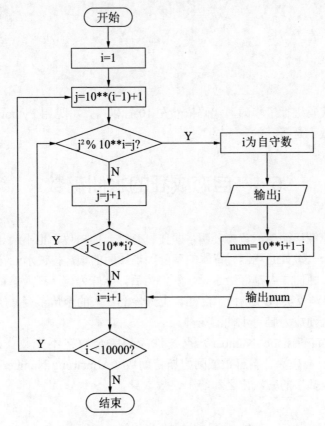

图 5.7　求 10 000 以内的自守数思路 2

实现代码如下：

```
# 10000 以内的自守数
# i 为遍历的位数
```

```
for i in range(1, 5):
    # j 为当前遍历的数字, 从 2 开始
    for j in range(10 ** (i-1) + 1, 10 ** i):
        # 当该数的平方的尾数等于自身时, 则其为自守数
        # % : 求余; ** : 次方
        if j * j % (10 ** i) == j:
            print(j)
            # 利用加减法求出相同位数的另一个自守数
            num = 10 ** i + 1 - j
            # 排除当前位数只有一个自守数的情况
            if num > j:
                print(num)
                # 结束当前循环
                break
```

输出结果如下:

```
5
6
25
76
376
625
9376
```

看，即使将代码进行了修改，代码依然在 10 行以内，可见用 Python 来实现求 10 000 以内的自守数，效率是极高的。

5.4 自恋成狂的水仙花数

水仙花的颜色纯粹简单、黄白分明，即使只有唯一的白色，也不会让人觉得单调。它们拥有素白的花瓣、嫩黄的花蕊、青翠的茎叶、半透明的根。传说水仙花是尧帝的女儿娥皇和女英的化身。她们二人都嫁给了舜，姊姊为后，妹妹为妃，三人感情甚好。舜在"南巡"时驾崩，娥皇与女英双双殉情于湘江。上天怜悯二人的至情至爱，便将二人的魂魄化为江边水仙，二人便成为腊月水仙的花神。

水仙花数（Narcissistic Number）也被称为超完全数字不变数（Pluperfect Digital Invariant，PPDI）、自恋数、自幂数或阿姆斯特朗数（Armstrong Number），该数的特点是一个三位数的各位数字的三次方之和等于该数本身。

例如：

$$153 = 1^3 + 5^3 + 3^3$$
$$370 = 3^3 + 7^3 + 0^3$$
$$371 = 3^3 + 7^3 + 1^3$$

......

以前笔者一直没明白水仙花数为什么被称为水仙花数而不是其他名称，它和自恋数、

自幂数这些名字有什么关系，直到去年看了《自然科学》才知道，原来 Narcissistic（水仙花）是"自我陶醉、自赏、自恋"的意思，来自古希腊语 Νάρκισσος，而 Νάρκισσος 是希腊神话中一个俊美而自负的少年——纳西塞斯的名字。

　　纳西塞斯有着让全希腊的女性都为之倾倒的绝美容颜，但由于预言家提瑞西阿斯曾告诉纳西塞斯的父亲——河神刻菲索斯："只要纳西塞斯不看到自己的脸，就能长寿。"因此一直以来纳西塞斯都不知道自己长什么样子。纳西塞斯拒绝了所有向他表达爱慕的女性，也包括掌管赫利孔山的仙女厄科（Ηχώ）。被拒绝后的厄科无法自拔，伤心而死，只留下声音回荡在山谷之间（因此 Ηχώ 也有"回声"的意思，即英文中的 Echo）。少女痴情的目光终于使纳西塞斯按捺不住对自己容貌的好奇：自己究竟是什么样的呢？为什么她要一直盯着自己？纳西塞斯决定去看看自己的样子。他走出山林，来到了林间的池塘边。

　　清澈的湖水里倒映着一副举世无双的面孔，卷曲的头发，明亮的眼睛，高挺的鼻梁，鲜红的嘴唇，组合成了一张毫无瑕疵的脸。纳西塞斯不由得呆住了，他生平第一次感受到了爱神的魔力，于是便着了魔一样，没日没夜地用充满爱慕的眼神凝视、守护着自己在水中的影子，不饮不食，不眠不休，终于憔悴而死。爱神怜惜纳西塞斯，便将他化为一丛盛放在池塘边的白色小花，让他可以永远看见自己的倒影。那丛奇异的小花，清幽脱俗，高傲而孤清，甚为美丽。而这种花也被爱神命名为 Narcissus，也就是水仙花。至此笔者才明白为何水仙花总是长在水边，而且还和自恋有关。

　　言归正传，如何判断一个数是否为水仙花数呢？

　　最重要的便是将其按个位数、十分位数、百分位数的顺序进行拆分，并求出这三个数的立方和，如果立方和与未拆分前的数相等，那么它就是水仙花数。而且由于水仙花数必定为三位数，所以我们的取值范围是 100～999，思路如图 5.8 所示。

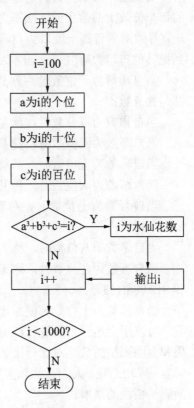

图 5.8　求水仙花数思路

　　实现代码如下：

```
# 水仙花数
for i in range(100, 1000):
    # a 为 i 的个位数
    a = i % 10
    # b 为 i 的十分位
    # //：整数除法，向下取整
    b = i // 10 % 10
    # c 为 i 的百分位
    c = i // 100
```

```
# pow（）：次方，第一个参数是底数，第二个参数是指数
if pow(a, 3) + pow(b, 3) + pow(c, 3) == i:
    print(i)
```

🔔**注意**：由于 range() 的取值是前闭后开的，所以其取值范围应该是 [100,1000)。

输出结果如下：

```
153
370
371
407
```

实际上，水仙花数只是自幂数的一种，即 $n=3$ 的自幂数。自幂数是指一个 n 位数，它的每个位数上的数字的 n 次幂之和等于它本身。这一点在很多文献资料中并没有明确地提出，导致笔者曾经一度以为自幂数的定义就是各个位数的三次方，从而百思不得其解，直到把其他自幂数研究了一遍才发现原来自己犯了根本性错误。

当自幂数为一位数时，称其为独身数，显而易见，0、1、2、3、4、5、6、7、8 和 9 都是独身数；

当自幂数为三位数时，就是我们提及的水仙花数（如 153、370、371 和 407）；

当自幂数为四位数时，称其为四叶玫瑰数（如 1634、8208 和 9474）；

当自幂数为五位数时，其就是五角星数（如 54 748、92 727 和 93 084）；

当自幂数为六位数时，称其为六合数（如 548 834）；

当自幂数为七位数时，称其为北斗七星数（如 1 741 725、4 210 818、9 800 817 和 9 926 315）；

当自幂数为八位数时，称其为八仙数（如 24 678 050、24 678 051 和 88 593 477）；

当自幂数为九位数时，称其为九九重阳数（如 146 511 208、472 335 975、534 494 836 和 912 985 153）；

当自幂数为十位数时便是十全十美数（如 4 679 307 774）。

可以用上述自幂数进行练习，尝试着用 Python 把各类自幂数找一遍，然后将输出结果和上面列举的数字对比一下。只有勤于练习，不断积累，才能做到胸有成竹。就像冰心所言：成功之花，人们往往惊羡它现时的明艳，然而当初，它的芽儿却浸透了奋斗的泪泉，洒满了牺牲的血雨。

5.5　回归本真的快乐数

所谓快乐，是孟郊"春风得意马蹄疾，一日看尽长安花"的意气风发，是杜甫"白日放歌须纵酒,青春作伴好还乡"的红旗报捷，是李白"朝辞白帝彩云间，千里江陵一日还"的爽快心情，也是白居易"随富随贫且欢乐，不开口笑是痴人"的随遇而安。

在数学中也有一种快乐，那就是回归本真，我们称这样的数为快乐数。

那么，快乐数的定义是什么呢？将一个整数的每一位数字不断地进行平方和相加，如果最终得数为 1，则称其为快乐数。

很简单吧，只要调用 if 函数，当其平方和等于 1 时，则说明当前数字为快乐数。这里有个很大的问题：非快乐数的最终平方之和肯定不为 1，那么它的结束条件是什么呢？

我们先举个例子，以 19 为例：

$$1^2 + 9^2 = 82$$
$$8^2 + 2^2 = 68$$
$$6^2 + 8^2 = 100$$
$$1^2 + 0^2 + 0^2 = 1$$

可以看出，19 正是一个快乐数。那么 20 呢？

$$2^2 + 0^2 = 4$$
$$4^2 = 16$$
$$1^2 + 6^2 = 37$$
$$3^2 + 7^2 = 58$$
$$5^2 + 8^2 = 89$$
$$8^2 + 9^2 = 145$$
$$1^2 + 4^2 + 5^2 = 42$$
$$4^2 + 2^2 = 20$$
$$2^2 + 0^2 = 4$$
$$4^2 = 16$$
$$……$$

读者是否发现，平方和的计算结果又转回来了！因此，我们可以大胆猜测：非快乐数的平方和计算是一个循环。

既然是每一位数字的平方，那肯定只能是对 "0~9" 进行平方，得到的也只有 10 个数，从这 10 个数中无顺序取出两三个的排列组合肯定也是有限个且不为 0，因此不难证明，如果平方和不为 1，则必为一个不包含 1 的死循环。

这就很简单了，只要把每一次平方和储存到数据群中即可。如果群里有 1，则为快乐数，返回 True；如果群里出现了两个一样的结果，则说明进入了无限循环，为非快乐数，返回 False。思路如图 5.9 所示。

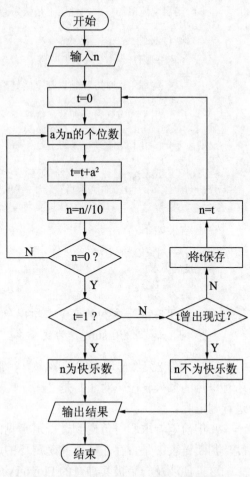

图 5.9　判断一个数是否为快乐数思路

实现代码如下:

```python
# 判断一个数是否为快乐数
def is_happy(num):
    # total: 记录当前的平方和结果
    total = 0
    # 当 num 不为 0 时
    while num:
        # a: 当前 num 的个位数
        a = num % 10
        # 将个位数进行平方并加到 total 上
        total += a ** 2
        # //: 整数除法
        num //= 10
    # 当平方和结果为 1 时,说明是快乐数
    if total == 1:
        # 返回 True,结束
        return "我很快乐!"
    # 当出现无限循环时,说明不是快乐数
    elif total in temp:
        # 返回 False,结束
        return "我不是真正的快乐~"
    else:
        # 将每一次平方和结果都存储到数组 temp 中
        temp.append(total)
        # 用平和方代替当前数,继续下一轮的平方和计算
        return is_happy(total)
# 定义 temp 用于存储每一次的平方和结果
temp = []
# 调用 is_happy 函数进行判断
print("预备~~唱:你快乐吗? \n19: ", is_happy(19))
print("20: ", is_happy(20))
```

输出结果如下:

```
预备~~唱:你快乐吗?
19:我很快乐!
20:我不是真正的快乐~
```

注意:这里存放平方和的变量之所以命名为 total,是因为在 Python 中 sum 是一个关键词,如果使用 sum 作为变量名,则会将 sum 函数覆盖,使其失去求和的功能。

这时,哪吒突然出现在我的脑海里,那俏皮的丸子头,浑圆的乾坤圈,盘绕的混天绫,还有炽热的风火轮……对了!是"环"!既然是循环,我们是否可以利用环的知识点对其进行判定呢?

几年前笔者求职时曾遇到过一道常见的面试题:如何只用两个变量和 $O(n)$ 的时间复杂度,判断链表中是否存在环?并确定环的起点及环的长度。

这里便涉及一个极其神奇的 Floyd cycle detection 算法,也叫作 Tortoise and Hare 算法,

姑且翻译为 Floyd 判圈算法（龟兔赛跑算法）吧。

Floyd 判圈算法的思想其实和小学数学题"绕圈跑步"类似：小明和小红在环状跑道上同时出发，如果小明跑得比小红快，则小明必然会追上小红，并且追上时小明一定比小红多跑了一圈。

基于这个原理，Floyd 定义了两个指针，即快指针（兔子）和慢指针（乌龟）。快指针（兔子）每次前进两步，慢指针（乌龟）每次前进一步，如果二者在表头之外的地方相遇，则说明链表有环，如果快指针跑到了链表结尾，则说明链表无环。

💧注意：兔子每次前进两步和多步的效果是等价的，只要比乌龟快就行了。

那么，我们如何利用龟兔确定链表中环的起点呢？其实，环的起点便是它们再次相遇的地方。

如图 5.10 所示，假设链表起点与环的起点相距 m，环的周长为 c，初遇时距离环起点为 k，当它们相遇时，乌龟跑的总距离为 s，则兔子跑的总距离为 $2s$，可得：

$$s = m + x \cdot c + k$$
$$2s = m + y \cdot c + k$$

其中，x 和 y 分别为乌龟和兔子第一次相遇时各自转过的圈数。可得：

$$s = (y - x) \cdot c$$

所以，s 为环周长的倍数。

此时，我们只需要将兔子抓回链表起点，并使其和乌龟一样每次只能走 1 步，当兔子指针前进了 m 并重新到达环起点时，乌龟指针一共走了 $s+m$，由于 s 为环周长的倍数，所以乌龟指针也必然是在环的起点，即此时兔子和乌龟在环的起点又一次相遇了，如图 5.11 所示。

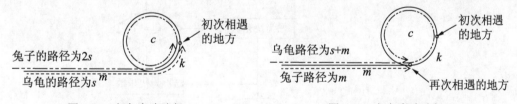

图 5.10　龟兔赛跑路径 1　　　　　　　图 5.11　龟兔赛跑路径 2

那么环周长 c 又是多少呢？既然确定了环的起点，只要再跑一圈进行计数便可以了。然而，这样不仅时间复杂度较大，而且实在太没有技术含量了。有一个更快捷的方法：在确认存在环之后，让兔子和乌龟两个指针继续跑，等它们再次相遇时，兔子刚好比乌龟多跑了一圈，也就求出了环的长度，这就是前文提及的小学数学题——绕圈跑步了。

这个算法的最大优点就是时间复杂度和空间复杂度都比较低，而且不需要保存每一次的平方和并进行逐一比较，如图 5.12 所示。

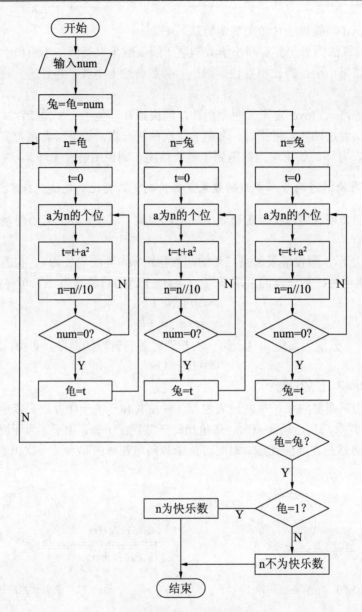

图 5.12　求快乐数思路

实现代码如下：

```
# 快乐数（Floyd 版）
def square_sum(num):
    '''
    传入：任意一个正整数
    返回：每一位数字的平方和
    '''
    # total：记录当前的平方和结果
```

```
        total = 0
        # 当 num 不为 0 时
        while num:
            # a：当前 num 的个位数
            a = num % 10
            # 将个位数进行平方并加到 total 上
            total += a ** 2
            # //：整数除法
            num //= 10
        return total
def is_happy(num):
    '''
    利用 Floyd 判圈算法，
    多次调用 square_sum 函数为形参 num 先来一次龟兔赛跑，
    以判定是否存在循环。
    '''
    # 将两个指针同时放在链表的起点
    tortoise = hare = num
    # 无限循环
    while True:
        # 乌龟一次跑一步
        tortoise = square_sum(tortoise)
        # 兔子一次跑两步
        hare = square_sum(hare)
        hare = square_sum(hare)
        # 当龟兔相遇时，说明要么存在环，要么二者均为 1
        if tortoise == hare:
            # 直接跳出循环
            break
    # 当平方和结果为 1 时，说明是快乐数
    if tortoise == 1:
        # 返回 True，结束
        return "我很快乐！"
    # 当存在环时，说明不是快乐数
    else:
        # 返回 False，结束
        return "我不是真正的快乐~"
# 调用 is_happy 函数进行判断
print("预备~~唱：你快乐吗？\n19: ", is_happy(19))
print("20: ", is_happy(20))
```

输出结果如下：

```
预备~~唱：你快乐吗？
19：我很快乐！
20：我不是真正的快乐~
```

5.6　古埃及的神秘智慧 I

古埃及同中国一样，是四大文明古国之一，拥有古老而悠久的文明。古埃及人在进行分数运算时，只使用分子是 1 的分数，我们也把这种分数叫作埃及分数。

比如"分苹果"问题：如何把 3 个苹果平均分给 5 个人呢？

很明显，答案是 $\frac{3}{5}$。但古埃及人并不知道每个人可以取得 $\frac{3}{5}$ 个苹果，而是说 $\frac{1}{2}+\frac{1}{10}$ 个苹果。

这就很难想象了，他们连 $\frac{3}{5}$ 都不清楚，又是怎么知道 $\frac{3}{5}=\frac{1}{2}+\frac{1}{10}$ 的呢？

据说他们可能并不知道 $\frac{3}{5}=\frac{1}{2}+\frac{1}{10}$，只是先把 3 个苹果一一切成两半，先给每人分一半，也就是 $\frac{1}{2}$，然后把剩下的 $\frac{1}{2}$ 再等分成 5 份后分给 5 个人，也就是 $\frac{1}{10}$，因此每个人就分到了 $\frac{1}{2}+\frac{1}{10}$ 个苹果，如图 5.13 所示。

可埃及分数真的只是如此吗？埃及的金字塔举世闻名，埃及的土地分割推动了几何学的发展，埃及甚至给出了精确的历法，还创造了十进制，这一切都表明古埃及人具有高超的建筑技巧和超凡的智力。既然在多个领域都达到很高的造诣，又怎么可能连最简单的现代分数都不懂呢？

正如四川大学原校长柯召所说："埃及分数所产生的问题有的已成为至今尚未解决的难题和猜想，他们难住了许多当代的数学家"。由此说明埃及分数必有其"过人"的奇特之处。

传说，在古埃及有一位老人，他在知道自己即将西去之后，准备将家中仅剩的 11 匹马分给 3 个儿子，老大 $\frac{1}{2}$，老二 $\frac{1}{4}$，老三 $\frac{1}{6}$。可 11 的 $\frac{1}{2}$ 等于 5.5，不能直接将活马一分为二呀。无计可施之际，邻居牵来了一匹马，凑成了 12 匹马。老大 $\frac{1}{2}$，牵走了 6 匹马；老二 $\frac{1}{4}$，牵走了 3 匹马；老三 $\frac{1}{6}$，牵走了 2 匹马，一共 6+3+2=11 匹马。分完后，邻居把自己的马又牵了回去。即：

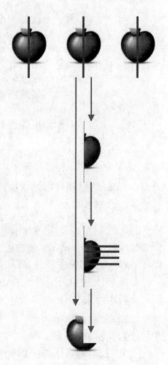

图 5.13　"分苹果"的步骤

$$\frac{11}{12}=\frac{1}{2}+\frac{1}{4}+\frac{1}{6}$$

这个"分马问题"一直被数学家们津津乐道，多年后大家才终于发现其奥妙所在：

$$\frac{1}{n}=\frac{1}{n+1}+\frac{1}{n(n+1)}$$

$$\frac{2}{n}=\frac{1}{\dfrac{n+1}{2}}+\frac{1}{\dfrac{n(n+1)}{2}}$$

此时大家才明白过来，原来埃及分数是如此神奇和高深莫测。埃及分数分解，就是将真分数 $\dfrac{a}{b}$ 分解成若干个单位分数之和，例如：

$$\frac{3}{7}=\frac{1}{3}+\frac{2}{21}$$
$$=\frac{1}{3}+\frac{1}{11}+\frac{1}{231}$$

$$\frac{13}{23}=\frac{1}{2}+\frac{3}{46}$$
$$=\frac{1}{2}+\frac{1}{16}+\frac{1}{368}$$

这里还涉及两个概念：真分数和单位分数。

- 真分数：分子小于分母的分数，其分数值必然小于一（若大于一则为假分数），且一般为正数。例如上述例子中的 $\dfrac{3}{7}$ 和 $\dfrac{13}{23}$。

- 单位分数：把单位"1"平均分成若干份并只取其中一份的分数，所以其分子必然为一，分母为正整数。单位分数也叫"埃及分数"。

那么如何进行埃及分数的分解呢？詹姆斯·约瑟夫·西尔维斯特和斐波那契都曾提出过求解埃及分数的贪婪算法：

设某真分数的分子为 a，分母为 b，则其埃及分数的第一个分母 c 为 b 除以 a 所得商加 1；将 a 乘以 c 再减去 b 的结果作为新的 a；将 b 乘以 c 的结果作为新的 b。重复上面的步骤，直到出现以下两种情况：

- 如果 $a=1$，则最后一个分母为 b，算法结束；

- 如果 $a>1$ 且 a 整除 b，则最后一个分母为 $\dfrac{b}{a}$，算法结束。

埃及分数分解的思路如图 5.14 所示。

注意：$a=1$ 和 $a>1$ 且 a 整除 b 这两个结束条件其实可以合并为一个条件，即如果 b 除以 a 的余数为 0（a 整除 b），则最后一个分母为 $\dfrac{b}{a}$。

用数学式来表达则会更加简单、清晰：

$$q = \frac{(b-r)}{a}$$

$$c = q+1$$

$$a' = a \times c - b$$

$$b' = b \times c$$

若将前 3 个式子合并，可得到：

$$
\begin{aligned}
a' &= a \times c - b \\
&= a \times (q+1) - b \\
&= a \times \left(\frac{b-r}{a} + 1 \right) - b \\
&= b - r + a - b \\
&= a - r
\end{aligned}
$$

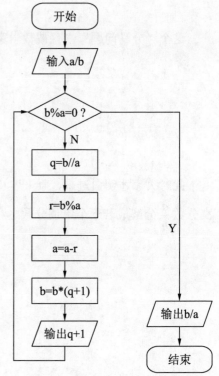

图 5.14　埃及分数分解思路

实现代码如下：

```python
# 埃及分数分解
def egypt_score(a, b):
    '''
    a：分子
    b：分母
    使用断言 assert 监测是否 a < b,
    反之则触发一个错误信息 AssertionError
    '''
    assert a < b
    # 当 b 除以 a 的余数不为 0 时
    while b % a != 0:
        # q 为商
        q = b // a
        # r 为余数
        r = b % a
        # a 为新的分子
        a -= r
        # b 为新的分母
        b *= q + 1
        # yield 与 return 类似，不过 yield 更高级些
        yield q+1
```

```
        # 当 a 整除 b，则最后一个分母为 b/a
        yield int(b/a)
# 由于 egypt_score 是一个迭代器，所以用 list 进行储存
print(list(egypt_score(3, 7)))
```

输出结果如下：

```
[3, 11, 231]
```

相信读者对于 assert 和 yield 都比较陌生吧，下面我们分别进行介绍。

1．assert简介

assert 是用于判断一个表达式真假的断言，在表达式条件为 False 时触发异常。不只是 Python 语言中有断言函数，在 C 语言、Java 和 PHP 中均有断言函数。断言可以在程序运行条件不满足的情况下直接返回错误，可以避免程序运行后系统出现崩溃的情况。例如代码中的"assert a ＜ b"，如果其传递的实参中 a 大于 b，则会返回如下错误：

```
---------------------------------------------------------------------------
AssertionError                            Traceback (most recent call last)
<ipython-input-5-5cac48428cc9> in <module>()
    23      yield int(b/a)
    24      # 由于 egypt_score 是一个迭代器，所以用 list 进行储存
---> 25 print(list(egypt_score(8, 7)))

<ipython-input-5-5cac48428cc9> in egypt_score(a, b)
     7      反之则触发一个错误信息 AssertionError
     8      '''
----> 9   assert a < b
    10      # 当 b 除以 a 的余数不为 0 时
    11      while b % a != 0:
AssertionError:
```

当然，除了表达式条件之外，还可以为 assert 指定参数，例如：

```
assert expression [, arguments]
```

等价于：

```
if not expression:
    raise AssertionError(arguments)
```

2．yield简介

至于 yield，正如代码中的注释所写，yield 与 return 类似，这是最直观的初步认识。return 是返回某一个值，返回时程序也随之结束不再继续运行了，下一次调用时将会从该函数的起始处开始执行；而 yield 也会返回某一个值，但返回后程序并没有结束，而是暂停于 yield 所在的代码行，之后可以用 next 函数使其继续运行，直到下一个 yield 进行 return 操作为止。

其实，带 yield 的函数就是一个生成器（generator），或者叫迭代器，而不是函数，生成器中自带了一个 next()函数，调用 next()相当于单击生成器的"下一步"。生成器会

从上一步停止的地方继续执行，直到再次遇到 yield 后返回某个值，然后结束此步，等待下一次调用 next()。

正因为如此，笔者才使用列表 list 进行调用。我们都知道，Python 中的列表实际上也是一个迭代器。我们不用一次次地调用 next()后单击下一步，list 会帮我们自动迭代并进行记录，直到整个 egypt_scord()函数真正"跑"完。

除了 next()之外，生成器还有一个 send()函数。简单地说，send()是一个可传回参数的 next 方法，读者大概了解一下即可，这里就不展开讲了，一般也不会用到。

注意：由同一个真分数分解而来的埃及分数并非唯一，不同算法计算而来的结果有可能是不一样的！$\frac{8}{11}$ 既等于 $\frac{1}{2}+\frac{1}{5}+\frac{1}{37}+\frac{1}{4070}$，又等于 $\frac{1}{2}+\frac{1}{5}+\frac{1}{55}+\frac{1}{110}$。

5.7　极限膨胀的阶乘 I

阶乘（factorial）是数学中的一个术语，指所有小于和等于该数的正整数的积，符号为 $n!$，由基斯顿·卡曼（Christian Kramp）在 1808 年引进，其表示法为：

$$n! = \prod_{k=1}^{n} k, \forall n \geqslant 1$$

符号 $\prod$ 表示连续的乘积，即：

$$n! = 1 \times 2 \times 3 \times \cdots \times (n-1) \times n$$

例如，5 的阶乘写作 5！，其值为 120：

$$5! = 5 \times 4 \times 3 \times 2 \times 1 = 120$$

据此不难推导出其递推关系，即：

$$n! = (n-1)! \times n$$

同时，为了加强阶乘表述的合理性和正确性，我们定义了 0 和 1 的阶乘：

$$0! = 1$$
$$1! = 0! \times 1 = 1$$

这是很有用的，它使得组合学中许多包含 0 的计算得以成立。阶乘的概念虽然简单，但是应用却很广泛。从排列组合到概率论再到微积分，都可以看到阶乘的存在。

那么，如何在程序中计算阶乘呢？事实上只需要利用循环进行不断地相乘并和 n 自减的计算就可以了，我们可以很容易地得到这样的算法，如图 5.15 所示。

实现代码如下：

```
# 阶乘算法（循环 1）
n = 5
```

```
# total 为每次乘积的和
total = 1
# 当 n 不为 0 时
while n:
    # total = 1*5*4*3*2*1
    total = total * n
    # n 自减 1
    n -= 1
print(total)
```

输出结果如下：

```
120
```

当然，也可以借助额外的变量 i，使其自加一直到其值等于 *n*。思路如图 5.16 所示。

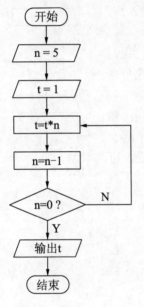

图 5.15　阶乘算法思路 1

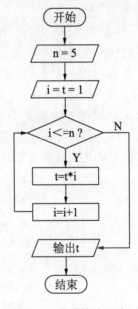

图 5.16　阶乘算法思路 2

实现代码如下：

```
# 阶乘算法（循环 2）
n = 5
# total 为每次乘积的和
i = total = 1
# 当 n 不为 0 时
while i <= n:
    # total = 1*1*2*3*4*5
    total = total * i
    # i 自加 1
    i += 1
print(total)
```

输出结果如下：

```
120
```

或者用 for 循环进行遍历，思路如图 5.17 所示。

实现代码如下：

```
# 阶乘算法（循环 3）
n = 5
# total 为每次乘积的和
total = 1
# 从 1 遍历到 n
for i in range(1, n+1):
    # total = 1*1*2*3*4*5
    total = total * i
print(total)
```

输出结果如下：

```
120
```

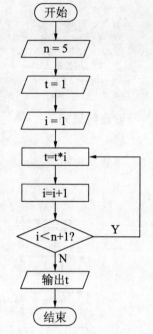

图 5.17　阶乘算法思路 3

其实三段代码只是判断逻辑不同，内里依旧是循环。我们已经知道：$n!=(n-1)! \times n$ 和 $0!=1$。既然如此，为什么不能换个角度看问题呢？

要求出 $n!$，只需要知道 $(n-1)!$ 的值，因为 $n!=(n-1)! \times n$；要求出 $(n-1)!$，只需要知道 $(n-2)!$ 的值；要求出 $2!$，只需要知道 $1!$ 的值；要求出 $1!$ 的值，只需要知道 $0!$ 的值，而 $0!=1$。于是，可求得：

$$n!=(n-1)! \times n$$
$$=(n-2)! \times (n-1) \times n$$
$$\cdots \cdots$$
$$=1! \times 2 \times 3 \times \cdots \times (n-1) \times n$$
$$=0! \times 1 \times 2 \times 3 \times \cdots \times (n-1) \times n$$
$$=1 \times 1 \times 2 \times 3 \times \cdots \times (n-1) \times n$$

思路如图 5.18 所示。

实现代码如下：

```
# 阶乘算法（递归）
def isdigit(n):
    # 当 n 为 0 时
    if n == 0:
        # 递归结束并返回结果 1
        return 1
    # 当 n 大于 1 时
    if n > 1:
        # 返回（n-1）! *n，跳到下一步递归
        return isdigit(n-1) * n
# 调用 isdigit()函数
isdigit(5)
```

输出结果如下：

120

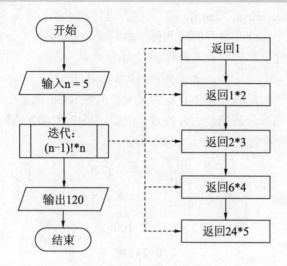

图 5.18　阶乘算法思路 4

这就是经典的算法思想——递归。还记得我们之前讲过的斐波那契数列吗？它也是递归的一个典型案例。

题外延伸：随着 n 的增大，$n!$ 也会急速膨胀增大，甚至超乎你的想象。如此一来，程序中的变量 total 很快就会溢出并报错，从而中断程序的运行。对此，我们是否有一种高精度算法来应对呢？答案是必然的，至于如何实现，可以给读者一个提示：数组。

5.8　RSA 加密的钥匙 I

RSA 加密算法是一种非对称的公钥加密算法，由罗纳德·李维斯特（Ron Rivest）、阿迪·萨莫尔（Adi Shamir）和伦纳德·阿德曼（Leonard Adleman）在 1977 年提出，之后在电子商业和密钥加密中得到了广泛的使用，RSA 正是他们三人姓氏的首字母。

可以说，目前世界上还没有任何方法可对 RSA 算法造成强力的攻击，因为 RSA 算法的可靠性取决于对极大整数进行因数分解的难度，也就是说，因数分解越难，RSA 加密就越可靠，而快速因数分解的算法几乎不存在，因此，只要 RSA 的钥匙够长，其加密的信息便几乎不能被破解。

那么，有哪些因数分解的算法呢？用于 RSA 加密算法等领域的便是扩展欧几里得算法（Extended Euclidean Algorithm）。扩展欧几里得算法可以用来计算模反元素（也叫模逆元），而模反元素在 RSA 加密算法中有举足轻重的地位。顾名思义，扩展欧几里得算法便是欧几里得算法的扩展,因此需要掌握欧几里得算法才能掌握扩展欧几里得算法,进而掌握 RSA 加密算法及其破解之法。

欧几里得算法(Euclidean Algorithm)又称为辗转相除法,它是求最大公约数的算法,首次出现于古希腊数学家欧几里得的《几何原本》(Stoicheia)中,而在我国则可以追溯到东汉时期出现的《九章算术》,其计算公式为:

$$gcd(a,b)= gcd(b, a\ mod\ b)$$

辗转相除法的原理很简单:两个整数的最大公约数(Greatest Common Divisor)等于其中较小的数和两数相除余数的最大公约数。例如:2012 和 410 的最大公约数是 2,因此 372 和 410 的最大公约数也是 2,数学式如下:

$$\frac{2012}{410} = 4 \cdots\cdots 372$$

因为

$$2012=2\times1006$$

$$410=2\times205$$

所以

$$2012-410\times4=2\times(1006-205\times4)$$
$$=2\times186$$
$$=372$$

因此 410 和 372 的最大公约数也是 2。

由此可知,我们以 410 和 372 继续进行同样的计算便可以不断缩小这两个数,直至其中一个数变为 0。这时两个数中的非 0 整数即为 2012 和 410 的最大公约数:

$$\frac{410}{372} = 1 \cdots\cdots 38$$

$$\frac{372}{38} = 9 \cdots\cdots 30$$

$$\frac{38}{30} = 1 \cdots\cdots 8$$

$$\frac{30}{8} = 3 \cdots\cdots 6$$

$$\frac{8}{6} = 1 \cdots\cdots 2$$

$$\frac{6}{2} = 3 \cdots\cdots 0$$

此时余数为 0,计算结束,两个整数分别为 2 和 0。因此,2 即为 2012 和 410 的最大公约数。

作为现代数论的基本工具，除了前文提及的 RSA 公钥加密算法，辗转相除法还被推广至许多类型的数学对象中，如高斯整数和一元多项式、纽结理论和多元多项式、剩余定理和有限域元素求逆、施图姆定理和连分数构建等，甚至还引申出了欧几里得整环等现代抽象代数概念。

那么，我们如何在计算机上实现辗转相除法呢？假设 $a>b$，则：

$$a=q_0\times b+r_0$$
$$b=q_1\times r_0+r_1$$
$$\cdots\cdots$$
$$r_{k-3}=q_{k-1}r_{k-2}+r_{k-1}$$
$$r_{k-2}=q_k r_{k-1}+r_k$$

其中 $0\leqslant r_k<r_{k-1}$

这样写的原因是什么？有什么优势呢？很显然，将辗转相除法概括为公式 $r_{k-2}=q_k r_{k-1}+r_k$ 后，其运算流程焕然一新，"规范"得让人恍若隔世。

第一步（$k=0$）：设 r_{-2} 和 r_{-1} 分别等于 a 和 b，可求出 r_0。

第二步（$k=1$）：令 r_{-1}（上一步的 b）和 r_0（上一步求出的余数）相除求出下一个余数 r_1。

第三步（$k=2$）：令 r_0 和 r_1（上一步算得的余数）相除求出下一个余数 r_2。

$\cdots\cdots$

以此类推，直到余数为 0。整个算法的过程如下：

$$a=q_0 b+r_0$$
$$b=q_1 r_0+r_1$$
$$r_0=q_2 r_1+r_2$$
$$r_1=q_3 r_2+r_3$$
$$\cdots\cdots$$

事实上，我们还能省去对 a 是否大于 b 的判断。因为当 $a<b$ 时，第一步计算会自动将两数交换，此时 a 除以 b 所得的商为 0，余数为 a，即 $r_0=a$，然后第二步便可用 b 除以 a，得出下一个商和余数。

由于每一步的余数都在减小并且不为负数，则必然存在 n，使得 r_n 等于 0，算法终止，此时 r_{n-1} 即为 a 和 b 的最大公约数。其中 n 不可能无穷大，因为在 r_0 和 0 之间只存在有限个自然数。

辗转相除法的思路如图 5.19 所示。

实现代码如下：

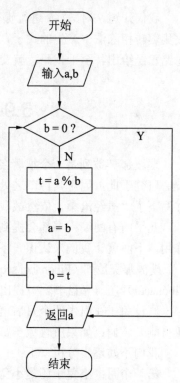

图 5.19　辗转相除法思路

```
# 辗转相除法（迭代）
def gcd(a, b):
    # 当 b 不等于 0，即 a 不能整除 b 时
    while b != 0:
        # t 等于 a 除以 b 的余数
        t = a % b
        # 将 b 值赋给 a
        a = b
        # 将 t 值赋给 b
        b = t
        # 继续下一次迭代
    return a
# 调用 gcd() 验证结果
gcd(2012,410)
```

输出结果如下：

```
2
```

题外延伸： 扩展欧几里得算法除了计算 a、b 两个整数的最大公约数之外，该算法还能找到整数 x、y，并用 a、b 两个数的整数倍相加来得到最大公约数。即对于两个整数 a 与 b，必然存在整数 x 与 y 使得 $ax+by=gcd(a,b)$ 等式成立。那么又如何求得 x 和 y 呢？

我们知道，对 a、b 进行辗转相除操作，可得到它们的最大公约数。然后我们只需要收集辗转相除法中产生的式子，倒回去，便可以得到 $ax+by=gcd(a,b)$ 中 x、y 的整数解了。思路已经给出，至于代码，就交给读者自己去探索了。

5.9　疯狂繁殖的兔子 I

斐波那契数列是一个很著名的例子。数学家雅各布·伯努利（1654～1705 年）一生醉心研究于此，因对其神奇之处叹为观止，竟在遗嘱里要求后人将其刻在自己的墓碑上，并写下了"虽经沧桑，依然故我"的墓志铭。

几乎所有的编程书都会提到斐波那契数列，并以该数列为例来说明迭代和递归的神奇作用，下面就让我们来认识一下斐波那契数列。

斐波那契数列（Fibonacci sequence）是由意大利数学家列昂纳多·斐波那契（Leonardoda Fibonacci）在《算盘书》中提出的一只兔子问题演变而来。

假设兔子在出生两个月后就有繁殖能力，并且一对兔子每个月能生出一对小兔子（一雄一雌）。问：如果所有兔子都不死，那么一年后一共有多少对兔子？

我们不妨逐步分析一下：

第一个月：小兔子还是小兔子，因此只有一对兔子，如图 5.20 所示。

第二个月：小兔子长成了大兔子，并且生出了一对小兔子，因此是两对兔子，如图 5.21 所示。

第三个月：大兔子又生了一对小兔子，而小兔子依旧未成年，因此共三对兔子，如图 5.22 所示。

图 5.20　一对兔子　　　　　　　　　　　　　图 5.21　两对兔子

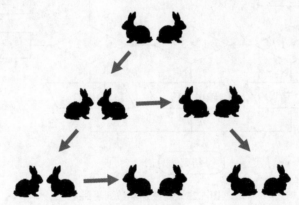

图 5.22　三对兔子

第四个月：……

以此类推，我们可以得出各月份的兔子数量，如表 5.1 所示。

表 5.1　各月份的兔子数量

月份	1	2	3	4	5	6	7	8	9	10	11	12	…
小兔子（对）	1	0	1	1	2	3	5	8	13	21	34	55	…
大兔子（对）	0	1	1	2	3	5	8	13	21	34	55	89	…
总计（对）	1	1	2	3	5	8	13	21	34	55	89	144	…

因为这个例子，斐波那契数列也被称为"兔子数列"。表 5.1 中第四行的兔子"总计"（1、1、2、3、5、8、13、21、34……）便是斐波那契数列了，即——从第 3 项开始，每一项均等于其前两项之和：

$$2=1+1$$
$$3=2+1$$
$$5 = 3+2$$
……

$$21=13+8$$
$$34=21+13$$

很显然，这是一个线性递推数列，利用迭代的思想便可以将其快速实现，虽然过程比较冗杂，思路如图 5.23 所示。

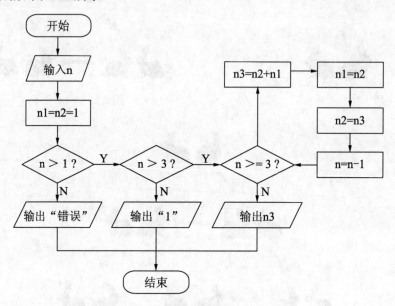

图 5.23　斐波那契数列思路

实现代码如下：

```
# 斐波那契数列（迭代）
def fib(n):
    # 定义前 3 项均为 1
    n1 = 1
    n2 = 1
    n3 = 1
    # 当用户输入错误的数据时
    if n < 1:
        # 输出相应提示
        print("输入错误！")
        # 并结束调用
        return -1
    # 当 n 为 1 和 2 时
    else:
        print("斐波那契数列第", n, "项的值为：")
        if n <= 2:
            # 均为 1，直接 return
            print(n1)
            return 1
    # 当 n 大于 2 时
    while n >= 3:
```

```
        # 每一项均等于其前两项之和
        n3 = n2 + n1
        # 将 n2 的值赋给 n1
        n1 = n2
        # 将 n3 的值赋给 n2
        n2 = n3
        n -= 1
    print(n3)
# n 为项数,可随意调整
n = 12
# 调用 fib() 函数
fib(n)
```

输出结果如下:

```
斐波那契数列第 12 项的值为:
144
```

🔔**注意**:代码中有许多语句并没有起作用,只是为了增加代码的逻辑可读性,帮助读者理解。

兔子问题的答案便是斐波那契数列第 12 项的值——144。

斐波那契数列在现代的物理、化学、生物、数学和计算机科学领域都有很广泛或直接的应用,同时,科学家们还发现,大自然中的许多神奇的规律也都非常符合斐波那契数列。例如花卉的花瓣数:百合和蝴蝶花是 3 瓣,金凤花、飞燕草、毛茛花是 5 瓣,翠雀花是 8 瓣,金盏和玫瑰是 13 瓣,紫宛是 21 瓣,雏菊是 34、55、89 瓣等;还有植物的种子数:菠萝的顺逆螺旋是(5, 8),松果的顺逆螺旋是(8, 13),向日葵的顺逆螺旋数目是(89, 144),更大的顺逆螺旋甚至可以达到(144, 233)等。

看到这里,读者是不是有种熟悉的感觉?没错,这就是黄金分割!那么斐波那契数列和黄金分割之间有什么关系呢?

我们先来看一组数据:

$$1 \div 1 = 1$$
$$1 \div 2 = 0.5$$
$$2 \div 3 = 0.666\cdots$$
$$3 \div 5 = 0.6$$
$$5 \div 8 = 0.625\cdots$$
$$\cdots\cdots$$
$$55 \div 89 = 0.617977\cdots$$
$$144 \div 233 = 0.618025\cdots$$
$$\cdots\cdots$$
$$46368 \div 75025 = 0.6180339886\cdots$$

看到这里,读者是否有种豁然开朗的感觉呢?

当 n 逐渐变大时，前一项与后一项的比值似乎也变得收敛，直至 n 趋于无穷大时，前后两项的比值竟然逼近于黄金分割率 0.618！因此，斐波那契数列也被称为黄金分割数列。

题外延伸：斐波那契数列的第 12 项是 144，而 12 的平方也正好等于 144，这二者间是否也存在着某种联系呢？

5.10　数独是如此简单 I

数独，相信读者都比较熟悉，不用笔者过多介绍了。数独（Sudoku）是一种数学逻辑游戏，起源于瑞士，推广于日本。玩家需要根据 9×9 盘面上提供的数字（至少 17 个）推理出空白格子的数字，要求每一行、每一列、每个九宫格中都只有 1～9 这 9 个数字，不能缺少也不能重复。

由于元素简单（只有 9 个数字），玩法千变万化（无数种组合），笔者在初中时期曾一度痴迷于破解数独。笔者曾经下载过几个数独游戏并且都成功通关。还记得其中有一个游戏内嵌了 5 层难度，每层有 100 个数独，一共是 500 个数独。很多教育者认为，数独是锻炼脑筋的好方法。

2012 年 6 月 30 日，英国《每日邮报》刊登了一篇报道："芬兰数学家因卡拉，花费 3 个月时间设计出了世界上迄今难度最大的数独游戏，而且它只有一个答案。因卡拉说只有思考能力最快、头脑最聪明的人才能破解这个游戏。"

所谓的最难数独如图 5.24 所示。

那时，信息的传递还没有现今这般通畅，无知的我也不知道编程的存在，只能傻傻地提笔埋头加油算。不得不说，确实很难。数独一般分为 5 个级别的难度，而因卡拉这个数独的难度大概有 8 层了，因为它要求玩家至少要记住前 10 个数的选择。笔者前前后后大概用了一个礼拜和几大张草稿纸才算出了结果，如图 5.25 所示。

然而这个问题现在来解的话就很轻松了，掌握了算法的技巧，解数独非常快。虽然这有点破坏了数独的乐趣，但不可否认，写出一段破解数独的代码也是另一种乐趣。既然掌握了新的工具又岂有不用之理？那么我们要怎么利用 Python 来实现数独问题呢？

最简单、直接的方法就是穷举法，相信这也是大部分人解数独的常用思路吧。但对"最难数独"的穷举，几乎不是人力所能为的。因此我们可以借助计算机的快速计算能力，一个组合一个组合地去尝试，虽然运行时间会久一些，但也符合迭代的思路。

用 1～9 分别遍历每一个空白格，并将遍历的值按顺序写入一个线性表（对线性表知识点没有掌握的读者请返回 3.2 节重新学习）中再进行判断，若满足条件则继续放置下一个值，若出现了重复数字或空值等错误情况，则进行回溯，返回上一个遍历的节点再进行另一次尝试。以此类推，直到找出正确值。

8								
		3	6					
	7			9		2		
	5				7			
				4	5	7		
			1				3	
		1					6	8
		8	5				1	
	9					4		

图 5.24　最难数独

8	1	2	7	5	3	6	4	9
9	4	3	6	8	2	1	7	5
6	7	5	4	9	1	2	8	3
1	5	4	2	3	7	8	9	6
3	6	9	8	4	5	7	2	1
2	8	7	1	6	9	5	3	4
5	2	1	9	7	4	3	6	8
4	3	8	5	2	6	9	1	7
7	9	6	3	1	8	4	5	2

图 5.25　最难数独的答案

不过还有几个方面可以优化一下，以提高算法的速度：

- 事先列举出每个空白格的可能值，这将会使算法的速度翻倍，因为深度优先搜索要求先写入遍历值再进行判断，若不列举，则每次都将遍历 9 次，即 1～9。
- 为每个空白格确定一个优先值，优先判断写入情况最少的空白格，候选数的估值可以为：总候选数（9）-同行确定数字个数-同列确定数字个数-小九宫格确定数字个数。
- 推荐使用迭代回溯，不要用递归实现，因为递归方式的程序运行效率比较低。
- 推荐使用 Python 的 NumPy 库，它可以方便地对数组进行计算，只需要一次输入就可以对大量的数据组进行多次处理，然后统一输出结果。

在学习过程中不求甚解是最不应该的，那么，除去以上 4 点，是否还有其他可优化的地方呢？这是我们要去思考的。

讲到这里，笔者认为已经把整个数独问题讲得非常详细和透彻了，关于实现代码就交由读者自己去完成吧。

注意：本书后面的章节还会涉及数独问题，届时将会给出完整的 Python 源码。

5.11　本章小结

第一次愉快的旅途就到这里结束了，相信这一章定然会让读者觉得很有意思。正如开篇所讲，本章重在解决实际问题，全程都是结合实例对知识进行讲解的。

数字本是世上最简单、最直接的"符号"，然而它却拥有世界上最复杂、最多变的组合。对于数学，我们要怀抱着一颗求知之心去学习、了解，然后使用它。

　　本章的内容较多，包括爱自己爱唯一的素数、深得人心的完美，不忘初心的自守、RSA密文的破解、因卡拉的最难数独、疯狂繁殖的兔子、埃及老者的分马难题、龟兔绕圈跑，以及一往情深的仙女厄科和俊美自负的纳西塞斯……这些是否都让你印象深刻呢？

　　希望读者在记住故事的同时，也能记住故事中提出的问题，以及解决问题的代码，掌握代码所蕴含的算法，以及算法所表达的思想。

第6章 遍历算法

从本章开始，我们便要进入系统学习的阶段了。在接下来的篇章中，我们将以算法的思想分类（包括循环、遍历、迭代、递归、回溯、贪心和分治等）为主线，对各个算法进行详细的讲解和比较，且给出实现代码，并适当嵌入相应的算法。

我们首先要学习的算法思想是遍历（Traversal）。遍历有两种说法：一种是数据结构中对二叉树和图等非线性结构的规则访问；另一种是对一个序列中的所有元素都执行同一个动作的计算机算法。

对了，在讲解遍历之前，还需要介绍一下算法中最基础的概念——循环（Loop）。循环的范围很广，指所有重复的行为。凡是重复执行一段代码的行为，都可以称为循环。也就是说，本书所提及的遍历、迭代和递归等算法，其实大部分都是循环，但它们并不是包含与被包含的关系，而是我中有你，你中有我的互相包含关系。

举个例子，假设有一个列表 list1=['a','b','c']，我们利用如下代码打印出了它的所有元素，这就叫一次遍历。

```
list1 = ['a', 'b', 'c']
# i 为 list1 的下标
for i in range(len(list1)):
    # 利用下标的方式进行值的检索并输出
    print(list1[i])
```

从这段代码中我们可以看到，其中包含一个循环，也就等价于遍历包含循环。然而，根据循环的广义定义可知，遍历只是循环的一种。因此，我们可以这样认为，遍历就是简单地对所有情况进行循环的一种循环。

其实，第 5 章中介绍的前 4 个算法也是利用了遍历思想，包括情有独钟的素数、卓绝罕有的完美数、洁身自好的"吴柳"和自恋成狂的水仙花。除此之外，笔者还会再介绍 6 类异曲同工的遍历算法，以便帮助读者对遍历有一个全面而清晰的认识。

6.1 黑板上的排列组合

题目很简单：黑盒子中有 12 个球，其中有 3 个红球、3 个黄球和 6 个绿球，现从中任意取出 8 个球，问共有多少种颜色搭配？

这是一道高中数学必然会出现在黑板上的排序组合问题，如果通过算法编程来解，将会易如反掌。

　　根据问题描述，我们可以假设取出的 8 个球中有红球 r 个，黄球 y 个，绿球 g 个，已知 12 个球中共有 3 个红球、3 个黄球和 6 个绿球，则 r 的取值范围为 $[0, 3]$，y 的取值范围为 $[0, 3]$，g 的取值范围为 $[0, 6]$。初步思路：我们只需要用 3 个循环并进行判断——当任意取出的球的总数为 8，即 $r+y+g=8$ 时，输出结果。三色球问题的求解思路如图 6.1 所示。

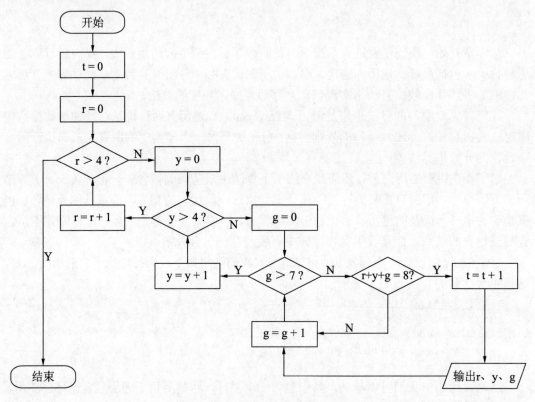

图 6.1　三色球问题的求解思路 1

实现代码如下：

```
# 三色球问题（未优化）
# total 用于记录搭配方案的数量
total = 0
# 第一层循环为红球 r
for r in range(4):
    # 第二层循环为黄球 y
    for y in range(4):
        # 第三层循环为绿球 g
        for g in range(7):
            # 当取出的红球、黄球和绿球数为 8 时
            if r + y + g == 8:
                # 总数加 1
```

```
            total += 1
            # 输出方案的具体搭配
            print("第{}种方案：{}个红球，{}个黄球，{}个绿球".format(total, r,
y, g))
```

输出结果如下：

```
第 1 种方案：0 个红球，2 个黄球，6 个绿球
第 2 种方案：0 个红球，3 个黄球，5 个绿球
第 3 种方案：1 个红球，1 个黄球，6 个绿球
第 4 种方案：1 个红球，2 个黄球，5 个绿球
第 5 种方案：1 个红球，3 个黄球，4 个绿球
第 6 种方案：2 个红球，0 个黄球，6 个绿球
第 7 种方案：2 个红球，1 个黄球，5 个绿球
第 8 种方案：2 个红球，2 个黄球，4 个绿球
第 9 种方案：2 个红球，3 个黄球，3 个绿球
第 10 种方案：3 个红球，0 个黄球，5 个绿球
第 11 种方案：3 个红球，1 个黄球，4 个绿球
第 12 种方案：3 个红球，2 个黄球，3 个绿球
第 13 种方案：3 个红球，3 个黄球，2 个绿球
```

注意：代码虽然简单，但对循环参数的边界检查一定要认真！

　　此时代码并未被优化，只是生搬硬套地直接嵌入三层 for 循环，而这是极其笨拙的一种做法。在这种思路下，不管题目要求任取的球数为多少，都要进行同样次数的遍历操作，循环次数累计相乘，时间复杂度 $O(n)=a×b×c$。当盒子中球的数量较大时，所耗费的运算时间洞心骇耳。

　　其实，只要稍微思考一下就会发现该算法有许多可优化之处。例如，第二层 for 循环可根据红球的取出数量 r 进行判断，而第三层 for 循环则可直接去掉，因为在红球的取出数量 r 和黄球的取出数量 y 已知的情况下，第三层循环的主体绿球取出数量 g 可表示为 $8-r-y$，如此一来，对 $r+y+g$ 是否等于 8 的判断也可以省略。

　　因此，解题思路可优化为：循环检测红球取出数量 r 和黄球取出数量 y（由红球的取出数量 r 决定）的所有可能取值，同时设绿球的取出数量 $g=8-r-y$，则满足条件 $8-r-y≤6$ 的那些 r、y 和 $8-r-y$ 的组合即为所求问题的解。三色球问题的求解思路 2 如图 6.2 所示。

　　实现代码如下：

```
# 三色球问题（已优化）
# total 用于记录搭配方案的数量
total = 0
# 第一层循环为红球 r
for r in range(4):
    # 第二层循环为黄球 y，从 2-r 开始
    for y in range(2-r, 4):
        # 排除 r = 3 时的误差
        if y == -1:
            # continue 的作用为跳过当下循环
```

```
        continue
    # 当所差球数小于绿球的总数 6 时
    if 8 - r - y <= 6:
        # 总数+1
        total += 1
        # 输出方案的具体搭配
        print("第{}种方案：{}个红球，{}个黄球，{}个绿球".format(total, r, y,
8-r-y))
```

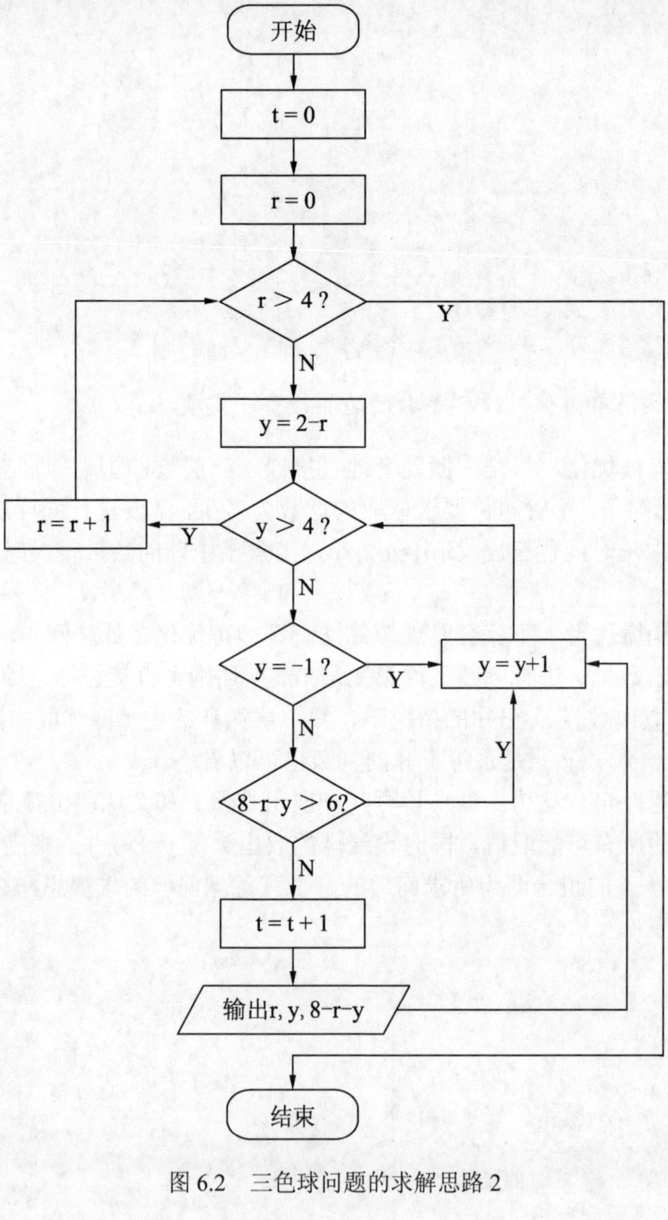

图 6.2　三色球问题的求解思路 2

输出结果如下：

第 1 种方案：0 个红球，2 个黄球，6 个绿球
第 2 种方案：0 个红球，3 个黄球，5 个绿球
第 3 种方案：1 个红球，1 个黄球，6 个绿球
第 4 种方案：1 个红球，2 个黄球，5 个绿球
第 5 种方案：1 个红球，3 个黄球，4 个绿球
第 6 种方案：2 个红球，0 个黄球，6 个绿球
第 7 种方案：2 个红球，1 个黄球，5 个绿球
第 8 种方案：2 个红球，2 个黄球，4 个绿球
第 9 种方案：2 个红球，3 个黄球，3 个绿球
第 10 种方案：3 个红球，0 个黄球，5 个绿球
第 11 种方案：3 个红球，1 个黄球，4 个绿球
第 12 种方案：3 个红球，2 个黄球，3 个绿球
第 13 种方案：3 个红球，3 个黄球，2 个绿球

这道三色球的编程题虽然很简单，但对于读者进行逻辑构思还是有一定的锻炼作用。如今，科学与技术高速发展，很多困扰古人的难题早已被解开。我们要有意识地去优化问题，优化算法，做到事事可优化，因为无论是效率上的优化还是功能上的优化，都是至关重要的。

推而广之，那我们是否可以写一段适用性更强的三色球代码呢？可由使用者随意填入不同的参数，而非（3，3，6，8），均可返回搭配方案的总数及各方案的具体内容。所需参数不外乎红球、黄球和绿球各自的初始数量，以及取出的球数。我们分别以 red_count、yellow_count、green_count 和 total 作为变量名称，并规定此四者的相互关系如下：

- red_count、yellow_count 和 green_count 三者均≥0；
- total＞0；
- red_count+yellow_count+green_count≥total。

再以 r、y、g 分别代表所取出的红球、黄球和绿球的数量，以 num 代表搭配方案的数量，则：

- $r+y+g$=total；
- yellow_count+green_count≥total$-r$；
- green_count≥total$-r-y$。

实现代码如下：

```
# 三色球问题（函数版本）
def playAball(red_count, yellow_count, green_count, total):
    # 盒子中的球数需大于等于 0，并且欲取出的球数不可小于等于 0
    if red_count < 0 or yellow_count < 0 or green_count < 0 or total <= 0:
        # 返回 0，结束
        return 0
    # 欲取出的球数需小于盒子中的总球数
    elif total > red_count + yellow_count + green_count:
        # 返回 0，结束
        return 0
```

```
    # num 为记录搭配方案的数量
    num = 0
    # 注意循环边界
    for r in range(red_count + 1):
        # 剩余球数需能补齐欲取出的球数
        if yellow_count + green_count < total - r:
            # 跳过本次循环
            continue
        # 如果红球已经足够
        if r == total:
            # 计数
            num += 1
            # 输出
            print("第{}种方案：{}个红球，0个黄球，0个绿球".format(num, r))
            # 直接结束本循环
            break
        elif r < total:
            # 注意循环边界
            for y in range(yellow_count + 1):
                # 如果红球和黄球已经足够
                if r + y == total:
                    # 计数
                    num += 1
                    # 输出
                    print("第{}种方案：{}个红球，{}个黄球，0个绿球".format(num, r, y))
                    # 直接跳出本循环，赶紧取下一个值
                    break
                # 当需要绿球凑数时
                elif r + y < total:
                    # 上文已提到的公式
                    g = total - r - y
                    # 当绿球的需要数大于 0 且小于等于绿球库存数时
                    if g > 0 and green_count >= g:
                        # 计数
                        num += 1
                        # 输出
                        print("第{}种方案：{}个红球，{}个黄球，{}个绿球".format
(num, r, y, g))
    # 返回搭配方案的个数
    return num
# 调用 playAball()
playAall(3, 3, 6, 8)
```

输出结果如下：

```
第 1 种方案：0 个红球，2 个黄球，6 个绿球
第 2 种方案：0 个红球，3 个黄球，5 个绿球
第 3 种方案：1 个红球，1 个黄球，6 个绿球
第 4 种方案：1 个红球，2 个黄球，5 个绿球
第 5 种方案：1 个红球，3 个黄球，4 个绿球
第 6 种方案：2 个红球，0 个黄球，6 个绿球
```

第 7 种方案：2 个红球，1 个黄球，5 个绿球
第 8 种方案：2 个红球，2 个黄球，4 个绿球
第 9 种方案：2 个红球，3 个黄球，3 个绿球
第 10 种方案：3 个红球，0 个黄球，5 个绿球
第 11 种方案：3 个红球，1 个黄球，4 个绿球
第 12 种方案：3 个红球，2 个黄球，3 个绿球
第 13 种方案：3 个红球，3 个黄球，2 个绿球

这样，该算法便适用于不同数量的各种颜色的球，只需要将红球、黄球和绿球的个数分别作为参数填入函数中便可以得到所有的方案。

6.2 鸡 兔 同 笼

我国古人的智慧与文化一直是让笔者最为惊叹的，特别是《孙子算经》中的各种古算题，被一代一代传承了下来，并传播到了世界各地，其蕴含的思想可谓登峰造极，使人叹为观止。

6.2.1 抬起脚来

鸡兔同笼（Chicken with rabbit cage）便是《孙子算经·下卷》中一类有名的中国古算题，在日本也被称为龟鹤问题，其原文为："今有雉兔同笼，上有三十五头，下九十四足。问雉兔各几何？"

🔔注意： "雉"也就是鸡，但此鸡为野鸡或山鸡，绝不同于我们日常所讲的家鸡。

就题目而言其实并不难，因为这是小学奥数的题目，只需利用一元一次方程即可解出来。但正如明代作家张岱所说："天下学问，唯夜航船中最难对付。"意思是说，若只是大家坐着无聊时的闲谈消遣，却不与你纸和笔，你是否能算得出来？解法又有几何呢？

1. 抬脚法

（1）在《孙子算经》中记载了一个最简单的解法："上置三十五头，下置九十四足。半其足，得四十七，以少减多，再命之。上三除下四，上五除下七。下有一除上三，下有二除上五，即得。"

译成现代文就是：把脚的总数除以 2，得到 47，然后减掉 35 个头就得到兔子的数目，自然也就可以得到鸡的数目了。因此，笔者也称其为"抬脚法"，如图 6.3 所示。

这个解题思路很简单：先将所有动物的脚数除以 2，即 94÷2=47，则每只鸡呈金鸡独立状，每只兔子呈玉兔拜月状，如图 6.3 所示。如此一来，鸡便只剩下一头一脚，而兔子是一头两脚。如果所有动物都是鸡的话，那么应该只有 35 只脚着地，然而事实上有 47 只脚，因此用 47 减去 35，就可以得到兔子的数目，即 47-35=12 只，则鸡的数目为 35-12=23

只。可归纳为公式如下：

$$\begin{cases} 总脚数 \div 2 - 总头数 = 兔的只数 \\ 总只数 - 兔的只数 = 鸡的只数 \end{cases}$$

图 6.3　金鸡独立状和玉兔拜月状

（2）如果让兔子和鸡同时抬起两只脚，笼子中着地的脚将减少 35×2=70 只，仅剩 94-70=24 只脚，此时兔子还剩两只脚，而鸡则一屁股坐在了地上，所以 24 只脚都是兔子腿，兔子的数目为 24÷2=12 只，则鸡的数目为 35-12=23 只。可归纳为公式如下：

$$\begin{cases} (总脚数 - 总头数 \times 鸡的脚数) \div (兔的脚数 - 鸡的脚数) = 兔的只数 \\ 总头数 - 兔的只数 = 鸡的只数 \end{cases}$$

做一次除法和一次减法，便能求出兔子的数目，多简单！相信即便是没有纸和笔，你也能快速算出结果了吧。之所以能够这样算，主要是因为兔和鸡的脚数分别是 4 和 2，4 又是 2 的 2 倍。但是，当其他问题转化成鸡兔问题时，"脚数"就不一定是 4 和 2 了，抬脚法自然也就八十岁老翁挑担子——心有余而力不足了。因此，我们还需对这类问题给出其他的解法。

2．假设法

（1）已知笼中共有 35 只动物，假设全为鸡，则应该有 35×2=70 只脚，而实际上有 94 只脚，相差 94-70=24 只脚。一只鸡有 2 只脚，一只兔子有 4 只脚，因此每将一只鸡换成一只兔子时需要加 2 只脚，如果要补足 24 只，则需要换上兔子 24÷2=12 只，即剩余动物的只数 35-12=23 为鸡的数目。可归纳为公式如下：

$$\begin{cases} (总脚数 - 鸡的脚数 \times 总只数) \div (兔的脚数 - 鸡的脚数) = 兔的只数 \\ 总只数 - 兔的只数 = 鸡的只数 \end{cases}$$

（2）假设全是兔子又该如何解呢？如果全是兔子，则笼中应该有 35×4=140 只脚，而实际上只有 94 只脚，少了 140-94=46 只脚。已知，每将一只兔子换成鸡可减去两只脚，若要减去 46 只脚，则需要进行鸡兔交换的数目为 46÷2=23 只，剩余动物的只数 35-23=12 即为兔子的数目。可归纳为公式如下：

$$\begin{cases} （兔的脚数×总只数-总脚数）÷（兔的脚数-鸡的脚数）=鸡的只数 \\ 总只数-鸡的只数=兔的只数 \end{cases}$$

3. 方程法

（1）一元一次方程：

设兔子有 x 只，则鸡有（35-x）只，可得：

$$4x+2（35-x）=94$$

化简得：

$$2x=24$$

解得：

$$x=12$$

则兔子为 12 只，鸡为 35-12=23 只。

🔔**注意**：在设方程的未知数时，我们通常选择腿多的动物，这样会使计算较为简便。当然也可以设鸡有 x 只，则兔子有（35-x）只，解法如上。

（2）二元一次方程组：

设鸡有 x 只，兔子有 y 只，则：

$$\begin{cases} x+y=35 & ① \\ 2x+4y=94 & ② \end{cases}$$

将①代入②，得：

$$2x+4（35-x）=94$$

化简得：

$$2x+46$$

解得：

$$\begin{cases} x=23 \\ y=12 \end{cases}$$

则鸡为 23 只，兔子为 12 只。

🔔**注意**：也可以设兔子有 x 只，鸡有 y 只，解法同上。

　　显然，方程法是最适用于大多数情况的，不管问题给出的"脚数"是多少，有几种"动物"，只需要为每种"动物"设一个未知数，然后根据题意列出所有条件并进行方程组的求解，即可得到答案。然而问题又来了，很多人也许并不擅长方程组的求解。当题目中"动物"的种类变多，各种动物类的"脚数"变多时，方程组将变得复杂。在这个时候就该用到编程了。鸡兔同笼思路如图 6.4 所示。

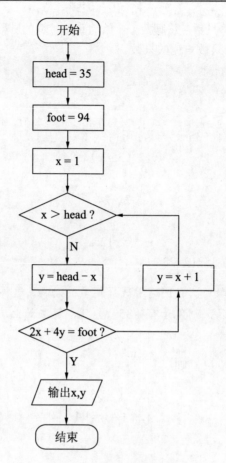

图 6.4　鸡兔同笼问题思路

实现代码如下：

```
# 鸡兔同笼问题
# 头总数
head = 35
# 脚总数
foot = 94
# x 为鸡, y 为兔子
for x in range(1, head):
    # x + y = head
    y = head - x
    # 当同时符合头总数和脚总数时
    if 2 * x + 4 * y == foot:
        # 输出结果
        print("鸡有" + str(x) + "只，兔有" + str(y) + "只。")
        # 结束循环
        break
```

输出结果如下：

鸡有 23 只，兔有 12 只。

当然，只解决这种一成不变的问题是远远不够的，有时除了完成目标之外，还需要让解决方法更加完善，沾沾自喜或者得过且过都是被禁止的，我们应该做到可自由填入头和脚的数量才可以。接下来对代码的输入/输出和逻辑判断方面进行改进，并改用假设法作为核心思想，缩短程序反应所需的时间。

实现代码如下：

```
# 鸡兔同笼问题
def cAr(h, f):
    """
    cAr: Chicken and Rabbit
    h: head  头总数
    f: foot  脚总数
    x: 鸡的数目
    y: 兔子的数目
    """
    # 排除头总数或脚总数小于 0，或头、脚数有一个等于 0 而另一个却不为 0 的情况
    if h < 0 or f < 0 or [h, f].count(0) == 1:
        print("{}只动物{}条腿的情况无解".format(h, f))
    # 结合前面的条件则头、脚总数均为 0
    elif h == 0:
        # 则笼中无物
        print("鸡有 0 只，兔有 0 只")
    # 剩下的为头、脚总数均大于 0 的情况
    else:
        # 假设全为兔子，可求得鸡的数目
        x = (4 * h - f) / 2
        # 兔子数目
        y = h - x
        # 鸡兔均不为负数且均为整数
        if x < 0 or y < 0 or x % 1 != 0:
            print("{}只动物{}条腿的情况无解".format(h, f))
        else:
            # 由于除法之后会保留小数位，所以需要使用 int()
            print("鸡有{}只，兔有{}只".format(int(x), int(y)))
# 设计为可手动输入的形式
head = int(input("请输入笼子中的头总数：\n"))
foot = int(input("请输入笼子中的脚总数：\n"))
# 调用鸡兔同笼函数
cAr(head, foot)
```

输出结果如下：

```
请输入笼子中的头总数：
35
请输入笼子中的脚总数：
94
鸡有 23 只，兔有 12 只
```

6.2.2　万变不离其宗

正如一开始提及鸡兔同笼问题时，笔者用的是"一类"问题，而不是"一个"问题一样，鸡兔同笼代表的是一系列的问题，许多小学数学的应用题都可以转化成这类问题，或者用它的典型解法——假设法进行求解。

1．钢珠问题

盒子里有大、小两种钢珠共 30 个，重 266 克，已知大钢珠每个重 11 克，小钢珠每个重 7 克。问盒子里的大钢珠和小钢珠各有多少个？

解题思路如下：

假设 30 个全部都是大钢珠，则共重 11×30＝330 克，比原来重 330-266＝64 克，这 64 克便是大钢珠换成小钢珠所要减去的重量，所以小钢珠的个数为：64÷（11-7）＝16，则大钢珠的个数为：30-16＝14。

🔊注意：也可以假设全部都是小钢珠，算法同上。

2．铅笔问题

红铅笔每支 0.19 元，蓝铅笔每支 0.11 元，小明花 2.8 元买了两种铅笔共 16 支。问红、蓝铅笔小明各买了几支？

解题思路如下：

可以先将小数化为整数，以方便计算，即红铅笔每支 19 元，蓝铅笔每支 11 元，小明花了 280 元买了共 16 支铅笔。这样便可轻易将这个问题转化为前面的鸡兔同笼问题了。可以假设一下，某种"鸡"有 11 只脚，某种"兔子"有 19 只脚，它们共有 16 个头，280 只脚。

3．运输问题

某公司现有卡车 50 辆，一共可运载 140 吨化肥。已知大卡车每辆可运载化肥 4 吨，小卡车每辆可运载化肥 2 吨，问该公司拥有大、小卡车各几辆？

这个问题的解题思路跟前面的问题类似，交由读者去思考，这里不再赘述。

4．稿件问题

现有一份稿件，甲单独打字需要 6 小时才能完成，乙单独打字需要 10 小时才能完成，甲工作了若干小时后，因家中有事只能由乙接着干，两人完成稿件一共用了 7 个小时。问甲打字用了几个小时？

解题思路如下：

这道题相对难一些，因为题目似乎只给了一个条件——时间。不过，若再次读题可以发现隐藏的条件。可将稿件平均分成 30 份，则甲每小时可打 30÷6=5 份，乙每小时可打 30÷10=3 份。我们只需要将甲打字的时间看成兔子的头数，乙打字的时间看成鸡的头数，则总头数为 7；再将甲每小时所打份数看成兔子的脚数（5），乙每小时所打份数看成鸡的脚数（3），则总脚数为 30，这样问题就很明朗了。

现有 30 份稿件，甲每小时可完成 5 份，乙每小时可完成 3 份。在甲单独工作若干小时后，因有事由乙接替完成。甲、乙完成 30 份稿件共用了 7 个小时，问甲、乙各工作了几个小时？

将题改成这样后，读者应该会算了吧。可能有读者还有一个疑惑：为何要将稿件平均分成 30 份呢？40 份、50 份或 60 份不可以吗？

60 份当然可以，但 40 份或 50 份确实不合适。因为 60 是 30 的倍数，而 30 是 6 和 10 的公倍数。

5. 农药问题

甲种农药 1kg 可兑水 20kg，乙种农药 1kg 可兑水 40kg，为了提高药效，根据农科所的意见，甲乙两种农药应混合使用。现在已知两种农药的总千克数，要配药水 140kg，问甲、乙两种农药各需要多少？

解题思路如下：

这也是一道可以直接套模型、套公式的题目，套入鸡兔同笼问题，直接代入公式，便可得出相应的农药配比。如果将这个公式交给农民，那么他们配起农药来就既方便又准确了。

6. 昆虫问题

已知蜘蛛有 8 条腿，蜻蜓有 6 条腿和 2 对翅膀，蝉有 6 条腿和 1 对翅膀。这 3 种昆虫共 18 只，有 118 条腿和 20 对翅膀，问每种昆虫各几只？

解题思路如下：

这个题目倒是案板上砍骨头——干干脆脆，一句废话也没有。3 种昆虫里既然蜻蜓和蝉都有 6 条腿，那么从腿的数目来考虑，可以把昆虫分成"八腿"和"六腿"两种。假设全是蜘蛛，则应有腿 8×18=144 条，而实际有 118 条腿，这是因为每只蜻蜓和蝉比每只蜘蛛少了 8-6=2 条腿。据此可求得蜻蜓与蝉的总只数，再假设全是两对翅膀的蜻蜓，根据假设与实际翅膀的差，可求出蜻蜓和蝉的只数。

7. 考试问题

某数学考试的试卷只有 5 道题，全班有 52 人参加，共做对 181 道题。已知每人至少做对 1 道题，做对 1 道的有 7 人，5 道全对的有 6 人，做对 2 道题和做对 3 道题的人数一样多，问做对 4 道题的有多少人？

解题思路如下：

看到"做对 2 道和做对 3 道题的人数一样多"，不免想起昆虫问题中的"蜻蜓和蝉都有 6 条腿"，便已有了主意。做对 2 至 4 道题的人共有 52-7-6=39 人，他们共做对了 181-1×7－5×6=144 道题。由于做对 2 道和 3 道题的人数一样多，我们不妨把他们看作做对 (2+3)÷2=2.5 道题的人，则可设：

$$\begin{cases} 兔脚数 = 4 \\ 鸡脚数 = 2.5 \\ 总头数 = 39 \\ 总脚数 = 144 \end{cases}$$

8．年龄问题

1998 年时，父母年龄（整数）和是 78 岁，兄弟的年龄和是 17 岁。四年后（即 2002 年）父亲的年龄是弟弟年龄的 4 倍，母亲的年龄是兄长年龄的 3 倍。当父亲的年龄为兄长年龄的 3 倍时是哪一年？

解题思路如下：

这道题就很有意思了，涉及的人数为 4，同时还有时间上的变化。题目中说 4 年后，则父母和兄弟的年龄和都要加 8。此时，兄弟年龄之和是 17+8=25，父母年龄之和是 78+8=86。我们可以把兄的年龄看作"鸡"头数，把弟的年龄看作"兔"头数，则 25 是"总头数"，86 是"总脚数"，这样即可得解。

一下子举了 8 个例子，足矣。有些基础科学的研究成果暂时看可能用途不大，之后才渐渐会发现大有用途，鸡兔同笼问题不也是这样吗？因此我们一定要重视基础科学的学习和研究，掌握鸡兔同笼问题的解法和思路是很有必要的。

6.3　我要的是独一无二

很多时候，我们都会遇到数据重复的情况，大量的相同数据充斥在庞杂的数据集中，使数据变得更难以理解和分析。客观来讲，重复的数据造成了冗余，干扰数据分析者的判断；主观来讲，大量的重复数据看了都让人心烦。那我们要如何去掉这些重复数据而只留一个呢？

还记得第 3 章数据结构中提到的 set 集合类吗？这个类很特别，它是唯一一个坚决追求独一无二的数据类型。在 set 类里无法找到两个一样的值，即使强行赋予，它也会将其中一个强硬剔除，也就是去重——这也是 set 类存在的最大意义。但是还有一个问题：set 类是无序的，它并不像列表和元组那样可以用下标来指定。

如果我们想在去掉列表中重复元素的同时保持原列表的排列顺序，该怎么做呢？其实并不难，只要巧妙运用 Python 中的各种数据类型及函数便可以轻易实现。接下来详细介绍"按序去重"的 5 种方法。

⚠️**注意**："按序去重"的方法不只有 5 种，希望读者学完本节内容后可以自行实现其他方法。

1. 集合去重，再用index方法排序

如上文所讲，set 类可以轻而易举地达到去重的目的，只是乱序了而已。既然如此，我们就想个办法让已去重的 set 集合恢复原本的顺序即可。按序去重，二者已有其一，八字已写了一撇，又怎能轻言放弃？

list 列表中的方法 index 可返回查找对象的索引位置，如果找不到此对象，则会抛出异常。示例代码如下：

```
# 列表按序去重
"""
第 1 种方法：
1.利用集合去重
2.然后用原列表的 index 方法排序
"""
l = [2, 8, 2, 1, 2, 1, 3, 5, 2]
# 利用 set 特性将 l 去重，并重新转换为列表类型
new_list = list(set(l))
# 利用列表的 sort 方法使乱序的列表按原列表的顺序进行排序
new_list.sort(key=l.index)
print("按序去重后的列表为：{}".format(new_list))
```

输出结果如下：

```
按序去重后的列表为：[2, 8, 1, 3, 5]
```

⚠️**注意**：sort()方法与 sorted()方法不同，是内置于 list 类的，不可用于其他数据类型的排序。

sort()是 Python 中 List 类的一个方法，用于对原列表进行排序，其语法如下：

```
list.sort(cmp=None, key=None, reverse=False)
```

其中：

- cmp：可选参数，用于指定排序的方法，默认为 None。
- key：可选参数，用于指定比较的元素，取自可迭代对象中，即指定可迭代对象中的一个元素进行排序，默认为 None。
- reverse：可选参数，用于指定排序的规则，reverse=False 时为升序，reverse=True 时为降序，默认为 False。

为了方便理解，下面通过几个例子来详细讲解。

示例代码如下：

```
# 先创建一个列表 l
l = ['teng', 'ma', 'gan', 'xun', 'lao']
```

```
# 直接使用 sort()方法
l.sort()
print(l)
```

输出结果如下：

```
['gan', 'lao', 'ma', 'teng', 'xun']
```

示例代码如下：

```
# 还可以使用 reverse 参数实现倒序排列
l.sort(reverse = True)
print(l)
```

输出结果如下：

```
['xun', 'teng', 'ma', 'lao', 'gan']
```

有时候我们要处理的数据并不只有一维，而是二维甚至多维的，其排序又是怎样的呢？如果原始列表是一个由元组组成的二维列表，那么就需要用到参数 key 了。key 参数可传入一个自定义函数，用于指定排序时进行比较的元素。那么具体该如何使用呢？让我们来看一看代码。

示例代码如下：

```
# 指定列表中的元素进行排序
l = [(1,4), (2,1), (3,2), (4,3)]
#先不使用 key 指定比较的元素
l.sort()
print(l)
```

输出结果如下：

```
[(1, 4), (2, 1), (3, 2), (4, 3)]
```

示例代码如下：

```
# 按照列表中的第一个元素进行排序
l.sort(key=lambda x:x[0])
print(l)
```

输出结果如下：

```
[(1, 4), (2, 1), (3, 2), (4, 3)]
```

示例代码如下：

```
# 指定列表中的第二个元素进行排序
l.sort(key=lambda x:x[1])
print(l)
```

输出结果如下：

```
[(2, 1), (3, 2), (4, 3), (1, 4)]
```

这里，列表中的每一个元素都是一个二维数据，key 参数传入了一个 lambda 函数表达式，这是对于隐函数的定义，其中，x 代表列表中的每一个元素。我们利用索引分别返回元素内的第一个和第二个元素来指定 sort( )函数利用哪一个元素进行排序比较。当然，此处还可以加入 reverse=True 用于指定逆向排序的规则。

对比发现，第一段示例代码和第二段示例代码的输出结果是完全一致的，说明当不指定 key 参数的值时，默认以第一个元素为比较依据。

再举一个例子，该例是一个由字典类型组成的二维列表——学生信息表，希望通过该例帮助读者更好地理解 key 参数的应用。

示例代码如下：

```python
# 目前排序以 name 为依据
camp = [{'name': 'chenzhuoxuan', 'grade': '4', 'age': 23},
        {'name': 'wangyijin', 'grade': '3', 'age': 24},
        {'name': 'xilinnayi', 'grade': '1', 'age': 22},
        {'name': 'xuyiyang', 'grade': '8', 'age': 23},
        {'name': 'zhangyifan', 'grade': '7', 'age': 20},
        {'name': 'zhaoyue', 'grade': '2', 'age': 25}]
# 输出原列表，方便对比
print("排序前：\n", camp)
# 以 grade 为排序元素
camp.sort(key=lambda x: x["grade"])
print("以成绩等级进行优先级排序：\n", camp)
# 指定 age 为第一元素，grade 为第二元素进行排序
camp.sort(key=lambda x: (x["age"], x["grade"]))
print("以年龄进行优先级排序（相同年龄者以成绩等级为第二排序因素）：\n", camp)
```

输出结果如下：

排序前：

```
[{'name': 'chenzhuoxuan', 'grade': '4', 'age': 23},
 {'name': 'wangyijin', 'grade': '3', 'age': 24},
 {'name': 'xilinnayi', 'grade': '1', 'age': 22},
 {'name': 'xuyiyang', 'grade': '8', 'age': 23},
 {'name': 'zhangyifan', 'grade': '7', 'age': 20},
 {'name': 'zhaoyue', 'grade': '2', 'age': 25}]
```

以成绩等级进行优先级排序：

```
[{'name': 'xilinnayi', 'grade': '1', 'age': 22},
 {'name': 'zhaoyue', 'grade': '2', 'age': 25},
 {'name': 'wangyijin', 'grade': '3', 'age': 24},
 {'name': 'chenzhuoxuan', 'grade': '4', 'age': 23},
 {'name': 'zhangyifan', 'grade': '7', 'age': 20},
 {'name': 'xuyiyang', 'grade': '8', 'age': 23}]
```

以年龄进行优先级排序（相同年龄者以成绩等级为第二排序因素）：

```
[{'name': 'zhangyifan', 'grade': '7', 'age': 20},
 {'name': 'xilinnayi', 'grade': '1', 'age': 22},
 {'name': 'chenzhuoxuan', 'grade': '4', 'age': 23},
 {'name': 'xuyiyang', 'grade': '8', 'age': 23},
 {'name': 'wangyijin', 'grade': '3', 'age': 24},
 {'name': 'zhaoyue', 'grade': '2', 'age': 25}]
```

通过这个例子读者是否掌握参数 key 的用法了呢？那么，sort() 和 sorted() 又有什么区别呢？

sorted()是 Python 的内建函数, 而 sort()是 list 列表的成员函数, 二者都起到排序的作用, 连参数基本上都是一样的。让我们来看一下它们的定义:

help(sorted):

```
Help on built-in function sorted in module builtins:
sorted(iterable, /, *, key=None, reverse=False)
    Return a new list containing all items from the iterable in ascending order.

    A custom key function can be supplied to customize the sort order, and the
    reverse flag can be set to request the result in descending order.
```

help(list.sort):

```
Help on method_descriptor:
sort(...)
    L.sort(key=None, reverse=False) -> None -- stable sort *IN PLACE*
```

由帮助信息可以看到, sorted()传入一个 the iterable(可迭代的数据), 返回一个 newlist(新的列表); 而 list.sort()则是在原数据的基础上进行排序操作, 不创建一个新的列表, 直接改变原来的列表。

示例代码如下:

```python
l = ['s', 'o', 'r', 't', 'e', 'd']
print("无任何操作时原始列表为: ", l)
# 由于 sorted 会返回新列表, 所以需要有 new_list
new_list = sorted(l)
# 原始列表不受影响
print("sorted 之后的原始列表为: ", l)
print("sorted 之后的新建列表为: ", new_list)
# sort 无返回参数, 因此不需要赋值
l.sort()
# 原始列表被改变
print("sort 之后的原始列表为: ", l)
```

输出结果如下:

```
无任何操作时原始列表为:  ['s', 'o', 'r', 't', 'e', 'd']
sorted 之后的原始列表为:  ['s', 'o', 'r', 't', 'e', 'd']
sorted 之后的新建列表为:  ['d', 'e', 'o', 'r', 's', 't']
sort 之后的原始列表为:   ['d', 'e', 'o', 'r', 's', 't']
```

2. 利用字典的key值去重, 再进行排序

与集合去重如出一辙, 利用字典 key 值不可重复的特性, 只需要将原数据转化为字典的 key 值便可以轻易去重了。由于字典的 key 值也是无序的, 因此同样需要用 list.sort()方法进行第二步的排序。

示例代码如下:

```python
# 列表按序去重
"""
第 2 种方法:
```

```
1.利用字典的 key 值不重复特性去重
2.再利用 sort 和 index 进行排序
"""
l = [2, 8, 2, 1, 2, 1, 3, 5, 2]
new_dict = {}.fromkeys(l)
new_list = list(new_dict.keys())
new_list.sort(key=l.index)
print("按序去重后的列表为：{}".format(new_list))
```

输出结果如下：

```
按序去重后的列表为：[2, 8, 1, 3, 5]
```

fromkeys()是字典（Dictionary）类型的一个方法，用于创建一个新字典，并可指定元素作为字典中的键及所有键对应的初始值，其语法如下：

```
dict.fromkeys(seq[, value])
```

其中：

- seq：必须要有的参数，用于指定字典的键值，无默认值。
- value：可选参数，用于设置键序列（seq）的初始值，默认为 None。

为了方便理解，下面通过实例进行详细讲解。

示例代码如下：

```
# 先为 seq 赋值
seq = ['list', 'dict', 'tuple', 'str', 'set']
# 只指定 seq 参数，则返回 None 字典
new_dict = dict.fromkeys(seq)
print ("None 字典为{}".format(new_dict))
# 也可同时指定对应的 value
new_dict = dict.fromkeys(seq, 10)
print("10 字典为{}".format(new_dict))
# 此时修改某个键所对应的值的操作如下
new_dict['list'] = (6)
print ("新字典为{}".format(new_dict))
# 或者以空列表传入 value 参数
new_dict = dict.fromkeys(seq,[])
print ("[]字典为{}".format(new_dict))
# 则可实现"连坐"的效果
new_dict['list'].append(6)
print ("6 字典为{}".format(new_dict))
```

输出结果如下：

```
None 字典为{'list': None, 'dict': None, 'tuple': None, 'str': None, 'set':
None}
10 字典为{'list': 10, 'dict': 10, 'tuple': 10, 'str': 10, 'set': 10}
新字典为{'list': 6, 'dict': 10, 'tuple': 10, 'str': 10, 'set': 10}
[]字典为{'list': [], 'dict': [], 'tuple': [], 'str': [], 'set': []}
6 字典为{'list': [6], 'dict': [6], 'tuple': [6], 'str': [6], 'set': [6]}
```

3. 循环判断进行去重

新建一个列表 new_list 用于存放唯一的元素，按顺序遍历原列表 l 中的每一个元素，然后将每个元素与 new_list 中的元素进行比对，如果在 new_list 中没有此元素，则将其添加至列表尾部，如果在 new_list 中已有此元素，则跳过。

示例代码如下：

```
# 列表按序去重
"""
第 3 种方法：
利用循环（for）进行去重
"""
l = [2, 8, 2, 1, 2, 1, 3, 5, 2]
# 新建一个列表，用于存放唯一的元素
new_list = []
# 依次取出 l 中的元素
for i in l:
    # 如果在存放唯一元素的列表中无此元素
    if i not in new_list:
        # 则将其添加至列表的尾部
        new_list.append(i)
print("按序去重后的列表为：{}".format(new_list))
```

输出结果如下：

```
按序去重后的列表为：[2, 8, 1, 3, 5]
```

4. 索引去重

enumerate()函数是 Python 的内置函数，在字典中是枚举、列举的意思，用于将一个可遍历的数据对象（如列表、元组或字符串）组合为一个索引序列，同时列出数据和数据下标，其语法如下：

```
enumerate(sequence, [start=0])
```

其中：

- sequence：必须要有的参数，指可遍历/可迭代的对象（如列表、元组、字符串），无默认值。
- start：可选参数，用于指定下标的起始位置，默认为 0。

enumerate()一般与 for 循环一起使用，并且可以产生 1+1 > 2 的效果。因为 enumerate()函数会返回一个 enumerate（枚举）对象，在该对象中同时含有索引和值，所以需要 index 和 value 的时候可以使用该函数。

为了方便理解，下面通过例子进行详细讲解。

示例代码如下：

```
# 先为 seq 赋值
seq = ['list', 'dict', 'tuple', 'str', 'set']
```

```
# 返回的不是列表类型，无法直接输出
print(enumerate(seq))
# 索引默认从 0 开始
print(list(enumerate(seq)))
# 指定索引从 1 开始
print(list(enumerate(seq, start=1)))
```

输出结果如下：

```
<enumerate object at 0x00000165AA1471F8>
[(0, 'list'), (1, 'dict'), (2, 'tuple'), (3, 'str'), (4, 'set')]
[(1, 'list'), (2, 'dict'), (3, 'tuple'), (4, 'str'), (5, 'set')]
```

示例代码如下：

```
# 普通的 for 循环
# 必须事先定义一个 index 变量
index = 0
# 循环取出列表中的值赋给 element
for element in seq:
    print(index, seq[index])
    # index 每次都得手动+1
    index += 1
```

输出结果如下：

```
0 list
1 dict
2 tuple
3 str
4 set
```

示例代码如下：

```
# 利用了 enumerate 之后的 for 循环
# 用 index 和 value 来存储 enumerate 返回的索引和值
for index, value in enumerate(seq):
    # 实时输出就可以了
    print(index, value)
```

输出结果如下：

```
0 list
1 dict
2 tuple
3 str
4 set
```

第 4 种方法就是利用 enumerate 的索引和 list 类的 index()方法对列表进行比对。如果比对结果一致，则说明列表中该位置上的元素为唯一元素，或是第一个重复的元素，因此可将其放入新列表中；如果比对结果不一致，则说明该位置上的元素为重复元素的多余数，跳过。

示例代码如下：

```
# 列表按序去重
```

```
"""
第 4 种方法:
利用索引去重——index 与 enumerate
"""
l = [2, 8, 2, 1, 2, 1, 3, 5, 2]
# 新建一个列表,用于存放唯一的元素
new_list = []
# enumerate 可将列表组合为一个索引序列,同时列出数据和数据下标
for index, value in enumerate(l):
    # index 方法会找出列表中第一个与元素匹配的索引
    if l.index(value) == index:
        # 索引相同,则将值添加至列表的尾部
        new_list.append(value)
print("按序去重后的列表为: {}".format(new_list))
```

输出结果如下:

```
按序去重后的列表为: [2, 8, 1, 3, 5]
```

5. count计数,删除重复,sort排序

与前两个方法新建一个空列表不同,下面要讲的方法是直接复制整个列表并利用 list.count()进行计数,然后再删除列表中多余的元素,达到去重的目的,之后依旧是利用 list.sort()进行进一步排序。这个方法有点事倍功半的感觉,因此并不推荐使用。

示例代码如下:

```
# 列表按序去重
"""
第 5 种方法:
1.复制一个相同的列表
2.利用 count 方法删除重复的元素
3.利用 sort 和 index 进行排序
"""
l = [2, 8, 2, 1, 2, 1, 3, 5, 2]
# 复制整个列表
new_list = l[:]
# 依次取出 l 中的所有元素
for i in l:
    # 当 new_list 中有重复元素时
    while new_list.count(i) > 1:
        # 删除其中之一
        del new_list[new_list.index(i)]
# 依旧利用 sort 进行排序
new_list.sort(key=l.index)
print("按序去重后的列表为: {}".format(new_list))
```

输出结果如下:

```
按序去重后的列表为: [2, 8, 1, 3, 5]
```

🔔注意：复制列表时切记不可浅拷贝，不可写成 new_list=l。

可能有读者对"浅拷贝"这个词有点陌生，这里再解释一下。

我们都知道列表类和字典类等可变数据类型的存储和引用方式，在上面的代码中，列表 1 其实只是一个引用（地址），并非[2, 8, 2, 1, 2, 1, 3, 5, 2]。而浅拷贝仅复制了对象的引用，并没有创建新的对象（新的引用），即浅拷贝之后 new_list 与列表 1 指向同一个对象，并没有达到新建一个列表对象的目的。

示例代码如下：

```
# 以最简单的数字来新建一个列表
list1 = [1, 2, 3, 4, 5]
# 这就是浅拷贝
list2 = list1
# 改变 list2 的第 1 个元素试试
list2[0] = 0
# 输出 list1 看看是否有变化
print("原始列表 list1 为: ", list1)
# 输出 list2 看看是否有变化
print("复制列表 list2 为: ", list2)
```

输出结果如下：

```
原始列表 list1 为:  [0, 2, 3, 4, 5]
复制列表 list2 为:  [0, 2, 3, 4, 5]
```

显而易见，在我们修改 list2 的时候 list1 也受到影响，这是因为 list2 =list1 时，只是把 list1 所指向的列表存储位置复制到了 list2 中，让 list1 和 list2 同时指向同一个对象。如果改变该对象的元素，则 list1 和 list2 所指向的对象也会改变，因为它们实际上就是同一个对象，查看一下它们的 id 就清楚了。

示例代码如下：

```
print("原始列表 list1 的 id 为: ", id(list1))
print("复制列表 list2 的 id 为: ", id(list2))
```

输出结果如下：

```
原始列表 list1 的 id 为:  1536156827848
复制列表 list2 的 id 为:  1536156827848
```

二者的 id 完全一样，说明 list1 和 list2 指向了同一个对象的地址。如果我们要深拷贝应该怎么做呢？很简单，加个[:]就可以了。

示例代码如下：

```
# 以最简单的数字来新建一个列表
list1 = [1, 2, 3, 4, 5]
# 这就是深拷贝
list2 = list1[:]
# 改变 list2 的第 1 个元素试试
```

```
list2[0] = 0
# 输出 list1 看看是否有变化
print("原始列表 list1 为: ", list1)
# 输出 list2 看看是否有变化
print("复制列表 list2 为: ", list2)
print("原始列表 list1 的 id 为: ", id(list1))
print("复制列表 list2 的 id 为: ", id(list2))
```

输出结果如下：

```
原始列表 list1 为: [1, 2, 3, 4, 5]
复制列表 list2 为: [0, 2, 3, 4, 5]
原始列表 list1 的 id 为: 1536156506760
复制列表 list2 的 id 为: 1536156757768
```

此时 list1 与 list2 的 id 是不一样的，说明二者指向的是两个不同的对象，可以把这两个对象理解为一对双胞胎，虽然长得很像，但实际上仍是两个不同的人，因此当我们改变 list2 时，自然不会影响 list1 所指向的列表对象。这就是深拷贝，也叫深复制。

🔔注意：如果 list1 和 list2 内的元素是同一个不可变数据类型的对象，则它们指向的仍然是同一个对象。

示例代码如下：

```
print("原始列表 list1[1]的 id 为: ", id(list1[1]))
print("复制列表 list2[1]的 id 为: ", id(list2[1]))
```

输出结果如下：

```
原始列表 list1[1]的 id 为: 1914924128
复制列表 list2[1]的 id 为: 1914924128
```

除此之外，还有另一种方法——copy()与 deepcopy()。copy()类似于上面的[:]，而 deepcopy()，顾名思义，是比 copy()还要深一层的复制。

示例代码如下：

```
# 记得导入 copy 库
import copy
# 此处新建一个二维列表
list1 = [1, 2, 3, [4, 5]]
# 将 list1 复制给 list2
list2 = copy.copy(list1)
# 改变 list1 的第 1 个元素试试
list1[0] = 0
# 输出 list1 看看是否有变化
print("原始列表 list1 为: ", list1)
# 输出 list2 看看是否有变化
print("复制列表 list2 为: ", list2)
print("原始列表 list1 的 id 为: ", id(list1))
```

```
print("复制列表 list2 的 id 为：", id(list2))
```

输出结果如下：

```
原始列表 list1 为：[0, 2, 3, [4, 5]]
复制列表 list2 为：[1, 2, 3, [4, 5]]
原始列表 list1 的 id 为：1536156507016
复制列表 list2 的 id 为：1536156829064
```

不负众望，list2 不随 list1 改变，二者的 id 也不一样，但仅仅这么简单吗？我们再来看一下当涉及二维列表时又会发生什么意想不到的事情。

示例代码如下：

```
# 改变 list1 的第 4 个元素试试
list1[3].append(6)
# 输出 list1 看看是否有变化
print("原始列表 list1 为：", list1)
# 输出 list2 看看是否有变化
print("复制列表 list2 为：", list2)
print("原始列表 list1[3]的 id 为：", id(list1[3]))
print("复制列表 list2[3]的 id 为：", id(list2[3]))
```

输出结果如下：

```
原始列表 list1 为：[0, 2, 3, [4, 5, 6]]
复制列表 list2 为：[1, 2, 3, [4, 5, 6]]
原始列表 list1[3]的 id 为：1536156507016
复制列表 list2[3]的 id 为：1536156507016
```

此时的 list1 和 list2 似乎又变成了同一个对象。其实不然，仔细研究可以发现，原来 copy()只是深复制了最高层，而次高层依旧是浅复制，这样的"半深半浅"导致当修改元素为可变数据的元素时，二者依旧会被同步改变，因此也就解释得通为什么 list1[3]和 list2[3]的 id 是一样的，因为它们只是复制了引用而已。

那么 deepcopy()就必定是真正的深复制了，为各层都创建了一个新的对象，使其不受原来对象的影响。

示例代码如下：

```
# 记得导入 copy 库
import copy
# 此处新建一个二维列表
list1 = [1, 2, 3, [4, 5]]
# 将 list1 复制给 list2
list2 = copy.deepcopy(list1)
# 改变 list1 的第 4 个元素试试
list1[3].append(6)
# 输出 list1 看看是否有变化
print("原始列表 list1 为：", list1)
# 输出 list2 看看是否有变化
print("复制列表 list2 为：", list2)
```

```
print("原始列表 list1[3]的 id 为: ", id(list1[3]))
print("复制列表 list2[3]的 id 为: ", id(list2[3]))
```

输出结果如下:

```
原始列表 list1 为: [1, 2, 3, [4, 5, 6]]
复制列表 list2 为: [1, 2, 3, [4, 5]]
原始列表 list1[3]的 id 为: 1536156827720
复制列表 list2[3]的 id 为: 1536156757128
```

🔔**注意**: 如果修改整个列表, 则不受深/浅复制的制约, 因为这是创建新的列表, 有了新的引用(列表地址)。

示例代码如下:

```
list1 = [1, 2, 3]
list2 = list1
# 这不是改变, 是新建
list1 = [1, 2, 3, 4]
# list1 改变了
print("原始列表 list1 为: ", list1)
# list2 并不会改变
print("原始列表 list2 为: ", list2)
```

输出结果如下:

```
原始列表 list1 为: [1, 2, 3, 4]
原始列表 list2 为: [1, 2, 3]
```

6.4　鸳鸯巧促成双对 I

小明做手工时需要用到一对螺丝进行固定, 但工具箱里的螺丝却大小不一。由于螺丝数目较多, 一一对比过于麻烦, 不一会小明便心烦气躁起来。请运用算法帮小明挑选出工具箱中最相像的两个螺丝。

我们都知道, 挑选螺丝时, 主要是对比螺丝的长度和宽度, 若二者相差不大, 则可用, 即每个螺丝均可由长宽两个属性来表示。为求精准, 可逐一根据长度对所有螺丝按照从小到大的顺序排列并以数字进行标注, 再逐一将螺丝根据宽度属性进行排序和标注, 记作(长度,宽度)。若以长度为 x 轴, 宽度为 y 轴, 那么每个螺丝则简化为坐标系上的一个点(x, y), 而坐标系上点与点之间的距离便等同于螺丝之间的相似度, 只要求出坐标系上最靠近的两个点, 便可以得到点所对应的螺丝了。这便是最近点对问题(Closest pair of points problem)。问题的描述很简洁: 给你 n 个点, 需要你求出给定平面内最近的两个点及它们之间的距离。当然, 理论上最近的两个点对可能不止一对, 但无论是寻找全部的最近点对还是仅寻找其中之一, 原理并无区别, 仅需要略微修改即可。

思路分析：

最简单和直观的方法就是暴力求解（Brute Force）——遍历所有的点，求出任意两个点之间的距离，比较后取最小值。

这有点像排列组合。第一个点需要计算与其他$(n-1)$个点之间的距离；第二个点由于与第一个点的距离已经知晓，因此只需要计算与其他$(n-2)$个点之间的距离；第三个点由于与第一个点和第二个点的距离都已知晓，因此只需要计算与其他$(n-3)$个点之间的距离……一直到第$(n-(n-1))$个点和第 n 个点的距离被算出。

以上思路只考虑了任意两个点之间的距离，需要用两个 for 循环进行遍历，时间复杂度为 $O(n^2)$。

那么两点之间的距离怎么计算呢？主要的距离度量方式有欧氏距离、曼哈顿距离和闵可夫斯基距离。

常用的是欧式距离，在大多数情况下，欧式距离便足够满足我们的需求。对于两个 n 维向量 $\boldsymbol{X}\left(x_1, x_2, x_3, \cdots, x_n\right)$ 和 $\boldsymbol{Y}\left(y_1, y_2, y_3, \cdots, y_n\right)$，二者的欧式距离定义如下：

$$
\begin{aligned}
D(x, y) &= \sqrt{(x_1 - y_1)^2 + (x_2 - y_2)^2 + \cdots + (x_n - y_n)^2} \\
&= \sqrt{\sum_{i=1}^{n}(x_i - y_i)^2}
\end{aligned}
$$

当然，也可以用其他的距离度量方式，如曼哈顿距离，定义如下：

$$
\begin{aligned}
D(x, y) &= |x_1 - y_1| + |x_2 - y_2| + \cdots + |x_n - y_n| \\
&= \sum_{i=1}^{n}|x_i - y_i|
\end{aligned}
$$

更加通用的是闵可夫斯基距离（Minkowski Distance），定义如下：

$$
\begin{aligned}
D(x, y) &= \sqrt{\left(|x_1 - y_1|\right)^p + \left(|x_2 - y_2|\right)^p + \cdots + \left(|x_n - y_n|\right)^p} \\
&= \sqrt{\sum_{i=1}^{n}\left(|x_i - y_i|\right)^p}
\end{aligned}
$$

现在假设有 12 个点，即 $n=12$，点的坐标如表 6.1 所示。

表 6.1　坐标系位置表

n	1	2	3	4	5	6
坐标	(-1, 3)	(-2, -2)	(1, -4)	(2, 1)	(1, 5)	(3, 3)
n	7	8	9	10	11	12
坐标	(3, 0)	(5, 1)	(7, 3)	(7, 6)	(5, 6)	(3, 7)

与点相对应的直角坐标系如图 6.5 所示。

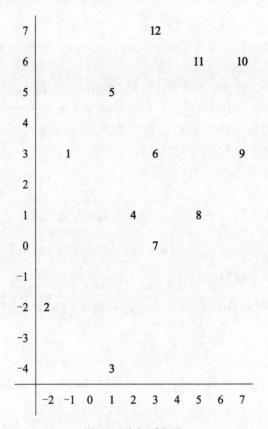

图 6.5　坐标系位置

实现代码如下：

```
# 最近点对问题（遍历）
# 导入数学基础库
import math
# 欧几里得距离公式
def dist(p, q):
    # (x1-x2)的平方
    x = (p[0] - q[0]) ** 2
    # （y1-y2)的平方
    y = (p[1] - q[1]) ** 2
    # 相加再开方
    return math.sqrt(x+y)
# 主函数
if __name__ == '__main__':
    # 点集
    point = [(-1, 3), (-2, -2),
             (1, -4), (2, 1),
             (1, 5), (3, 3),
             (3, 0), (5, 1),
             (7, 3), (7, 6),
             (5, 6), (3, 7)]
```

```
# 点的个数
length = len(point)
# 初始化最小距离
mini = float("Inf")
# 遍历每个点与其他点各一次
for i in range(length):
    for j in range(i+1, length):
        # 一前一后
        p = point[i]
        q = point[j]
        # 两点的距离
        distance = dist(p, q)
        # 若有更小的距离
        if distance < mini:
            # 更新最小距离的值
            mini = distance
            # 记录当前最近点对
            closert = [p, q]
# 输出
print("最近点对的点为: ", closert[0], closert[1])
print("最近点对的距离为: ", mini)
```

输出结果如下：

```
最近点对的点为: (2, 1) (3, 0)
最近点对的距离为: 1.4142135623730951
```

可以看到，(2, 1)和(3, 0)正是图 6.5 中的点 4 和点 7，为图中最近的两个点（点对），因此输出结果正确。

6.5 二叉树的遍历

关于二叉树的知识点还记得吗？各节点的度（子节点数）均不超 2 的有序树，我们称其为二叉树（Binary tree）。除此之外，读者是否还记得父节点、子节点、兄弟节点、叶子节点、根节点、空树、子树、森林、层次、度和深度等概念吗？如果不记得或者记得不清楚，请尽快巩固，因为这些概念对接下来的学习至关重要。树结构是数据结构中的重中之重，而各类二叉树是学习的重点和难点。

正如前面所讲：遍历的一种解释是在数据结构中对二叉树等非线性结构的规则访问，也就是按照某种次序依次访问二叉树中的所有节点，使得每个节点仅被访问一次。与列表等线性结构一样，对二叉树的这类访问统称为二叉树的遍历。二叉树的遍历分为深度优先遍历（Depth first traversal）与广度优先遍历（Breadth first traversal）。深度优先遍历包括前序遍历、中序遍历和后序遍历 3 种方法，而广度优先遍历仅包括层次遍历。本节我们将弥补第 3 章的知识缺口，介绍二叉树的前序遍历、中序遍历、后序遍历及层次遍历。

如果将当前节点记作 V，其左右孩子节点分别为 L 和 R，则局部访问的次序有 V→L

→R、L→V→R 和 L→R→V 共 3 种选择。根据节点 V 在其中的访问次序，3 种策略分别对应前序遍历、中序遍历和后序遍历，如图 6.6 所示。

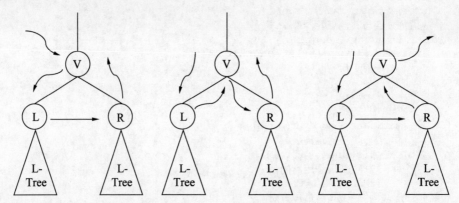

图 6.6 前序、中序和后序遍历

这里教读者一个行之有效的记忆窍门：以 V 的位置进行记忆。V 节点位于前端，则为前序遍历；V 节点位于中间，则为中序遍历；V 节点位于后端，则为后序遍历。

除此之外，学习二叉树的遍历，需要具备的知识还有数据结构"三剑客"，即链表、队列和栈。

万事俱备，只欠东风了。要想用代码遍历二叉树，前提是我们能够用代码创建一棵二叉树。接下来我们将以图 6.7 为例详细介绍二叉树的遍历过程。

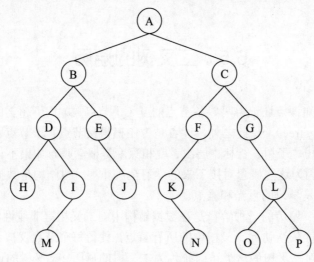

图 6.7 二叉树

示例代码如下：

```
#创建二叉树（递归）
# 二叉树节点类
```

```
class TreeNode:
    # 类自定义
    def __init__(self, v):
        # 根节点值
        self.value = v
        # 左节点（子树）
        self.left = None
        # 右节点（子树）
        self.right = None
    # 输出该节点的值
    def show(self):
        print(self.value)
# 创建二叉树
def tree(root, tree_list, i):
    """
    作用：以列表递归创建二叉树
    思路：从根开始，先创建左子树，再创建右子树。
    参数：
            root：新建树的根节点
            tree_list：二叉树的列表
            i：新建子树根节点的下标
    返回：
    若子树为空，则返回 None；
    若子树成功创建，则返回根节点
    """
    # 当前节点位置存在于列表中时
    if i < len(tree_list):
        # 当前节点无值时
        if tree_list[i] == ' ':
            # 返回空，结束
            return None
        # 当前节点在列表中且有值时
        else:
            # 创建当前树的根节点
            root = TreeNode(tree_list[i])
            # 创建当前树的左子树
            root.left = tree(root.left, tree_list, 2*i+1)
            # 创建当前树的右子树
            root.right = tree(root.right, tree_list, 2*i+2)
            # 返回根，结束
            return root
    # 返回根，结束
    return root
# 按规则输入二叉树的列表，无值则为' '
tree_list = ['A',
             'B', 'C',
             'D', 'E', 'F', 'G',
             'H', 'I', ' ', 'J', 'K', ' ', ' ', 'L',
             ' ', ' ', 'M', ' ', ' ', ' ', ' ', ' ', ' ', ' ', 'N', ' ', ' ', ' ',
' ', 'O', 'P']
# 调用 tree()创建上述列表所存储的二叉树
tree(None,tree_list,0)
```

🔔**注意：** 2*i+1 和 2*i+2 是节点的下标，可参考第 3 章的内容。

　　以上代码是以递归的方式创建二叉树，如果读者觉得有些晦涩难懂，可以先放弃此段代码的学习。笔者另外提供了一种逻辑上浅显易懂的创建二叉树的方法，但是插入时相对麻烦一些。

　　示例代码如下：

```python
# 创建二叉树
# 二叉树节点方法类
class Tree(object):
    # 类自定义
    def __init__(self, v):
        # 根节点
        self.value = v
        # 左节点（子树）
        self.left = None
        # 右节点（子树）
        self.right = None
    # 更新左子树
    def updateLeft(self, value_left):
        # 调用自身新建子树
        self.left = Tree(value_left)
        return self.left
    # 更新右子树
    def updateRight(self, value_right):
        # 调用自身新建子树
        self.right = Tree(value_right)
        return self.right
    # 输出根节点的数据
    def show(self):
        print(self.value)
# 主函数
if __name__ == '__main__':
    # 先创建整个二叉树的根节点
    A = Tree("A")
    # 逐个插入其他节点
    B = A.updateLeft('B')
    C = A.updateRight('C')
    D = B.updateLeft('D')
    E = B.updateRight('E')
    F = C.updateLeft('F')
    G = C.updateRight('G')
    H = D.updateLeft('H')
    I = D.updateRight('I')
    J = E.updateRight('J')
    K = F.updateLeft('K')
    L = G.updateRight('L')
    M = I.updateLeft('M')
    N = K.updateRight('N')
    O = L.updateLeft('O')
    P = L.updateRight('P')
```

6.5.1 前序遍历

根据前面所讲，前序遍历可表示为 V→L→R，即对任意二叉树结构，先打印当前节点本身，然后再打印左子节点，最后再打印右子节点，即中→左→右的顺序。

前序遍历顺序如图 6.8 所示。

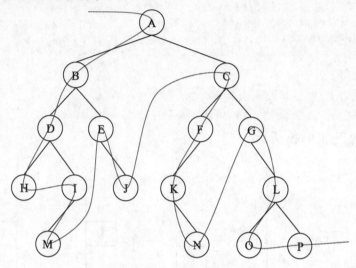

图 6.8 前序遍历顺序

如表 6.2 所示，我们可以利用栈来完成各节点的存放和取出任务，这个过程也叫进栈和出栈。我们都知道，栈的规则是先进后出，后进先出。

表 6.2 前序遍历的栈结构

序号	1	2	3	4	5	6	7	8	9	10	11	12	13	14	15	16
节点	A	B	D	H	I	M	E	J	C	F	K	N	G	L	O	P

因此，为了符合前序遍历中→左→右的顺序，应该先让右节点进栈，再让左节点进栈，这样取节点时则是左节点优先，再让该左节点的右节点进栈，该左节点的左节点进栈，一直循环到最后，则会一直优先取到左节点。

示例代码如下：

```python
# 前序遍历
def pre(root):
    # 创建 stack 栈进行节点的存取
    stack = [root]
    # 当栈中有节点时
    while len(stack):
        # 删除栈顶元素并赋值给 p
        p = stack.pop()
```

```
        # 输出节点的值
        print(p.value, end = ', ')
        # 当右子树存在
        if p.right:
            # 注意：先将右子树加入栈中
            stack.append(p.right)
        # 当左子树存在时
        if p.left:
            # 注意：再将左子树加入栈中
            stack.append(p.left)
print("前序遍历结果为: ")
pre(root)
```

输出结果如下：

前序遍历结果为：
A, B, D, H, I, M, E, J, C, F, K, N, G, L, O, P

前序遍历流程如图 6.9 所示。

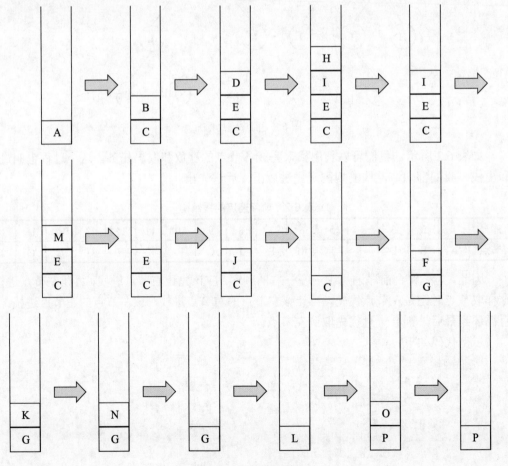

图 6.9　前序遍历流程

6.5.2　中序遍历

前面讲过，中序遍历可表示为 L→V→R，即对任意二叉树结构，先打印当前节点的左子节点，然后再打印节点本身，最后再打印右子节点，即左→中→右的顺序。

中序遍历顺序如图 6.10 所示，中序遍历的栈结构如表 6.3 所示。

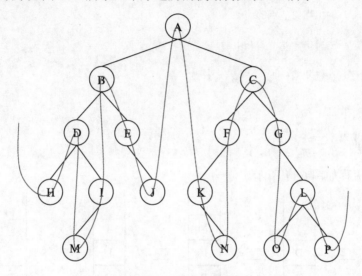

图 6.10　中序遍历顺序

表 6.3　中序遍历的栈结构

序号	1	2	3	4	5	6	7	8	9	10	11	12	13	14	15	16
节点	H	D	M	I	B	E	J	A	K	N	F	C	G	O	L	P

中序遍历与前序遍历略有不同，因为中序遍历是左→中→右的顺序，所以当我们第一次遍历到根节点（中）时需要用栈将其储存起来，在确保该根节点的左子树中的所有节点均已输出之后，才可以使其出栈。在根节点出栈的同时，令其右节点进栈，并以右节点为新的根节点进行又一轮的进栈和出栈遍历，直到最后结束。

示例代码如下：

```
# 中序遍历
def mid(root):
    # 创建 stack 栈进行节点的存取
    stack = []
    # 为 p 赋予初值
    p = root
    while stack or p:
        # 判断左孩子节点是否存在
```

```
        while p:
            # 往栈顶存入元素
            stack.append(p)
            # 一直往最左边找
            p = p.left
        # 如果栈中有值，则说明该树未遍历完成
        if stack:
            # 删除并赋值
            p = stack.pop()
            # 输出当前节点的值
            print(p.value, end = ', ')
            # 已遍历完左节点和中节点，轮到右节点了
            p = p.right
print("中序遍历结果为：")
mid(root)
```

输出结果如下：

中序遍历结果为：
H, D, M, I, B, E, J, A, K, N, F, C, G, O, L, P

中序遍历流程如图 6.11 所示。

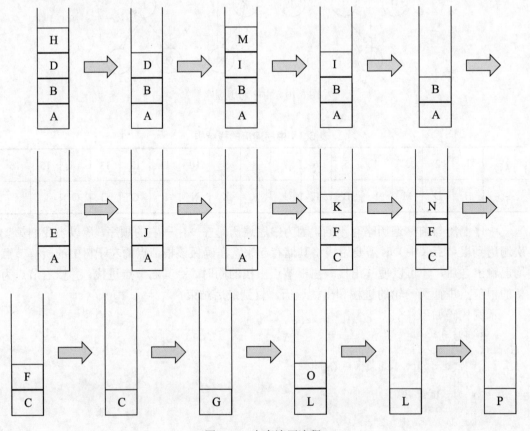

图 6.11　中序遍历流程

6.5.3　后序遍历

后序遍历可表示为 L→R→V，即对任意二叉树结构，先打印当前节点的左子节点，然后再打印右子节点，最后再打印节点本身，即左→右→中的顺序。

后序遍历顺序如图 6.12 所示，后序遍历的栈结构如表 6.4 所示。

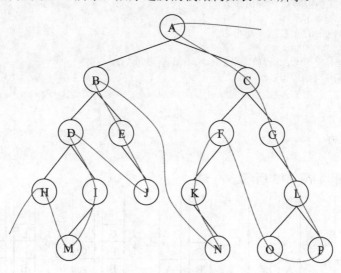

图 6.12　后序遍历顺序

表 6.4　后序遍历的栈结构

序号	1	2	3	4	5	6	7	8	9	10	11	12	13	14	15	16
节点	H	M	I	D	J	E	B	N	K	F	O	P	L	G	C	A

后序遍历的实现相对难一些，需要借助双栈（辅助栈和输出栈）来处理。前面是以"先右节点进栈，再左节点进栈"的顺序实现前序遍历，但此方法不足以实现后序遍历。然而，若是以正常思路度之——"先从左节点进栈，再从右节点进栈"，则出栈顺序为"中→右→左"，这不正是后序遍历"左→右→中"的倒序吗？之后只需要再利用另一个栈将序列的顺序进行反转就大事成矣。

示例代码如下：

```
# 后序遍历
def back(root):
    # 辅助栈
    stack=[root]
    # 输出栈
    out=[]
    # 当辅助栈中有节点时
    while len(stack):
```

```
        # 出栈并赋值 p
        p=stack.pop()
        # 添加左节点（辅助栈）
        if p.left:
            stack.append(p.left)
        # 添加右节点（辅助栈）
        if p.right:
            stack.append(p.right)
        # 添加当前节点（输出栈）
        out.append(p)
    # 将输出栈中的元素循环输出
    while len(out):
        print (out.pop().value, end = ', ')
print("后序遍历结果为: ")
back(root)
```

输出结果如下：

后序遍历结果为：
H, M, I, D, J, E, B, N, K, F, O, P, L, G, C, A

后序遍历流程如图 6.13 所示。

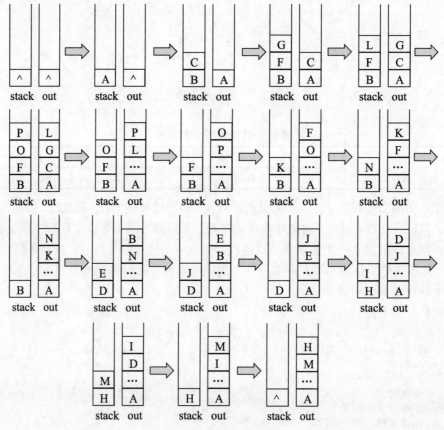

图 6.13　后序遍历流程

6.5.4　层次遍历

层次遍历又叫广度优先遍历或宽度优先遍历，指从树的根节点开始，从上到下、从左到右逐一遍历整棵树的节点。简单地说就是一层一层地遍历。

我们知道，一个节点有左节点和右节点，而每一层的遍历都和左右节点有很大的关系。也就是说，我们选用的数据结构不能一股脑地往一个方向"钻"，左右节点应该均衡考虑。

层次遍历顺序如图 6.14 所示，层次遍历的栈结构如表 6.5 所示。

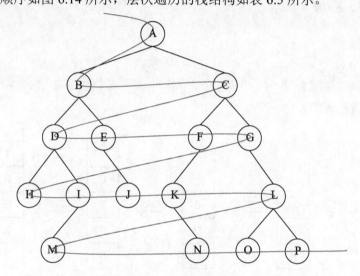

图 6.14　层次遍历顺序

表 6.5　层次遍历的栈结构

序号	1	2	3	4	5	6	7	8	9	10	11	12	13	14	15	16
节点	A	B	C	D	E	F	G	H	I	J	K	L	M	N	O	P

这是一个明显的广度优先搜索问题，可选用队列来实现。依次将根、左子树和右子树存入队列，按照队列的先进先出规则来实现层次的遍历。末端按遍历顺序逐个添加节点，首端逐个弹出先读到的节点。在第一次将根节点 root 放入队列中后，每取出一个节点元素时，便将该节点的左右子节点（如果有）按顺序插入队列 queue 中，因此插入的所有节点都在该节点的后面。循环往复，直到第 n 层的最后一个节点出队，第 $n+1$ 层的节点还在队列中整齐地排着，这样就达到了一个层序的效果。

示例代码如下：

```
# 层次遍历
def level(root):
    # 创建 queue 队列进行节点的存取
    queue = [root]
```

```
    # 当队列中有节点时
    while queue:
        # 出队并赋值 p，切记是先进先出
        p = queue.pop(0)
        print(p.value, end = ", ")
        if p.left:
            # 添加左节点
            queue.append(p.left)
        if p.right:
            # 添加右节点
            queue.append(p.right)
print("层次遍历结果为：")
level(root)
```

输出结果如下：

```
层次遍历结果为：
A, B, C, D, E, F, G, H, I, J, K, L, M, N, O, P
```

层次遍历流程如图 6.15 所示。

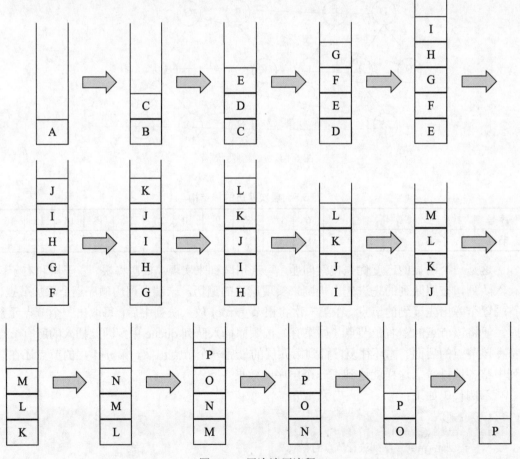

图 6.15　层次遍历流程

6.5.5 知二求一

二叉树有许多优点，因此在数据结构中经常使用，甚至衍生出了许多的二叉树模型。正因为如此，笔者在进行数据结构工程师职位面试时，曾多次遇到知二求一的二叉树考点，通过二叉树的两种序列，可唯一确定这棵树并得出另一种序列。

接下来就示范一下如何经过推导计算，快速、准确地由两种遍历序列算出第三种序列。已知二叉树前序遍历是 ABHFDECKG，中序遍历序列是 HBDFAEKCG，它的后序遍历序列是下面的哪一种？

A．BHFDECKGA

B．HDFBKGCEA

C．HFDBKCGEA

D．ABEHFCDKG

思路分析：

（1）根据前序遍历"中→左→右"的顺序可知，A 是根节点。

（2）根据中序遍历"左→中→右"的顺序可知，HBDF 是 A 的左子树，EKCG 是 A 的右子树。

（3）根据前序的 BHFD 可知，B 是左子树的根节点，根据前序的 ECKG 可知，E 是右子树的根节点。

（4）根据中序的 HBDF 可知，H 是 B 的左子树，DF 是 B 的右子树，F 是 B 的右子树的根节点，D 是 F 的左子节点，F 无右子节点。

（5）同理可得，E 无左子节点，CKG 是 E 的右子树，C 是 E 的右子树的根节点，K 是 C 的左子节点，G 是 C 的右子节点。

因此整棵树的结构如图 6.16 所示。

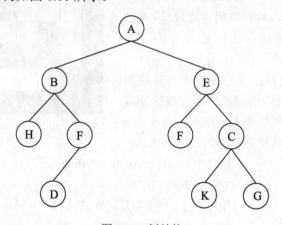

图 6.16 树结构

因此后序遍历为 HDFBKGCEA，答案是 B。

思路总结：

- 前序的第一个节点是整个树的根节点；
- 后序的最后一个节点是整个树的根节点；
- 中序用来判别左右子树的划分；
- 在前序序列中，左子树部分的第一个节点是左子树的根节点；
- 在前序序列中，右子树部分的第一个节点是右子树的根节点。

6.6　迷宫最短路径问题

学完二叉树的前序、中序、后序和层次遍历后，相信读者的逻辑思考能力和编写代码的能力有了一定幅度的提升，本节我们将通过迷宫最短路径问题学习另一种遍历方法。问题很简单：从迷宫的入口出发，到达迷宫出口时所经过的步数最少的一条路径，即为迷宫的最短路径。

这是经典的搜索算法的例子，而搜索算法的两大分系是深度优先搜索（DFS）和广度优先搜索（BFS），其又衍生出许多经典算法，如迪杰斯特拉（Dijkstra）算法、弗洛伊德（Floyd）算法、贝尔曼·福特（Bellman–Ford）算法和其队列优化（SPFA）算法等。

本节我们介绍广度优先搜索算法。广度优先搜索是一种盲目搜寻法，方法是系统地展开并检查所有节点，一层一层地向下遍历，层层堵截，以找寻结果。换句话说，它并不考虑结果可能出现的位置，而是彻底地搜索所有节点，直到找出结果为止。广度优先搜索算法的缺点自然是显而易见的——消耗内存，运行时间也比较长。

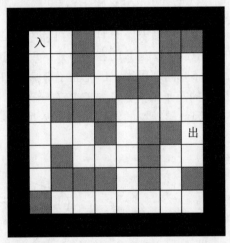

图 6.17　迷宫

我们以下面这个迷宫为例进行分析，如图 6.17 所示。

为了方便输入程序，我们先将迷宫转换为"数字形式"，设定有阻碍物的格子（包括外墙壁）为 0，无阻碍物的格子为 1，入口为 S，出口为 E，则可将迷宫转换为下方的二维列表：

$$
\begin{aligned}
&[[0,0,0,0,0,0,0,0,0,0],\\
&[0,'S',1,0,1,1,1,0,0,0],\\
&[0,1,1,0,1,1,1,0,1,0],\\
&[0,1,1,1,1,0,0,1,1,0],\\
&[0,1,0,0,0,1,1,1,1,0],\\
&[0,1,1,1,0,1,0,0,'E',0],\\
&[0,1,0,1,1,1,0,1,1,0],
\end{aligned}
$$

$$[0,1,0,0,0,1,0,1,0,0],$$
$$[0,0,1,1,1,1,1,1,1,0],$$
$$[0,0,0,0,0,0,0,0,0,0]]$$

那么，如何进行遍历呢？

入口 S 必定是第一步的位置，我们可以新建一个列表进行第二步位置的存储，即 S 可到达的邻近点，坐标为（2,3）和（3,2），再记录第三步的可能位置，即（2,3）和（3,2）所能到达的邻近点，如此循环遍历，最终必出现出口 E 的坐标。由于我们储存了每一步的信息，所以只需要往回查找便可以找到出口 E 的上一步坐标，上上步坐标，上上上步坐标，直到入口 S。

（1）先找到入口的坐标。代码如下：

```python
# 找起始点
def startIndex(data):
    # 一维列表的索引和值
    for i, o in enumerate(data):
        # 二维列表的索引和值
        for j, p in enumerate(o):
            # S 为起始点的标志
            if data[i][j] == 'S':
                # 字符串拼接
                index = str(i) + str(j)
                return index
```

（2）寻找出口的坐标，与寻找入口坐标类似。代码如下：

```python
# 找结束点
def exitIndex(data):
    for i, o in enumerate(data):
        for j, p in enumerate(o):
            # E 是结束点的标志
            if data[i][j] == 'E':
                # 返回拼接后的字符串
                return str(i) + str(j)
```

（3）在进入迷宫之前，我们还需要一个通关"秘籍"——各个无阻碍物格子的可前进位置。代码如下：

```python
# 遍历找出在迷宫中可走方格的相邻可走方向
def findAway(data):
    # 路径字典
    way_dict = {}
    # 同 startIndex
    for i, o in enumerate(data):
        for j, p in enumerate(o):
            # 当值不等于 0 时，要么为出/入口，要么为可走的方格
            if data[i][j] != 0:
                key = str(i) + str(j)
                # 判断该方格的东邻块是否为墙
                if data[i][j+1] != 0:
```

```
                    way_dict[key] = [str(i)+str(j+1)]
                # 判断该方格的南邻块是否为墙
                if data[i+1][j] != 0:
                    if key in way_dict:
                        way_dict[key] += [str(i+1)+str(j)]
                    else:
                        way_dict[key] = [str(i+1)+str(j)]
                # 判断该方格的西邻块是否为墙
                if data[i][j-1] != 0:
                    if key in way_dict:
                        way_dict[key] += [str(i)+ str(j-1)]
                    else:
                        way_dict[key] = [str(i)+ str(j-1)]
                # 判断该方格的北邻块是否为墙
                if data[i-1][j] != 0:
                    if key in way_dict:
                        way_dict[key] += [str(i-1)+str(j)]
                    else:
                        way_dict[key] = [str(i-1) +str(j)]
    return way_dict
```

（4）目前我们已经知道了出/入口的坐标，也有了通关攻略（迷宫的路径字典），是时候开始走迷宫了。代码如下：

```
# 开始走迷宫
def gogogo(start_index, exit_index):
    '''
    start_index: 入口
    exit_index: 出口
    '''
    # 当前所在位置（初始值为入口）
    now_position = [start_index]
    while True:
        # 下一步可到达的位置
        next_position = []
        # 遍历当前位置的所有可能出口
        for key in now_position:
            # 将下一步可能到达的位置存储起来
            next_position += migong_dict[key]
            # 如果下一步可到达位置包含出口
            if exit_index in migong_dict[key]:
                # 则当前位置为终点前一步的正确位置
                forward_step = key
        if exit_index in next_position:
            break
        # 勇敢向前走
        now_position = next_position
    return forward_step
```

（5）各个功能函数都已经编写完成了，这一步只需要再写一个主函数来调用各个函数便大功告成了。代码如下：

```
# 主函数
```

```
if __name__ == '__main__':
    # 迷宫中 0 的位置代表墙，不能走
    # 1 代表可走位置，无阻碍
    # S 代表入口，E 代表出口
    migong=[[0 , 0 , 0 , 0 , 0 , 0 , 0 , 0 , 0 , 0],
            [0 ,'S', 1 , 0 , 1 , 1 , 1 , 0 , 0 , 0] ,
            [0 , 1 , 1 , 0 , 1 , 1 , 1 , 0 , 1 , 0] ,
            [0 , 1 , 1 , 1 , 1 , 0 , 0 , 1 , 1 , 0] ,
            [0 , 1 , 0 , 0 , 0 , 1 , 1 , 1 , 1 , 0] ,
            [0 , 1 , 1 , 1 , 0 , 1 , 0 , 0 ,'E', 0] ,
            [0 , 1 , 0 , 1 , 1 , 1 , 0 , 1 , 1 , 0] ,
            [0 , 1 , 0 , 0 , 0 , 1 , 0 , 1 , 0 , 0] ,
            [0 , 0 , 1 , 1 , 1 , 1 , 1 , 1 , 1 , 0] ,
            [0 , 0 , 0 , 0 , 0 , 0 , 0 , 0 , 0 , 0]]
    # 入口
    start_index = startIndex(migong)
    # 前往出口的路
    exit_way = [exitIndex(migong)]
    # 通过迷宫的字典锦囊
    migong_dict = findAway(migong)
    while True:
        # 一步一个脚印
        forward_step = gogogo(start_index, exit_way[-1])
        # 将每一步都记录下来
        exit_way += [forward_step]
        # 当回到入口时，说明穿过迷宫的路已经打通
        if forward_step == start_index:
            break
    # 倒序
    exit_way = exit_way[::-1]
    print("逃离路径为：", exit_way)
```

输出结果如下：

```
逃离路径为： ['11', '21', '31', '41', '51', '52', '53', '63', '64', '65', '55',
'45', '46', '47', '48', '58']
```

这样的结果似乎有点煤炭砌台阶——一抹黑，一点都不直观。让我们把走过的格子都由 1 变成 6 吧。代码如下：

```
# 去头尾
for p in exit_way[1:-1]:
    # 修改走过的路径为 6
    migong[int(p[0])][int(p[1])] = 6
#输出修改后的迷宫
print("如以下迷宫所示：")
for i in migong:
    print(i)
```

输出结果如下：

```
如以下迷宫所示：
[0, 0, 0, 0, 0, 0, 0, 0, 0, 0]
[0, 'S', 1, 0, 1, 1, 1, 0, 0, 0]
```

```
[0, 6, 1, 0, 1, 1, 1, 0, 1, 0]
[0, 6, 1, 1, 1, 0, 0, 1, 1, 0]
[0, 6, 0, 0, 0, 6, 6, 6, 6, 0]
[0, 6, 6, 6, 0, 6, 0, 0, 'E', 0]
[0, 1, 0, 6, 6, 6, 0, 1, 0, 0]
[0, 1, 0, 0, 0, 1, 0, 1, 0, 0]
[0, 0, 1, 1, 1, 1, 1, 1, 1, 0]
[0, 0, 0, 0, 0, 0, 0, 0, 0, 0]
```

这样就一目了然多了，但是还有一个问题，该路径是否为最短路径呢？让我们再画个路径图来验证一下吧，如图 6.18 所示。

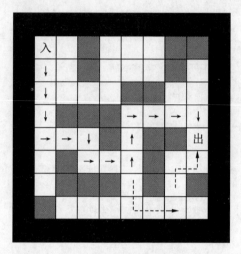

图 6.18   迷宫路径标识

从图 6.18 中可以看出，该迷宫共有两条路径可通关，上文代码所选路径（实线）的长度为 15，另一条路径（虚线）为 17，实线路径确实为最短路径。大功告成！

6.7 本 章 小 结

本章的内容多而杂。本章的开始就辩证地解释了循环与遍历、迭代等思想的相互关系，用联系的观点看问题，也用矛盾的观点看问题。之后列举了三色球问题、鸡兔同笼等 6 类例子对遍历进行了全方位的讲解，涵盖遍历的两种说法：一种是数据结构中对二叉树和图等非线性结构的规则访问；另一种是对一个序列中的所有元素都执行动作的计算机算法。

在讲解遍历的同时，详细地分析了算法的原理及其运用方法。在三色球问题中，是一种"事事可优化"的自觉优化意识；鸡兔同笼问题则在强调优化重要性的同时，本着"一切皆有模型"的态度，结合灵活转变问题和模型套用的处理能力，借古喻今，触类旁通；而列表按序去重问题，旨在扩大看待问题的角度，不只是解决目前的问题，更要全面地去思考问题，以多个角度去解决问题；在二叉树的遍历算法中，通过对二叉树的前序、中序、后序和层次遍历的实现，全方位地讲解了深度优先遍历和广度优先遍历的核心思路和异同；在迷宫最短路径问题中，对遍历思想进行整体的检验和应用，并对问题进行适当的分解，因为问题肯定不是一个，而是各种问题的结合，包括主要问题、次要问题和根本性问题等，解决了分解而出的小问题，则整个问题就迎刃而解了。

正所谓：以谋促断，以断促成。然而，问题也有因果，一个问题的解决有可能伴随着另一个问题的产生，因此在解决问题和列举例子的同时，本章也讲解了许多 Python 内建函数和方法的相关知识，如 lambda 隐函数、fromkeys 方法、sort() 与 sorted() 的不同、enumerate 枚举器等，以及可变数据类型的存储和引用方式，浅拷贝和深拷贝的对象处理问题，栈和队列的存取规则等。

第 7 章 迭 代 算 法

迭代（Iteration）是一个不断用变量的旧值推导出新值，并用新值替代旧值的过程。它利用计算机运行速度快且适合重复性操作的特点，对不同的初始值重复运用同一组指令（一定步骤），每次对过程的重复，都称为一次迭代，而每次迭代所得的结果，都会作为下次迭代的初始值，它是一种具有可变状态的特定形式的重复。迭代的最终目的就是逐渐逼近并达到所需的目标或结果。

还有一个与迭代关系密切的专业词汇——迭代器（Iterator），它其实就是一个封装了迭代的对象。与迭代法相对应的是直接法，或称一次解法，顾名思义就是二话不说一次性解决问题。

可能大部分读者是开发人员、软件测试人员或者产品经理，因此一听到迭代，第一反应就是版本迭代，但二者完全不是一回事，版本迭代是源自数学迭代的概念。版本迭代其实也叫迭代式开发，是把开发过程划分为若干个小目标进行单独设计、开发和测试，直到完成整个项目，而不是试图一次性完成所有工作。具体而言，就是先进行统一设计，然后统一编码，接着统一测试，最后发布最终版本。如果要将编程的迭代概念和数学的迭代概念强行等同的话，那么只能说这两个不同领域的迭代都是为了更接近我们想要的结果。

如果想要用好迭代法，则需要事先确定三个要素。

1. 迭代变量

如上文所讲，迭代算法必然存在一个或多个旧值来推导新值，并被新值覆盖进入下一次迭代，这个值即为迭代变量。

2. 迭代关系

所谓迭代关系，即旧值推导出新值时所重复运用的一组指令，这是解决迭代问题的关键。常用的方法通常有递推和倒推两种。

3. 迭代结束的条件

迭代结束的条件是指解决迭代问题时必须要完全考虑清楚的要素，不管是过分迭代，还是迭代不足，甚至是无休止地进行迭代，都会使得到的结果与目标相去甚远。迭代的结束条件通常分为两种：一种是固定迭代次数，即所需的迭代次数是一个确定的值；一种是不固定迭代次数，而是由迭代所得结果进行分析和判断。

经典的迭代算法有许多，5.5 节"回归本真的快乐"便是运用了迭代思想。当然，最有代表性的当属"辗转相除法"和"斐波那契数列"，因为迭代算法也叫辗转法。接下来将会引入"猴子摘桃""阿米巴分裂""明星问题"，以及上文曾提及的"数独问题"等更具特色的经典迭代实例，望读者能目不窥园，笃学不倦。

7.1　猴 子 摘 桃

有只猴子摘了一堆桃子，吃了一半，奈何桃子诱人，多吃一个才止。等到第二天，猴子把第一天剩下的桃子吃了一半，又贪嘴多吃了一个，第三天又是如此……直到第十天，它就只剩下一个桃子了。问：这只猴子一共摘了多少个桃子？

思路分析：

猴子每天都是吃了当天一半数量的桃子加一个，并将所剩桃子留到了第二天，如图 7.1 所示。

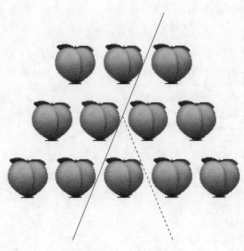

图 7.1　桃子图

即：

$$次日桃子数量 = \frac{当日桃子数量}{2} - 1$$

不妨设第 1 天的桃子数量为 x_1，第 2 天的桃子数量为 x_2，第 3 天的桃子数量为 x_3，……第 10 天的桃子数量为 x_{10}，则：

$$x_{10} = 1$$
$$x_{10} = \frac{x_9}{2} - 1$$

$$x_9 = \frac{x_8}{2} - 1$$

$$\cdots\cdots$$

$$x_2 = \frac{x_1}{2} - 1$$

今已知 x_{10}=1，可倒推出 x_9 的值，再推出 x_8 的值……直到求出 x_1 的值，即题目所提的问题。其迭代公式转化为：

$$x_n = (x_{n+1} + 1) \times 2 , (n > 0)$$

由于题目中已经明确了猴子摘的桃子吃了 10 天，并且第 10 天是已知的，因此我们只需要执行 9 次迭代公式便可推导出第一天猴子一共摘了多少桃子。因为所需的迭代次数是一个固定的值，只需要使用一个固定次数的循环来实现对迭代过程结束条件的控制便可以。

实现代码如下：

```
# 猴子摘桃
# 已知第 10 天所剩的桃子数量为 1
x = 1
# 迭代次数为 9
for i in range(1, 10):
    # 执行迭代公式
    x = (x + 1) * 2
    # 输出
    print("第{}天，猴子拥有{}个桃子。".format(10-i, x))
print("\n 因此，猴子一共摘了{}个桃子。".format(x))
```

输出结果如下：

```
第 9 天，猴子拥有 4 个桃子。
第 8 天，猴子拥有 10 个桃子。
第 7 天，猴子拥有 22 个桃子。
第 6 天，猴子拥有 46 个桃子。
第 5 天，猴子拥有 94 个桃子。
第 4 天，猴子拥有 190 个桃子。
第 3 天，猴子拥有 382 个桃子。
第 2 天，猴子拥有 766 个桃子。
第 1 天，猴子拥有 1534 个桃子。
因此，猴子一共摘了 1534 个桃子。
```

这就是最简单的迭代思想。虽然例子不算难，但是一定要"吃透"，可别像泥水匠的瓦刀一样，光图（涂）表面，否则在越来越多的算法思想的"淹没"下，你很快就会"迷糊"的。关于猴子摘桃还有一个例子，读者可以看看该如何解答，具体如下：

从前有 5 只猴子，它们摘了一堆桃子，下树后觉得非常累，于是决定先睡后食，桃子权且堆放在原地。之后有一只猴子先睡醒了并来到桃子处，它见其他猴子还没来，便将这堆桃子平均分成 5 份，但发现多了一个，遂食，然后拿走了其中的一份。一会，第 2 只猴子也来了,但它并不知道已经有猴子来过,于是把桃子合 4 份后平分为 5 份而又多一个。于是它也同样把多出来的一个桃子吃掉了,然后拿走了其中的一份。

接着第 3、4、5 只猴子也陆续来过,它们相互之间都没能遇到,便都以为自己是第一个睡醒来到这里的,于是它们也相继把桃子平分为 5 份而多一个,遂吃一个而拿一份。问:这 5 只猴子至少摘了多少个桃子?第 5 只猴子走后还剩下多少个桃子?

下面是笔者的解题思路,读者先自己思考以下几个问题:

（1）该题的迭代变量是什么?应该如何假设?

（2）迭代公式是什么?有什么规则?

（3）结束条件是什么?固定的还是非固定的?

（4）如何利用迭代思想实现题目的要求?

如果想清楚了这几个问题,那么任何迭代可解的题目都难不倒你。

解题思路:

迭代变量自然是第 n 只猴子走后剩余的桃子数量,不妨假设为 x_n,即 x_0 为猴子一共摘的桃子数量,x_1 为第 1 只猴子吃一个而拿一份之后所剩桃子的数量,x_2 为第 2 只猴子吃一个而拿一份之后所剩桃子的数量,以此类推。

除此之外,我们还需对题目的内容进行提炼。例如题目中“分成五份,但发现多了一个,遂食”,应该倒过来,理解为“吃掉一个后剩下的桃子刚好可以平分成 5 份”,则各 x 之间的关系便呼之欲出了:

$$x_1 = \frac{x_0 - 1}{5} \times 4$$

$$x_2 = \frac{x_1 - 1}{5} \times 4$$

$$\cdots\cdots$$

$$x_5 = \frac{x_4 - 1}{5} \times 4$$

可归纳得到迭代公式为:

$$x_{n+1} = \frac{x_n - 1}{5} \times 4$$

例如,题目中“把桃子平分为 5 份而多一个”与“至少”二字,说明 x_5 至少为 $1 \times 4 = 4$,则 x_4 至少为 $1 \times 5 + 1 = 6$;如题目中“合 4 份后平分为 5 份”,说明除 x_0 外,其他每一个 x 都必须是 4 的倍数,则 x_4 至少为 $(1 \times 5 + 1) \times 2 = 12$。由此便可推出 $x_4, x_3, \cdots, x_0$ 等的值。迭代公式如下:

$$x_n = \frac{x_{n+1}}{4} \times 5 + 1$$

实现代码如下:

```
x = 12
for i in range(5):
    x = x / 4 * 5 + 1
print("这5只猴子至少摘了{}个桃子。".format(x))
```

输出结果如下：

这 5 只猴子至少摘了 44.828125 个桃子。

结果好像有点不对，桃子怎么会有 0.828 个呢？原来，x_5=12 不过是我们的假设，应该再加上一个 x 是否可以被 4 整除的判断条件，并做出对应的调整。如果满足条件，则跳过；如果不满足条件，则判断其是否可被 2 整除，如果可以，则乘以 2，如果不可以，则乘以 4。由所求之值算出猴子摘的桃子的总数后，再顺推出 x_5 的值。

实现代码如下：

```
x = 12
for i in range(5):
    while x % 4 != 0:
        x = x * 2
    x = x / 4 * 5 + 1
# 需用 int() 去掉最后的小数点，否则会显示 666.0
print("这5只猴子至少摘了{}个桃子。".format(int(x)))
```

输出结果如下：

这 5 只猴子至少摘了 666 个桃子。

这次终于没有 0.828 个桃子的情况出现了。然后我们再反推回去，看最后剩下几个桃子。

实现代码如下：

```
x = 12
for i in range(5):
    while x % 4 != 0:
        x = x * 2
    x = x / 4 * 5 + 1
for i in range(5):
    x = (x - 1) / 5 * 4
print("第5只猴子走后还剩下{}个桃子。".format(int(x)))
```

输出结果如下：

第 5 只猴子走后还剩下 215 个桃子。

这时候就十分考验读者对数字的敏感程度了，很多人以为已经大功告成，215 便是问题的解。其实不然，稍微留意便会发觉有点奇怪：215 可以被平分成 4 份吗？计算机是不会骗人的，结果有问题肯定是我们前面遗漏了什么。那是什么呢？请回到解题思路和代码中自行思考片刻，然后再往下看。

其实纰漏很明显，当 x_0 为 666 时，x_1=(x_0-1)/5×4=665/5×4=532，x_2=(x_1-1)/5×4=531/5×4=106.2×4=424.8。问题就出在了这里，我们只顾着对 x 进行调整，使其可被 4 整除，却忽略了 $(x-1)$ 也需要能被 5 整除的根本限制，故有此错。总结一下，x 需要同时满足以下条件：

$$\begin{cases} x_i \% 4 = 0, & i \in (0,5] \\ (x_i - 1) \% 5 = 0, & i \in (0,5] \end{cases}$$

既然如此，为了可以更准确、便捷地解决问题，我们需要对原迭代公式进一步细化，以最小度量变量作为其自变量。在式子 $x_{n+1} = \dfrac{x_n - 1}{5} \times 4$ 中，x_{n+1} 和 x_n 均是由上一只猴子剩下的 4 份汇总而来，如果设每一份桃子的个数为 a_{n+1} 与 a_n，则原公式可转变为：

$$4 \times a_{n+1} = \frac{(4 \times a_n - 1)}{5} \times 4$$

简化得：

$$5a_{n+1} = 4a_n - 1$$

至此，已没有其他的已知因素可用了。或许有的读者还是毫无头绪，解不出来。不过此题并非无解，笔者可以赠送两个"锦囊"，帮助读者解得此题，如下：

（1）除初始和最终情况外，其余每次剩余桃子的数量（即 x_i，$i \in (1,4]$）的个位数只可能是 6。

（2）这 5 只猴子至少摘了 3121 个桃子，第 5 五只猴子走后还剩下 1020 个桃子。

没错，其实第二点就是本题的答案。这 5 只猴子一下子摘了三千多个桃子，怪不得摘完后累到要先睡一觉。

7.2　阿米巴分裂

阿米巴，拉丁文为 amoibè，在希腊中是"变"的意思，仅由一个细胞构成，是一种单细胞原生动物，可以根据需要任意改变形状，也就是我们所说的变形虫。可别小看了这个单细胞生物，它还有个可怕的名字——食脑虫！它一旦通过感染鼻腔而进入脑部，可引起脑部感染，死亡率高达九成。

阿米巴不是像细菌那样进行二分裂生殖，其繁殖方式主要是有丝分裂和细胞质分裂。过去我们一直以为，变形虫的特性之一就是无性生殖，后来科学家发现：它也能进行有性生殖，而且可能变形虫在很久之前就是有性生殖占据主流，无性生殖只是近代才流行起来的。

一句话说，其实就是一只阿米巴虫分裂一次就可以变成两只阿米巴虫。现将若干个阿米巴虫放在一个盛满营养液的容器内，已知阿米巴虫每分裂一次需要 3 分钟，45 分钟后可充满容器，而容器最多可以装 2^{20} 只阿米巴虫。问：容器内一开始有多少只阿米巴虫？

思路分析：

一次 3 分钟，总共 45 分钟，则一共分裂了 $\frac{45}{3}=15$ 次，而整个容器最多可以装下 2^{20} 只阿米巴虫，也就是说若干只小虫子在分裂了 15 次之后，变成了 2^{20} 只。不妨假设初始值为 x_0，第 1 次分裂之后的个数为 x_1，第 2 次分裂之后的个数为 x_2，以此类推，第 15 次分裂之后的个数为 x_{15}，则 $x_{15}=2^{20}$，借此可往前推导出第 14 次分裂之后该小虫子的个数，即 x_{14} 的值，再推导出 x_{13} 的值，以此类推，导出 x_0 的值，这便是本章伊始所提及的迭代三要素之一迭代关系中的倒推方法，公式如下：

$$x_{15}=2^{20}$$
$$x_{14}=\frac{x_{15}}{2}$$
$$x_{13}=\frac{x_{14}}{2}$$
$$……$$
$$x_0=\frac{x_1}{2}$$

因为第 15 次分裂之后的个数 x_{15} 是已知的，所以可将上面 16 条倒推公式转换成下面的迭代公式：

$$x_n=\frac{x_{n+1}}{2},(n\geqslant 0)$$

由于容器只能盛放 15 次分裂之后的阿米巴虫，因此我们只需重复执行 15 次迭代公式，便可倒推出第一次分裂之前的所谓"若干"具体是多少了。因为所需的迭代次数是一个固定的值，所以只需要使用一个同样固定次数的循环对迭代过程进行结束条件的控制便可以了。

实现代码如下：

```
# 阿米巴分裂
# 初始值 x15 = 2 ^20
x = 2 ** 20
# 设置迭代条件为 15 次
for i in range(15):
    # 执行迭代公式
    x = x / 2
# 输出最终的迭代结果
print("容器内初始的阿米巴虫个数为：{}个。".format(int(x)))
```

输出结果如下：

```
容器内初始的阿米巴虫个数为：32 个。
```

7.3　谁才是真正的明星

在一次聚会中，有 N 个人，其中只有一人为明星，其他人均为普通人，我们暂且称他们为群众，所有群众都认识明星，而明星不认识任何群众，群众之间的认识关系则不可知。现在有一个函数 Boolean recognize(A, B)，返回 True 表示 A 认识 B，返回 False 表示 A 不认识 B。请设计一个最优算法找出明星，并给出时间复杂度。

这是阿里面试时的一道笔试题，其实并不难。首先就是厘清 recognize(A, B) 函数的用法，其有两种返回结果：

- 返回 True：表示 A 认识 B，即 A 不是明星，B 未可知；
- 返回 False：表示 A 不认识 B，即 B 不是明星，A 未可知。

由此我们可以肯定，每运行一次 recognize(A, B) 函数，至少可判定一人不是明星。

解题思路：

可任选一人为 A，并将其他人当作 B 依次代入 recognize(A, B) 函数，当返回 True，即发现 A 认识某人时，说明 A 不是明星，可再取第二人为 A，执行下一次循环，直至找遍整个聚会的人，都未返回 True，则此时的 A 即为明星。

实现代码如下：

```
# 明星问题
# 取A
for i in arr:
    # 取B
    for j in arr:
        # 若为 True，即 i 认识 j 时
        if recognize(i, j):
            # 跳出整个 for 循环
            break
    # i 不认识任何人时
    if j == arr[-1]:
        # 即为明星
        star = i
```

不难看出，在上述代码中有两个 for 循环，分别用于取数 A 和 B，假设 recognize(A, B) 函数的时间代价为 $O(1)$，则整体时间复杂度为 $O(n^2)$。不得不说，这个效率也太低了，并且把问题复杂化了。

我们可以先看看算法界中"缩小问题集"类型的一个基础例子——求 N 个数中的最大值。

示例代码如下：

```
# N 个数求最大值
max = arr[0]
for i in range(1, len(arr)):
```

```
    if arr[i] > max:
        max = arr[i]
print(max)
```

这种解法利用的是减小数据规模的思路，不断将问题的可能值集合缩小，最终得解。这里 if 的判断条件 arr[*i*]＞max 与 recognize(A, B)何其相似，都是返回 True 和 False 两个结果：

- 返回 True：表示 arr[*i*]大于 max，即 max 必不是最大值，arr[*i*]则未可知；
- 返回 False：表示 arr[*i*]小于 max，即 arr[*i*]必不是最大值，max 则未可知。

如何？是否有新思路了呢？都是一次判断便可排除一个可能。依样画葫芦，我们只需要将判断语句改为 recognize(A, B)便可。

实现代码如下：

```
# 明星问题
# 默认第一个人为明星
star = arr[0]
# 从第二个人开始遍历 arr 名单
for i in range(1, len(arr)):
    # 若为 True，即 A 认识 B 时
    if  recognize(star, arr[i]):
        # 改为假设 B 为明星
        star = arr[i]
print(star)
```

所谓算法来源于生活，我们不妨将问题做一下变形。现在假设这 N 个人中不止有一个明星，他们仍然不认识任何群众，但按照正常情况，明星之间是互相认识的，请找出全部明星。

解题思路仍与上文一致，任选一人作为 A，以减小数据规模的思路进行求解，最终完成时，所得的 star 必为真明星，之后再进行一次额外循环，找出 star 所认识的所有聚会成员即可。

如果将问题再进行一次变形，聚会的 N 个人中不止有一个明星，所有群众都认识这些明星，明星们也都相互认识，同时，明星有可能认识部分群众，而群众之间的认识关系则不可知。这就和我们现实中的情况比较相似了。

此时再进行"谁是明星"的判断已经有问题了，出现了一个悖论：当一个人被所有人认识时，除了他自己之外，我们并不确定他是明星还是群众。

这个时候我们就要学会放手了，毕竟问题无解，再坚持也只是枉然。

7.4　数独是如此简单 Ⅱ

在第 5 章中我们介绍了数独游戏的规则、一个"世界上最难的数独"，以及数独问题的编码思路，还附加了 4 条算法优化建议：列举可能值、确定空格间的优先顺序、调用

NumPy 第三方库，以及使用迭代回溯。不知读者是否仍记得这些内容？破解数独的代码是否已编写出来了呢？

接下来，笔者将会给出破解数独的完整 Python 源码及注释，并进行逐步讲解，为大家排疑解惑。由于数独是迭代思想的极致体现，所以本节的内容较多，希望读者可以认真思考，紧跟笔者的思路，切勿遗漏任何一个知识点。只要理解了数独的解法，便“吃透”了迭代。话不多说，我们先看图 7.2，之后再给出代码。

8								
		3	6					
	7			9		2		
	5				7			
				4	5	7		
			1				3	
		1					6	8
		8	5				1	
	9					4		

图 7.2　世界上最难的数独

解题思路如下：

（1）将数独转换为计算机数据结构。

与前文中对树的遍历一样，最基本的步骤就是在计算机中还原出数独的数据结构。我们常用的是矩阵（Matrix），也叫矩阵式，它是高等代数中的工具，常用于统计分析、数值分析、电力光学和量子物理等应用学科。不过我们无须深究，只需要对矩阵有个粗略的概念即可，可以简单地把它理解为一个长方形的数据集合——一个 m 行 n 列的数表。实现代码如下：

```
# 导入 NumPy 数学基础库
import numpy as np
# 以空格分隔
data = "8 0 0 0 0 0 0 0 0 \
      0 0 3 6 0 0 0 0 0 \
      0 7 0 0 9 0 2 0 0 \
      0 5 0 0 0 7 0 0 0 \
      0 0 0 0 4 5 7 0 0 \
      0 0 0 1 0 0 0 3 0 \
      0 0 1 0 0 0 0 6 8 \
      0 0 8 5 0 0 0 1 0 \
      0 9 0 0 0 0 4 0 0 "
```

```
# 生成一个 9×9 的矩阵，int 型
data = np.array(data.split(), dtype=int).reshape((9,9))
print(data)
```

输出结果如下：

```
[[8 0 0 0 0 0 0 0 0]
 [0 0 3 6 0 0 0 0 0]
 [0 7 0 0 9 0 2 0 0]
 [0 5 0 0 0 7 0 0 0]
 [0 0 0 4 5 7 0 0]
 [0 0 0 1 0 0 0 3 0]
 [0 0 1 0 0 0 0 6 8]
 [0 0 8 5 0 0 0 1 0]
 [0 9 0 0 0 0 4 0 0]]
```

　　NumPy（Numerical Python）是 Python 进行科学计算的软件包，支持大量的维度数组与矩阵运算，针对数组运算提供大量的数学函数库。除此之外，Numpy 位于丰富的数据科学图书馆生态系统的核心，提供了全面的数学函数、随机数生成器、线性代数例程和傅立叶变换等数值计算工具，同时，NumPy 还是迅速发展的 Python 可视化领域的重要组成部分和强大的机器学习库（如 SciPy 和 scikit-learn）的基础。毫不夸张地说，几乎所有从事 Python 工作的科学家都会用到 NumPy 的强大功能，如图 7.3 所示。

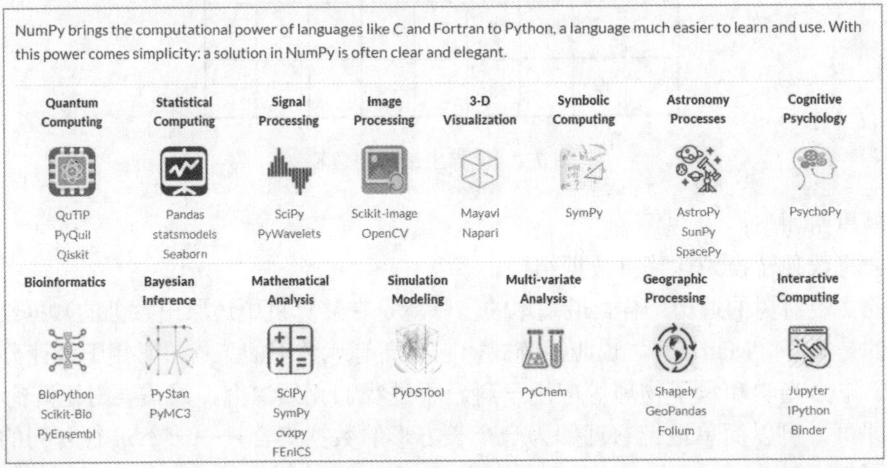

图 7.3　Numpy 的功能

　　NumPy 的主要处理对象是齐次多维数组，其是一个强大的 N 维数组（ndarray），由正整数的元组为索引，并且集合内的元素为相同的类型（通常是数字）。创建语法如下：

```
numpy.array(object, dtype = None, copy = True, order = None, subok = False,
ndmin = 0)
```

- object：数组或嵌套的数列；
- dtype：可选参数，用于指定数组元素的数据类型，默认为 None；
- copy：可选参数，设置是否需要复制对象，默认为 True；

- order：可选参数，用于指定所创建数组的样式，C 为行方向，F 为列方向，A 为任意方向，默认为 None，即 A；
- subok：可选参数，设置是否返回一个与基类类型一致的数组，默认为 False；
- ndmin：可选参数，用于指定生成数组的最小维度，默认为 0。

相比于 Python 的原生态 list，ndarray 有以下三大优势：

- ndarray 的元素类型相同，其在存储元素时内存可以连续，而 list 只能采用寻址的方式，因此 ndarray 批量操作数组元素时的语句更少、速度更快；
- 系统有多个核心时，ndarray 可自动做并行计算；
- Numpy 底层为 C 语言，可直接存储对象，因此运行效率远高于纯 Python 代码。

当然，这些还不够，因为数独的范围是每一行、每一列、每个九宫格，而目前矩阵仅有行和列的限制，所以我们还需要另外写一个 matrix() 函数，强化矩阵中每个 3×3 小矩阵之间的关联性。

实现代码如下：

```
# 生成数独型的矩阵
def matrix(data):
    # 生成一个 3×3 的零矩阵，该矩阵内的元素又各自为一个 3×3 的矩阵
    data_array = np.zeros((3,3,3,3))
    # 行下标
    for i in range(3):
        # 列下标
        for j in range(3):
            # 以 3×3 的方式进行赋值
            data_array[i, j] = data[i*3:(i*3)+3, j*3:(j*3)+3]
    return data_array
print(matrix(data))
```

输出结果如下：

```
[[[[8. 0. 0.]
   [0. 0. 3.]
   [0. 7. 0.]]

  [[0. 0. 0.]
   [6. 0. 0.]
   [0. 9. 0.]]

  [[0. 0. 0.]
   [0. 0. 0.]
   [2. 0. 0.]]]


 [[[0. 5. 0.]
   [0. 0. 0.]
   [0. 0. 0.]]

  [[0. 0. 7.]
   [0. 4. 5.]
   [1. 0. 0.]]
```

```
 [[0. 0. 0.]
  [7. 0. 0.]
  [0. 3. 0.]]]


 [[[0. 0. 1.]
  [0. 0. 8.]
  [0. 9. 0.]]

 [[0. 0. 0.]
  [5. 0. 0.]
  [0. 0. 0.]]

 [[0. 6. 8.]
  [0. 1. 0.]
  [4. 0. 0.]]]]
```

（2）确定每个空格可填入的候选值，以减少遍历的次数。代码如下：

```
# 确定候选值
def pb_value(data, data_array):
    # 建立一个空字典用于存放候选值
    pb_data = {}
    for i in range(9):
        for j in range(9):
            # 0 代表空格
            if data[i,j] == 0:
                # 通过减法找出每个空格可选填的数字
                pb_data[str(i) + str(j)] = set(range(10)) - set(data[i, :])
- set(data[:, j]) - set(data_array[i//3, j//3].flatten())
    return pb_data
print(pb_value(data, matrix(data)))
```

输出结果如下：

```
{'01': {1, 2, 4, 6}, '02': {2, 4, 5, 6, 9}, '03': {2, 3, 4, 7}, '04': {1,
2, 3, 5, 7}, '05': {1, 2, 3, 4}, '06': {1, 3, 5, 6, 9}, '07': {9, 4, 5, 7},
'08': {1, 3, 4, 5, 6, 7, 9}, '10': {1, 2, 4, 5, 9}, '11': {1, 2, 4}, '14':
{1, 2, 5, 7, 8}, '15': {8, 1, 2, 4}, '16': {8, 1, 5, 9}, '17': {4, 5, 7,
8, 9}, '18': {1, 4, 5, 7, 9}, '20': {1, 4, 5, 6}, '22': {4, 5, 6}, '23':
{8, 3, 4}, '25': {8, 1, 3, 4}, '27': {8, 4, 5}, '28': {1, 3, 4, 5, 6}, '30':
{1, 2, 3, 4, 6, 9}, '32': {9, 2, 4, 6}, '33': {8, 9, 2, 3}, '34': {8, 2,
3, 6}, '36': {8, 1, 6, 9}, '37': {8, 9, 2, 4}, '38': {1, 2, 4, 6, 9}, '40':
{1, 2, 3, 6, 9}, '41': {1, 2, 3, 6, 8}, '42': {9, 2, 6}, '43': {8, 9, 2,
3}, '47': {8, 9, 2}, '48': {1, 2, 6, 9}, '50': {2, 4, 6, 7, 9}, '51': {8,
2, 4, 6}, '52': {2, 4, 6, 7, 9}, '54': {8, 2, 6}, '55': {8, 9, 2, 6}, '56':
{8, 9, 5, 6}, '58': {2, 4, 5, 6, 9}, '60': {2, 3, 4, 5, 7}, '61': {2, 3,
4}, '63': {2, 3, 4, 7, 9}, '64': {2, 3, 7}, '65': {9, 2, 3, 4}, '66': {9,
3, 5}, '70': {2, 3, 4, 6, 7}, '71': {2, 3, 4, 6}, '74': {2, 3, 6, 7}, '75':
{2, 3, 4, 6, 9}, '76': {9, 3}, '78': {9, 2, 3, 7}, '80': {2, 3, 5, 6, 7},
'82': {2, 5, 6, 7}, '83': {8, 2, 3, 7}, '84': {1, 2, 3, 6, 7, 8}, '85': {1,
2, 3, 6, 8}, '87': {2, 5, 7}, '88': {2, 3, 5, 7}}
```

这一步的重点在于候选值的确定，即 if 判断条件内的执行语句。语句中的 flatten()是 numpy.ndarray 的一个函数，可返回一个一维数组。但有一点需要牢记，numpy.ndarray.flatten

只适用于 NumPy 对象，即 array 或者 mat，不可用于普通的 list 列表。

（3）按照候选值的个数进行排列。

这一步是为了选择候选值较少（确定性较大）的空格开始填入，可缩短计算时间，正如我们手动填写数独时也是从最确定的空格开始填写一样。代码如下：

```
# 候选值字典排序
def pb_sort(pb_data):
    # 按照候选值的个数进行升序排序
    pb_data = sorted(pb_data.items(), key=lambda x:len(x[1]))
    # 返回由包含字典键值的元组组成的列表
    return pb_data
print(pb_sort(pb_value(data, matrix(data))))
```

输出结果如下：

```
[('76', {9, 3}), ('11', {1, 2, 4}), ('22', {4, 5, 6}), ('23', {8, 3, 4}),
('27', {8, 4, 5}), ('42', {9, 2, 6}), ('47', {8, 9, 2}), ('54', {8, 2, 6}),
('61', {2, 3, 4}), ('64', {2, 3, 7}), ('66', {9, 3, 5}), ('87', {2, 5, 7}),
('01', {1, 2, 4, 6}), ('03', {2, 3, 4, 7}), ('05', {1, 2, 3, 4}), ('07',
{9, 4, 5, 7}), ('15', {8, 1, 2, 4}), ('16', {8, 1, 5, 9}), ('20', {1, 4,
5, 6}), ('25', {8, 1, 3, 4}), ('32', {9, 2, 4, 6}), ('33', {8, 9, 2, 3}),
('34', {8, 2, 3, 6}), ('36', {8, 1, 6, 9}), ('37', {8, 9, 2, 4}), ('43',
{8, 9, 2, 3}), ('48', {1, 2, 6, 9}), ('51', {8, 2, 4, 6}), ('55', {8, 9,
2, 6}), ('56', {8, 9, 5, 6}), ('65', {9, 2, 3, 4}), ('71', {2, 3, 4, 6}),
('74', {2, 3, 6, 7}), ('78', {9, 2, 3, 7}), ('82', {2, 5, 6, 7}), ('83',
{8, 2, 3, 7}), ('88', {2, 3, 5, 7}), ('02', {2, 4, 5, 6, 9}), ('04', {1,
2, 3, 5, 7}), ('06', {1, 3, 5, 6, 9}), ('10', {1, 2, 4, 5, 9}), ('14', {1,
2, 5, 7, 8}), ('17', {4, 5, 7, 8, 9}), ('18', {1, 4, 5, 7, 9}), ('28', {1,
3, 4, 5, 6}), ('38', {1, 2, 4, 6, 9}), ('40', {1, 2, 3, 6, 9}), ('41', {1,
2, 3, 6, 8}), ('50', {2, 4, 6, 7, 9}), ('52', {2, 4, 6, 7, 9}), ('58', {2,
4, 5, 6, 9}), ('60', {2, 3, 4, 5, 7}), ('63', {2, 3, 4, 7, 9}), ('70', {2,
3, 4, 6, 7}), ('75', {2, 3, 4, 6, 9}), ('80', {2, 3, 5, 6, 7}), ('85', {1,
2, 3, 6, 8}), ('30', {1, 2, 3, 4, 6, 9}), ('84', {1, 2, 3, 6, 7, 8}), ('08',
{1, 3, 4, 5, 6, 7, 9})]
```

🔔 **注意**：由此可知，第一个填入的空格应是 76，即第 8 行第 7 列，候选值为 3 和 9。

（4）还需要一个用于记录填写位置及填入值的字典。

在填写数独的同时，将本次填写空格的位置及数值均记录在字典中，以方便日后犯错时的回溯操作。直到字典 pb_data 的长度 0，说明数独矩阵中已无空格，循环结束，得解。代码如下：

```
# 填写数独
def fill_sudu(data):
    # 建立空字典用来记录填写顺序
    fill_data = []
    # 用break结束
    while True:
```

```
    # 确定候选值字典
    pb_data = pb_value(data, matrix(data))
    # 如果候选值中无空格
    if len(pb_data) == 0:
        # 数独已完成，跳出 while 循环
        break
    # 对候选值字典 pd_data 进行升序排序
    pb_data = pb_sort(pb_data)
    # 取候选字典中的第一个值(key, values)
    first_values = pb_data[0]
    # first_values 中的 key 值
    key = first_values[0]
    # first_values 中的 value 值
    value = list(first_values[1])
    # 将填写位置和填写值记录在字典中
    fill_data.append((key, value))
    # 将填写值置于数独中的相应位置
    data[int(key[0]), int(key[1])] = value[0]
return data
```

🔔**注意**：一定要透彻理解 break 的执行逻辑。

（5）错误时进行回溯。

上一步的前提跟物理实验题的"理想状态下"一样，是假设的。在现实世界中几乎不可能如"理想"中那么好运，势必会出现某空格候选值个数为 0 的情况，说明当前数独有误，前面所填空格至少填错了一个，需要回溯上一步，此时就要用到字典 fill_data 了。代码如下：

```
if len(value) != 0:
    # 将其置于数独中
    data[int(key[0]), int(key[1])] = value[0]
# 若该空格无候选值却为空格，则说明前面步骤有误，需要回溯
else:
    # 因没能成功填写，将填写位置和填写值从记录字典中删除
    fill_data.pop()
    # 回溯 i 步，直到某空格的候选值数量 > 1
    for i in range(len(fill_data)):
        # 取出出错位置的上一步
        recall = fill_data.pop()
        # 如果出错位置的上一步候选值个数为 1，说明出错步骤不在此处，在前面
        if len(recall[1]) == 1:
            # 将出错位置上一步的值重置为 0
            data[int(recall[0][0]), int(recall[0][1])] = 0
        # 否则，默认找到当初可能出错的位置
        else:
            # 在该位置处填入下一个候选值
```

```
                    data[int(recall[0][0]), int(recall[0][1])] = recall[1][1]
                    # 重新记录填入的位置和候选值
                    fill_data.append((recall[0], recall[1][1:]))
                    # 跳出 for 循环
                    break
```

> 💬 **注意**：回溯时也存在一定的规则，即，如果回溯后所在空格的候选值为 1，则说明错误
> 在前不在此处，需要将此格数值重置为 0 并继续回溯上一步；如果回溯后的候选
> 值个数大于 1，则说明错误有可能发生在此处，需要填入另一个候选值，然后刷
> 新数独，并且更新记录插入的位置和数值的字典。

至此，我们总算完成数独问题的全部代码了，具体代码如下：

```python
# 迷宫（迭代+回溯）
import numpy as np
# 生成数独型的矩阵
def matrix(data):
    data_array = np.zeros((3,3,3,3))
    for i in range(3):
        for j in range(3):
            data_array[i, j] = data[i*3:(i*3)+3, j*3:(j*3)+3]
    return data_array
# 确定候选值
def pb_value(data, data_array):
    pb_data = {}
    for i in range(9):
        for j in range(9):
            if data[i,j] == 0:
                pb_data[str(i) + str(j)] = set(range(10)) - set(data[i, :])
- set(data[:, j]) - set(data_array[i//3, j//3].flatten())
    return pb_data
# 候选值字典排序
def pb_sort(pb_data):
    pb_data = sorted(pb_data.items(), key=lambda x:len(x[1]))
    return pb_data
# 填写数独
def fill_sudu(data):
    fill_data = []
    while True:
        pb_data = pb_value(data, matrix(data))
        if len(pb_data) == 0:
            break
        pb_data = pb_sort(pb_data)
        first_values = pb_data[0]
        key = first_values[0]
        value = list(first_values[1])
        fill_data.append((key, value))
        if len(value) != 0:
            data[int(key[0]), int(key[1])] = value[0]
        else:
            fill_data.pop()
            for i in range(len(fill_data)):
```

```
                        recall = fill_data.pop()
                        if len(recall[1]) == 1:
                            data[int(recall[0][0]), int(recall[0][1])] = 0
                        else:
                            data[int(recall[0][0]), int(recall[0][1])] = recall[1][1]
                            fill_data.append((recall[0], recall[1][1:]))
                        break
    return data
data = "8 0 0 0 0 0 0 0 0 \
       0 0 3 6 0 0 0 0 0 \
       0 7 0 0 9 0 2 0 0 \
       0 5 0 0 0 7 0 0 0 \
       0 0 0 0 4 5 7 0 0 \
       0 0 0 1 0 0 0 3 0 \
       0 0 1 0 0 0 0 6 8 \
       0 0 8 5 0 0 0 1 0 \
       0 9 0 0 0 0 4 0 0 "
data = np.array(data.split(), dtype=int).reshape((9,9))
fill_sudu(data)
```

输出结果如下：

```
array([[8, 1, 2, 7, 5, 3, 6, 4, 9],
       [9, 4, 3, 6, 8, 2, 1, 7, 5],
       [6, 7, 5, 4, 9, 1, 2, 8, 3],
       [1, 5, 4, 2, 3, 7, 8, 9, 6],
       [3, 6, 9, 8, 4, 5, 7, 2, 1],
       [2, 8, 7, 1, 6, 9, 5, 3, 4],
       [5, 2, 1, 9, 7, 4, 3, 6, 8],
       [4, 3, 8, 5, 2, 6, 9, 1, 7],
       [7, 9, 6, 3, 1, 8, 4, 5, 2]])
```

结果如图 7.4 所示，对比第 5 章中手算的结果毫无出入，但时间仅需一两秒钟。

8	1	2	7	5	3	6	4	9
9	4	3	6	8	2	1	7	5
6	7	5	4	9	1	2	8	3
1	5	4	2	3	7	8	9	6
3	6	9	8	4	5	7	2	1
2	8	7	1	6	9	5	3	4
5	2	1	9	7	4	3	6	8
4	3	8	5	2	6	9	1	7
7	9	6	3	1	8	4	5	2

图 7.4　迷宫结果

7.5　浅谈迭代与遍历

遍历（Travelsal）是对一个序列中的所有元素都执行相同的动作。迭代（Iterate）是指重复一定的算法，以达到想要的目。可以看到，无论是遍历还是迭代，都存在一个重复的操作。因此我们引入循环（Loop）的概念，以便对二者进行更清晰和详尽的对比。循环的范围很广，凡是重复执行一段代码的情况都可以称为循环。将循环的概念融合到遍历与迭代中，可得到以下概念：

- 遍历：在多次循环中逐步实现目的；
- 迭代：在多次循环中逐步接近目的。

举两个最普通的例子：

遍历：

```python
# 遍历 1~10 每一项
for i in range(1, 11):
    # 重复动作，互不影响
    print(i)
```

迭代：

```python
# 迭代求和 1~10
result = 0
# 每次循环后，result 都更接近结果 55
for i in range(1, 11):
    result += i
```

从实现代码中可看出，遍历和迭代均可通过 for 循环来实现，当然，也可以通过下标打印来实现。二者的区别即是"逐步实现"与"逐步接近"的区别。遍历是在每次循环后实现目的的一部分，而迭代是在每次循环后向目的靠近一步。通俗地讲，遍历类似暴力穷举，每次循环的起点不受前次循环的影响，而迭代是根据前次循环的结果调整本次循环的起点，继而影响本次循环的结果。

我们可以换一个角度，从适用对象和数据结构来讲：遍历是按一定规则访问一个非线性结构的每一项，强调非线性结构，如树和图等；而迭代一般适用于线性结构，如数组和队列等。当然，由于循环、遍历、迭代都有"重复"（Repeat）的含义，而且彼此互相交叉，所以在上下文清晰的情况下，有时候并不会对三者进行过于细致的区分。

7.6　本 章 小 结

由于迭代是继遍历之后的第二个算法思想，并且又与遍历过于相似，因此本章的内容不多，重在阐述迭代的根本性质和用法，以及迭代与遍历的异同。除此之外，由于迭代的经典算法"快乐数""辗转相除法""斐波那契数列"均已在第 5 章中得以讲明，并且使用的正是迭代的思想（有兴趣的读者可自行返回前文重读），所以本章没有再赘述。本章重新引入了"猴子摘桃""阿米巴分裂""明星问题"等简单实例，让读者能够轻松掌握迭代思想的精髓，培养读者运用迭代解决问题的逻辑思维能力，并基于此重点讲解了第 5 章曾提及的数独问题。

最后，遍历与迭代的三个主要区别归纳如下：

- 遍历的循环互不影响，而迭代前一次循环的输出会作为后一次循环的输入；
- 遍历是逐步实现最终目的，而迭代是逐步接近最终结果；
- 遍历一般适用于非线性结构，而迭代一般适用于线性结构。

第8章 递 归 算 法

什么是递归算法？简单地说，调用自身函数的算法便是递归算法。递归曾经是作者最喜欢的算法思维，因为它集成了数学的逻辑美和简洁美，又易于理解，就像一个平易近人的智者。

当然，智者千虑，必有一失，递归也有缺点，那便是效率不高（但也不至于比遍历低），因为会出现大量的重复计算。递归算法还有两个最明显的特征，即两个要求和两个阶段。

两个要求：

- 必须在使用过程中调用自身；
- 必须明确一个递归结束的条件。

两个阶段：

- 递：把复杂的大问题递变成简单的、重复的小问题；
- 归：把简单的小问题的解归并成复杂的大问题的解。

至于递归所涉及的问题更是数不胜数，如前面所讲的阶乘算法、辗转相除法、斐波那契数列，以及本章将要讲到的汉诺塔数列、握手问题、电影院座位安排问题、全排列问题、背包问题和青蛙跳问题等。

准备好了吗？请集中精神，开始本章的学习吧。

8.1 极限膨胀的阶乘 ||

本节要讲的就是前面提到的 $n!$ 算法。但前面我们只是刚认识 $n!$，因此涉及的内容比较简单。而本章的主题是递归，我们将会重点讲解代码背后的递归逻辑。

示例代码如下：

```python
# 阶乘算法（递归）
def isdigit(n):
    # 当 n 为 0 时
    if n == 0:
        # 递归结束并返回结果 1
        return 1
    # 当 n 大于 1 时，返回 (n-1)！*n，并调用自身
    return isdigit(n-1) * n
```

```
# 调用 isdigit()函数
isdigit(5)
```

输出结果如下：

```
120
```

　　程序需要返回当前 n 阶乘的值。按照将大问题分解成相同的小问题的递归思想，我们必须知道 $n-1$ 的阶乘。为了返回 $n-1$ 的阶乘，我们必须知道 $n-2$ 的阶乘，以此类推，直到 1 的阶乘。我们知道，1! =1，这就是递归结束的条件，说明可以直接返回结果，开始进入"归"阶段。公式如下：

$$n!=n\times(n-1)!$$
$$(n-1)!=(n-1)\times(n-2)!$$
$$\cdots\cdots$$
$$2!=2\times1!$$
$$1!=1$$

　　进行归纳总结，我们不难得出：

$$n!:f(n)=f(n-1)\times n$$

　　至此，我们有了自身函数，也有了结束条件，"递"和"归"阶段也已解释完毕。大家都懂了吗？

　　💬注意：　"0! =1"，这是为了相关公式的表述及运算方便而下的定义，并不由阶乘的定义来推导。因为 0 与任何实数相乘都为 0，而正整数阶乘恰巧是一种连乘运算，所以 "0! =1" 在连乘意义下是无法解释的。

　　题外延伸： n 的阶乘是如此容易，在学习的过程中不求甚解是最不应该的。有 n 的阶乘自然就会有 n 的双阶乘。n 的双阶乘是否也可以进行递归运算呢？如果可以的话，又应该怎么做呢？让我们一起动手试一试吧。

8.2　RSA 加密的钥匙 Ⅱ

　　关于辗转相除法，我们在第 5 章中已经进行了详尽的介绍，只是使用的是迭代的思想。如果用递归呢？是否会更加简洁和快速呢？

　　我们在迭代时使用了临时变量 t 将 a 和 b 的值变换成 b 和 a mod b，同理，如果运用递归，我们只需调用自身的 gcd 递归函数，将形参赋值为 b 和 a mod b，每次调用的输出值就是下次调用的输入值，并将 "b == 0" 明确为递归出口，即上文说到的递归结束的条件。

　　依旧以 410 和 372 为例，分解如下：

$$
372 \underline{|410} \\
1 \quad \cdots\cdots \quad 38 \underline{|372}
$$

```
372 |410
    1    ……  38 |372
                9   ……  30 |38
                            1   ……  8

8  |30
   3    ……  6  |8
                1   ……  2  |6
                            3   ……  0
```

计算公式为：

$$gcd(a, b) = gcd(b, a \bmod b)$$

实现代码如下：

```
# 辗转相除法
def gcd(a, b):          # a、b 均为非负整数，且 a>b，也可在函数中对 a、b 的大小进行判断
if b != 0:              # 当 b 不为 0 时，调用 gcd
return gcd(b, a % b)    # 代入除数和余数
return a                # 直到余数为 0，则返回除数

#调用
if __name__ == '__main__':
print('410 与 372 的最大公约数为：', gcd(410, 372))
```

输出结果如下：

```
410 与 372 的最大公约数为：2
```

🔔注意：gcd 函数的形参 a 和 b 并无 a>b 的严格要求，因为即使 a<b，第一步计算也会
自动将两数交换。

比起第 5 章迭代的长串代码，这 6 行代码是否更加赏心悦目呢？答案是肯定的。否则
笔者也不会这么喜欢递归了。

8.3　疯狂繁殖的兔子 II

斐波那契数列（即兔子数列）也已在第 5 章中讲过，同样运用的是迭代思想（见图 8.1）。
但用迭代算法来解斐波那契数列，那真是马嚼子往牛脖子上戴——错位了啊。

斐波那契与递归思想才是真正的"天作之合"。递归思想的优势在斐波那契数列上得
到了完美的诠释，同时递归思想的加持也更加凸显斐波那契数列的奇妙。不信？可将兔子
数列的递归版本与迭代版本进行对比，则高低立现。

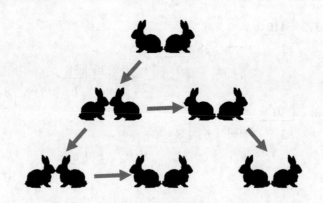

图 8.1　兔子繁衍图

为了方便读者阅读，再次给出斐波那契数列的数据，如表 8.1 所示。

表 8.1　各月份的兔子数量

月份	1	2	3	4	5	6	7	8	9	10	11	12	…
小兔子（对）	1	0	1	1	2	3	5	8	13	21	34	55	…
大兔子（对）	0	1	1	2	3	5	8	13	21	34	55	89	…
总计（对）	1	1	2	3	5	8	13	21	34	55	89	144	…

如果用公式表示，则为：

$$F(n) = \begin{cases} 1, n \in (1,2) \\ F(n-1) + F(n-2), n > 2 \end{cases}$$

话不多说，公式已经给出，我们直接运用递归算法实现斐波那契数列。代码如下：

```
# 斐波那契数列
# 1,1,2,3,5,8,13,21……
def fib(n):
    if n>2:                          # 如果 n>2，运用公式进行调用
        return fib(n-1) + fib(n-2)   # 返回 fib(n-1) 和 fib(n-2) 两项的和
    else:                            # 当 n 为 1 或 2 时，fib= 1
        return 1


# 调用
if __name__ == '__main__':
    n = 13                           # n 为项数，可随意调整
    print("斐波那契数列第", n, "项的值为", fib(13))
```

输出结果如下：

```
斐波那契数列第 13 项的值为 233
```

🔔注意：*n* 从 1 开始，而不是从 0 或者负数开始。

相较于迭代版本，斐波那契数列的递归版本可谓逻辑清晰，代码精短且概括性强，安能不胜？

题外延伸：斐波那契数列存在这样一个特性，即从第二项开始，每个偶数项的平方都比前后两项的积少 1；而每个奇数项的平方都比前后两项的积多 1。我们再进一步思考，斐波那契作为一个可以和黄金分割相媲美的数列，不可能只有这一个特性。如果还有其他特性，那又是什么呢？杨辉三角？卢卡斯数列？毕达哥拉斯三元组······

8.4 汉诺塔通关攻略

说起汉诺塔（Hanoi Tower）问题，相信大家一定会想起一部电影——《猩球崛起》。在该影片中，汉诺塔就曾被用来测试猩猩"凯撒"母亲的智商。而关于汉诺塔问题的传说，更是众说纷纭。

相传，大梵天创世时造了三根金刚石柱子，其中一根柱子自底向上叠着 64 片黄金圆盘。大梵天指示梵天寺的僧侣，把圆盘从下面开始按大小顺序重新摆放在另一根柱子上，并且规定，每次只能移动一个圆盘且大盘不能叠在小盘上面。当这些盘子移动完毕，世界也会随之灭亡。这就是梵天寺之塔问题（Tower of Brahma Puzzle）。由于寺院的地点在越南的河内，所以汉诺塔也被称为"河内塔"。如果不了解汉诺塔，这个盘确实让人无从下手。不过不要着急，所谓化繁为简，我们可以和猩猩一样，先从一个盘开始玩起。假设 a 是起始柱，b 是中转柱，c 是目标柱。

当 *n*=1 时，我们只需要将大盘从 a 柱移到 c 柱上，如图 8.2 所示。

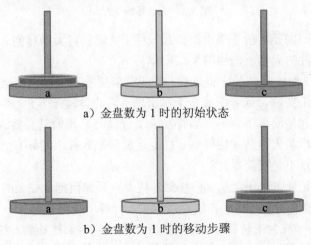

a）金盘数为 1 时的初始状态

b）金盘数为 1 时的移动步骤

图 8.2　金盘数为 1 时

当 $n=2$ 时，我们需要将小盘移到 b 柱上，然后将大盘移到 c 柱上，最后把 b 柱上的小盘放到 c 柱的大盘上，如图 8.3 所示。

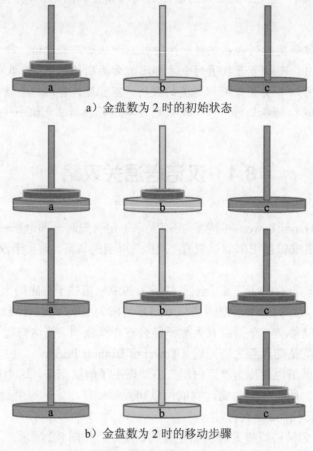

a）金盘数为 2 时的初始状态

b）金盘数为 2 时的移动步骤

图 8.3　金盘数为 2 时

当 $n=3$ 时，我们需要将前 2 个小盘移到 b 柱上，然后将大盘移到 c 柱上，最后把 b 柱上的小盘都移到 c 柱的大盘上，如图 8.4 所示。

图 8.4 便是 $n=3$ 时的算法的完整过程。如果读者想加深对汉诺塔问题的理解，可以自己动手画出 $n=4$ 时的图解，或者下载一个汉诺塔小游戏体验一下。

这样看来，问题便简单了许多。当存在 n 个金盘时，我们只需要将前 $n-1$ 个小盘从 a 柱移到 b 柱上，然后将大盘从 a 柱移到 c 柱上，最后把 b 柱上的 $n-1$ 个小盘都移到 c 柱的大盘上就可以了。是不是很简单！

可是我们如何把 $n-1$ 个小盘从 a 柱移到 b 柱上？又如何把 b 柱上的 $n-1$ 个小盘都移到 c 柱上呢？很好，能这么想，说明你已经入门了。一样的思路，先把 b 柱和 c 柱调换身份——b 柱为目标柱，c 柱为中转柱，然后将前 $n-2$ 个小盘从 a 柱移到 c 柱上，再将大盘从 a 柱移到 b 柱上，最后把 b 柱上的 $n-2$ 个小盘都移到 b 柱的大盘上。

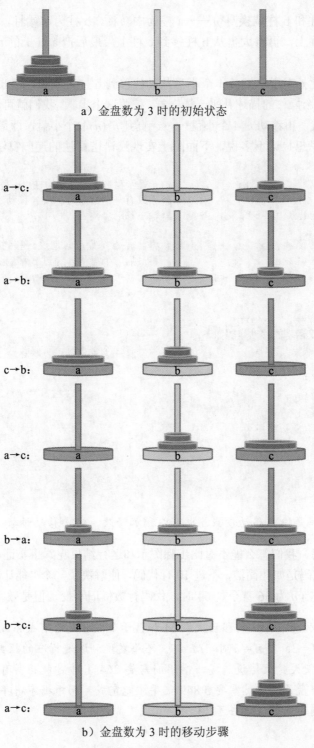

a）金盘数为 3 时的初始状态

b）金盘数为 3 时的移动步骤

图 8.4　金盘数为 3 时

还可以把 a 柱和 b 柱调换身份——a 柱为中转柱，b 柱为起始柱，然后将前 n-2 个小盘从 b 柱移到 a 柱上，再将大盘从 b 柱移到 c 柱上，最后把 a 柱上的 n-2 个小盘都移到 c 柱的大盘上。

可以看到，此处对于"把 n-1 个小盘从 a 柱移到 b 柱上"和"把 b 柱上的 n-1 个小盘都移到 c 柱上"两个操作的描述几乎一模一样，按照这个步骤，我们就可以移动 n-2 个小盘，再移动 n-3 个小盘，再移动 n-4 个小盘……一直到 n-(n-1)个小盘，即最后一个小盘。

这就是递归思想！话不多说，下面附上实现汉诺塔算法的递归算法代码。代码如下：

```
# 汉诺塔函数
def hanoi(n, a, b, c):            # n 是金盘数，a 是起始柱，b 是中转柱，c 是目标柱
    if n == 1:                    # 当只有一个金盘时，从 a 移到 c
        print(a, '-->', c)        # 输出移动步骤
    else:
        hanoi(n-1, a, c, b)       # 将前 n-1 个盘从 a 通过 c 移到 b 上
        hanoi(1, a, b, c)         # 将最后一个盘从 a 通过 b 移到 c 上
        hanoi(n-1, b, a, c)       # 将前 n-1 个盘从 b 通过 a 移到 c 上

# 调用
if __name__ == '__main__':
    print("汉诺塔的移动步骤如下：")
    hanoi(3, 'a', 'b', 'c')       # 当只有 3 个金盘时，可修改
```

输出结果如下：

```
汉诺塔的移动步骤如下：
a --> c
a --> b
c --> b
a --> c
b --> a
b --> c
a --> c
```

注意：上述代码是输出移动步骤，也可以稍加修改，输出移动步数。

出于严谨考虑，我们怎么能不对比步骤图示和运行结果呢？事实证明，两者完全一样，是不是很惊叹：代码是如此简洁，不过 10 行代码，便解决了一个"能让世界灭亡"的问题。如果 n 不只是 3，当 n 为 36 甚至是 64 时，代码行数依旧不变，但是效率却成倍提升了。

题外延伸 1：汉诺塔算法的移动次数 M 和盘子个数 n 是否有关系呢？当 n=1 时，M=1；当 n=2 时，M=3；当 n=3 时，M=7。不难发现：这是标准的指数关系，即 $M = 2^n - 1$。也就是说，即使大梵天传说属实，僧侣们需要 264-1 步才能将所有金盘移动完，即使他们每秒移动一个盘子，仍然需要 5 849 亿年才能完成，而根据宇宙年代学统计得出，整个宇宙从大爆炸到现在也只过去了 137 亿年。

题外延伸 2：当有 3 个柱子时，所需步数的算法还比较简单。如果是 4 个柱子呢？或者 4 个柱子以上呢？情况将会更加复杂。偷偷告诉你，4 个柱子的最优解在 2014 年已被 Bousch 证明，但 5 个柱子的最优解仍然未知。

8.5　握握手，好朋友

小明在自己家中举办了一个单身派对，并邀请自己的好友前来参加。由于参加聚会的人彼此之间并不认识，为了解决这个问题，小明便提议两个人之间要握手且仅握手一次，那么所有人总共需要握手多少次呢？

思路分析：

两人之间只有一次握手，不能遗漏，也不能重复，也就是说如果我已经和你握过手了，你就不用再找我握手了。为了避免混乱，我们可以假设一共有 n 个人参加聚会，并且参会的人都是陆续来到的，每个人来到之后都会依次和屋子中的所有人握一次手。直到他和所有人握完手，才会有下一个人抵达，而下一个人到达之后依旧会和屋子里的所有人握一次手，包括上一个到达的人。

小明布置好了场地，等待着大家的到来。稍后便来了第 2 个人（第 1 个人是小明），与小明握了握手，即 1 次握手；又来了第 3 个人，与屋子内的两个人均握了握手，即 2 次握手；又来了第 4 个人，与屋子内的 3 个人均握了手，即 3 次握手……直到最后一个人（第 n 个人）来了之后，与屋子内的 $(n-1)$ 个人都握了手，即 $(n-1)$ 次握手。

按照将大问题分解成相同小问题的递归思想，要求出 n 个人一共需要握手多少次，我们需要知道 $(n-1)$ 个人需要握手的次数。而要求出 $(n-1)$ 个人的握手次数，就需要知道 $(n-2)$ 个人的握手次数，以此类推，直到两个人需要握一次手，一个人不需要握手。这就是递归结束条件，说明"递"的阶段结束，可以进入"归"阶段了。数学表达式如下：

$$S_n=S_{n-1}+(n-1)$$
$$S_{n-1}=S_{n-2}+(n-2)$$
$$\cdots\cdots$$
$$S_3=S_2+2$$
$$S_2=1$$

🔔 **注意**：此处的递归结束条件也可以是 $S_1=0$。

实现代码如下：

```
# 握手问题
def hands(n):
    # 也可为 n==1, return 0
    if n == 2:
        # 当两个人的时候一次握手
```

```
        return 1
    # 当>2 时开始递归
    return hands(n-1) + (n-1)
# 假设有 12 个人
hands(12)
```

输出结果如下：

```
66
```

从思路分析中我们不难看出，其实这只是一个普通的等差数列题，并且首项 $a_1=0$，公差 $d=1$，通过等差数列的通项公式 $a_n=a_1+(n-1)\times d$ 和求和公式 $S_n = na_1 + \dfrac{n(n-1)}{2}d, n \in N^*$，可得：

$$
\begin{aligned}
a_{12} &= a_1 + (12-1)d \\
&= 0 + 11 \\
&= 11
\end{aligned}
$$

$$
\begin{aligned}
S_{12} &= 12a_1 + \frac{12 \times 11}{2}d \\
&= 12 \times 0 + 66 \times 1 \\
&= 66
\end{aligned}
$$

是的，一个等差数列便可以解出题目，用递归有点"牛刀杀鸡"了。除此之外，还有另一种更简单的方法可以求出 12 个人一共需要多少次握手。

由于一共有 12 个人参加聚会，每个人都要和除自己以外的 11 个人握手，总握手次数为 $12 \times 11=132$，但在这 132 次握手之中，我和你握了一次，你又和我握了一次，每一次的握手都重复计算了，所以需要再将 132 除以 2，得到总握手次数为 66。

假设一个聚会有 n 个人，则握手总次数为：

$$
\frac{n(n-1)}{2}
$$

是不是发现更简单了？一个公式便可轻易解决问题，无论 n 是多少。如果你认为递归只是一个简单的公式，那你就错了。让我们一起来为这个题目"添砖加瓦"吧。

如果握手一次的时间按 1s 计算，并且每个人同一时间只能与另一个人握手，那么，在 n 个人的聚会中，握手所需的最短时间是多少？

这就不再是等差数列了，因为还需考虑并发并行现象的存在，也不再是一句话或者一个公式便可以解释清楚了，因为根本无从下手。

但是，该问题运用递归思想解决则十分容易。将参加聚会的 n 个人平均分成 A、B 两组，则每组有 $\dfrac{n}{2}$ 个人。两组人之间彼此握手，保证 A 组的每个人都与 B 组的所有人握过手，同时，B 组的每个人也都与 A 组的所有人握过手，则握完手所用的最短时间为 $\dfrac{n}{2}$。

握手的递归逻辑如图 8.5 所示。

此时 A、B 两组之间已握手，只剩两组组内成员未完成握手。如果 A、B 两组人数相同，则某一组完成握手时另一组肯定也完成了握手；如果 A、B 两组人数不同，则当人数多的一组完成握手时另一组肯定也完成了握手，因此只需要考虑人多的一组。人多一组的最短握手时间又该怎么算呢？只需要再将其分为两组，按照上述思路进行递归，递归逻辑如图 8.6 所示。

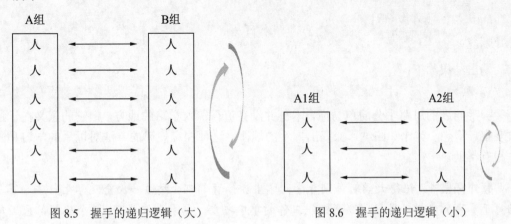

图 8.5 握手的递归逻辑（大）　　　　　图 8.6 握手的递归逻辑（小）

🔔**注意**：如果 n 为奇数，则 A、B 组人数分别为 $\dfrac{n-1}{2}$ 和 $\dfrac{n+1}{2}$，而握手所需要的最短时间为 $\dfrac{n+1}{2}$。

是否有种拨开云雾见月明之感？递归的自身公式为：

$$T_n = \begin{cases} T_{\frac{n}{2}} + \dfrac{n}{2}, & n\text{为偶数} \\[2mm] T_{\frac{n+1}{2}} + \dfrac{n+1}{2}, & n\text{为奇数} \end{cases}$$

递归结束条件为：

$$S_2 = 1$$

🔔**注意**：此处的递归结束条件也可以是 $S_1 = 0$。

至此，我们得到了自身函数和结束条件，"递""归"阶段也已解释完毕。

实现代码如下：

```
# 握手问题（时间）
def hands(n):
    # 也可为 n==1, return 0
    if n == 2:
        # 两人握一次手，即时间为 1s
        return 1
    # 当 n>2 时，需开始递归
    elif n % 2 == 0:
        # 当 n 为偶数可平分时
        return hands(n/2) + n/2
    # 当 n 为奇数时
    else:
        # 取人数多的一组
        return hands((n+1)/2) + (n+1)/2
hands(12)
```

输出结果如下：

```
12.0
```

握手问题的思路十分简单易懂，本身并没有值得深入学习的地方，但它的意义在于通过观察、猜想、类比和归纳，探究出握手的规律。这种探究规律的方法对以后的学习和工作很有帮助。

题外拓展 1：记得大学时每到春季，学生会体育部都会举办一次全院学生篮球联赛，而对于赛事的安排，是篮球联赛组织工作的重中之重。如果全院共有 15 个班级，采用单循环制，一共需要进行多少场比赛？

题外拓展 2：已知两点决定一条线段，如果某条直线上有 3 个点，则直线上共有几条线段？如果有 4 个点甚至 n 个点呢？

8.6 一起去看场电影吧

疫情尚未结束，为了保持合理的隔离距离，规定每场电影的上座率不得超过 30%。小李和舍友们一行 8 人准备去电影院看电影，他们买了电影票后，影院随机分配座位，但有人欢喜有人不欢喜，因为有人对自己分配到的座位并不满意，他们各自想要的座位如图 8.7 所示。

我们的任务就是尽最大努力进行协调，通过更换座位让对分配的位置满意的人数最多，并且不可引起不满（如果没有理想的位置，则不能要求换座位），专业用词叫最大排列问题。如果每个人指向的座位不同，或者说没有一个座位被两人同时指向，那么大家各取所需就可以了。但从图 8.7 中可以看到，b 和 d 都喜欢座位 C，而 a 和 e 都喜欢座位 D，这说明 b 和 d，a 和 e 这两对中至少各有一个人不在满意的集合中，那么应该留下谁呢？位置 C 和 D 又该给谁呢？

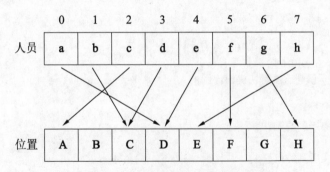

图 8.7 电影院的初始座位图

试想一下，如果将座位 C 给 b，那么 d 将坚定不移地坐在自己的座位 D 上，这直接导致 a 和 e 同时失去换位的资格；如果将座位 C 给 d，那么 b 将继续坐在自己的位置 B 上，由于没有箭头指向座位 B，所以无其他影响。显然，将位置 C 给 d 是明智的，也就是说，应该淘汰的是那个除了他自己以外，没有人指向他的座位的人。

假设 seat 为 8 个人各自想要的座位，则 seat=[3, 2, 0, 2, 3, 5, 7, 4]，people 则为满意集中的人的序号，初始为所有人，即{0, 1, 2, 3, 4, 5, 6, 7}，seat_set 为有箭头指向的座位的集合（由于要求目标座位不重复，所以用 set 类型）。

💬注意：下标从 0 开始，即 0 ~ 7。

实现代码如下：

```
# 最大排列问题（电影院）
def upto(seat, people=None):
    # 当只传入一个形参的值时
    if people == None:
        # people 的初始值为 0~7
        people = set(range(len(seat)))
    # 当最大满意集只剩一人时
    if len(people) == 1:
        # 他坐自己的座位就可以了
        return people
    print("现在最大满意集所剩的人:", people)
    # 将目标座位列表去重
    seat_set = set(seat[x] for x in people)
    # 看看是谁的凳子没人想坐
    A = people-seat_set
    print("没人想坐的凳子:", A)
    # 当有"坏凳子"时，说明还需要继续"踢人"
    if A:
        # 一个个去掉"坏凳子"的主人
        people.remove(A.pop())
        # 递归——调用自身函数
        upto(seat, people)
    # 最终结果
```

```
    return people
# 各自想要的座位
seat = [3, 2, 0, 2, 3, 5, 7, 4]
# 无须传入 people 的值
print("解决不了问题就解决提出问题的人，大家坐: ", upto(seat))
```

输出结果如下：

```
现在最大满意集所剩的人：{0, 1, 2, 3, 4, 5, 6, 7}
没人想坐的凳子：{1, 6}
现在最大满意集所剩的人：{0, 2, 3, 4, 5, 6, 7}
没人想坐的凳子：{6}
现在最大满意集所剩的人：{0, 2, 3, 4, 5, 7}
没人想坐的凳子：{7}
现在最大满意集所剩的人：{0, 2, 3, 4, 5}
没人想坐的凳子：{4}
现在最大满意集所剩的人：{0, 2, 3, 5}
没人想坐的凳子：set()
解决不了问题就解决提出问题的人，大家坐: {0, 2, 3, 5}
最终结果为{0, 2, 3, 5}
```

由结果可知，满意集中仍有 4 个人——第 0、2、3、5 个人，解决方法为 a 坐座位 D，c 坐座位 A，d 坐座位 C，f 坐他自己的座位 F，如图 8.8 中的虚线所示。

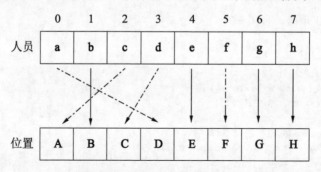

图 8.8　重排后的电影院座位

然而，上面的算法的时间复杂度为平方级别，因为其中 B 的生成需要线性时间。是否有其他更加高效的方法呢？当然有，可以用迭代，大部分递归可以解决的问题，迭代也可以。

我们试着引入计数的思想：为每个座位设置一个计数器，统计指向它的箭头数量。与递归算法的思路相似，淘汰空座位所对应的人员之后，找到该人员的箭头所指向的座位，只需要递减该座位的计数值即可。当某个座位的计数器为 0 时，将该座位及与它相对应的人员一同淘汰即可。

实现代码如下：

```
# 最大排列问题（电影院_迭代）
def upto(seat):
```

```
    # 几个座位便有几个人
    people = set(range(len(seat)))
    # 每个座位对应一个计数值
    counts=[0]*len(seat)
    for i in seat:
        # 计算各座位的权重
        counts[i] += 1
    # 看看是谁的凳子没人想坐
    A = [i for i in people if counts[i] == 0]
    # 当有"坏凳子"时,说明还需要继续"踢人"
    while A:
        print("现在最大满意集所剩的人:", people)
        print("没人想坐的凳子:", A)
        # 搬走"坏凳子"
        i = A.pop()
        print("搬走第{}个凳子......".format(i))
        # 踢掉"坏凳子"的主人
        people.remove(i)
        # 询问"坏凳子"主人所倾向的座位
        j = seat[i]
        # 将该座位的计数值减 1
        counts[j] -= 1
        # 如果计数值为 0
        if counts[j] == 0:
            # 将该位置加到"坏凳子"集合里
            A.append(j)
    return people
# 各自想要的座位
seat = [3, 2, 0, 2, 3, 5, 7, 4]
# 无须传入 people 的值
print("解决不了问题就解决提出问题的人,大家坐:", upto(seat))
```

输出结果如下:

```
现在最大满意集所剩的人: {0, 1, 2, 3, 4, 5, 6, 7}
没人想坐的凳子: [1, 6]
搬走第 6 个凳子......
现在最大满意集所剩的人: {0, 1, 2, 3, 4, 5, 7}
没人想坐的凳子: [1, 7]
搬走第 7 个凳子......
现在最大满意集所剩的人: {0, 1, 2, 3, 4, 5}
没人想坐的凳子: [1, 4]
搬走第 4 个凳子......
现在最大满意集所剩的人: {0, 1, 2, 3, 5}
没人想坐的凳子: [1]
搬走第 1 个凳子......
解决不了问题就解决提出问题的人,大家坐: {0, 2, 3, 5}
```

最终的满意集中依旧是 4 个人,即序号为 0、2、3、5 的人,解决方法为 a 坐座位 D,c 坐座位 A,d 坐座位 C,f 坐他自己的座位 F。

结果与递归思想下的输出结果如出一辙，说明可行，但迭代的效率却提高了。由于引入了计数的思想，每次迭代只需要判断当前位置的计数值是否为 0 即可，无须与递归一样使用 for 循环来生成 B，所以该算法的时间复杂度属于线性级。

8.7　请展示所有排列

除了"最大排列问题"，还有另一个与排列有关的算法，叫作"全排列问题"。全排列，即全部的排列，而本节要实现的一个例子便是展示所有排列。

要求很简单：输入一个字符串，按字典序打印出该字符串的所有字符所能构成的排列。例如，输入字符串 abc，则打印出由字符 a、b、c 排列出的所有字符串——abc、acb、bac、bca、cab 和 cba，如图 8.9 所示。

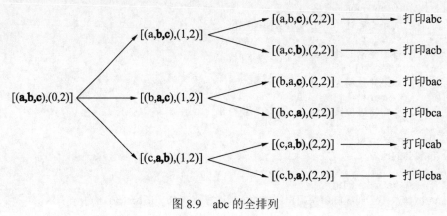

图 8.9　abc 的全排列

字典序是什么呢？就是按照字典中出现的先后顺序进行排序，也叫字典顺序或词典顺序。这种泛化的目的在于使某些序列自身包含前后顺序的信息，如 bac 一定排在 bca 前面，而在 3 个字母的全排列中，abc 一定是首位，在最后面的一定是 cba。

我们都知道，a、b、c 三个字符有 6 种排列形式，而 a、b、c、d 四个字符有 A_4^4=4!=4×3×2×1=24 种排列形式，五个字符有 A_5^5=5!=5×4×3×2×1=120 种排列形式…… A_a^b 即为排列，也写作 $A(a,b)$，与 A_a^b 相对应的是 C_a^b，即为组合，也写作 $C(a, b)$，二者合起来就叫作排列组合。还记得 6.1 节的内容吗？这两节的知识点有一些相像的地方。同时，排列组合也涉及阶乘的内容（5.7 节已经讲过），因为排列组合的公式正是由阶乘组成的：

$$A_a^b = \frac{a!}{(a-b)!}$$

$$C_a^b = \frac{a!}{b! \times (a-b)!}$$

或许老师教我们排列组合时只是告诉我们这两个公式，然后让我们记牢，再多多练习，但其实，背公式是最"傻"的。下面我们来讲一下怎样更有效地记住这个公式。

我们知道，A_a^b 表示的意思是：从 a 个元素中依次选出 b 个元素，需要考虑顺序。相当于有 b 个坑，要从 a 个元素中逐个取出数来填，第一个坑有 a 种选择，第二个坑有（$a-1$）种选择，第三个坑有（$a-2$）种选择，以此类推，第 b 个坑有（$a-b+1$）种选择，把这些选择数都乘起来，便可以得到 A_a^b 的值了，即：

$$A_a^b = a \times (a-1) \times (a-2) \times \cdots \times (a-b+1)$$

公式太长还是记不住？没关系，我们发现，a 到（$a-b+1$）之间刚好是 b 个值，以 A_5^2 为例，我们只需要将 5 往下自减 1 的 2 个数进行相乘，如 5×4，便得到 A_5^2 的结果 20。完全不用理会阶乘相除的公式，b 为多少则乘多少个数即可。

C_a^b 又该怎么掌握呢？C_a^b 表示的意思是：从 a 个元素中选出 b 个元素，不需要考虑顺序。从 $C_a^b = \dfrac{a!}{b! \times (a-b)!}$ 中是可以看到 A_a^b 的影子，将 A_a^b 代入，得：

$$C_a^b = \frac{1}{b!} A_a^b$$

而刚好

$$b! = A_b^b$$

所以

$$C_a^b = \frac{A_a^b}{A_b^b}$$

掌握了 A_a^b 之后，通过 A_a^b 来理解 C_a^b，岂不是轻而易举的事情？排列组合的作用还是很多的，如可以做线性规划、抽象模型，还有人用它来算双色球的概率。

在了解了排列组合的计算方式之后，我们知道，排序字符串的长度每增加 1 位，可能排列的数量便会翻上几番，意味着不可能仅靠人力列举出某一个字符串的全排列结果。这里以字符串 abcd 为例。

（1）固定 a 不变，对[b, c, d]进行排列。

（2）固定 b 不变，对[c, d]进行排列。

（3）固定 c 不变，对[d]进行排列。

（4）固定 d 不变，则第一个排列为[a, b, c, d]。

第二种排列即在第（3）步时固定 d 不变，则第（4）步为固定 c 不变，从而得到第二个排列[a, b, d, c]。同理，我们可以得到第 3 个排列[a, c, b, d]，第 4 个排列[a, c, d, b]，第 5 个排列[a, d, b, c]，第 6 个排列[a, d, c, b]。因为 $A_1^1 A_3^3 = 1 \times 3 \times 2 \times 1 = 6$，说明到这里以 a 开头的 6 种可能性就都排列出来了，只需要再分别以[b, c, d]作为开头的第一个固定位，同理便可得到字符串 abcd 的全排列结果。

于是，问题可以如此分解：对于序列 $T_1 = [x_1, x_2, x_3, \cdots, x_{n-1}, x_n]$ 而言，分别以 T_1 序列的每个元素作为第一个固定位，获得第一个位置的所有排列情况之后，在 T_1 序列中抽去该位置的元素，那么剩下的元素便可以看作一个全新的序列 $T_2 = [x_2, x_3, x_4, \cdots, x_{n-1}, x_n]$ 了。同样，对于序列 T_2，在固定了第一个位置的元素之后，抽去在 T_2 序列中的该元素便得到一个全新的序列 T_3。直到在 T_n 序列中只剩一个元素时，我们便得到所有可能的排列结果，显然这是一个递归算法。代码如下：

```python
# 全排列问题
def permutation(array):
    # 计算序列长度
    length = len(array)
    # 递归结束条件
    if length <= 1:
        # 一个元素自然只有一种排列——它自己
        return array
    else:
        # 用于存储排列结果
        result = []
        # 依次获得序列的所有元素并作为第一个固定位
        for i in range(length):
            # 固定位
            fix = array[i]
            # 分离固定位元素
            others = array[0:i] + array[i+1:length]
            # 非固定位元素的全排列结果
            for j in permutation(others):
                # 字符串拼接，放到 result 里
                result.append(fix + j)
        # 一次性返回全排列
        return result
permutation("abcd")
```

输出结果如下：

```
['abcd',
 'abdc',
 'acbd',
 'acdb',
 'adbc',
 'adcb',
 'bacd',
 'badc',
 'bcad',
 'bcda',
 'bdac',
 'bdca',
 'cabd',
 'cadb',
 'cbad',
```

```
'cbda',
'cdab',
'cdba',
'dabc',
'dacb',
'dbac',
'dbca',
'dcab',
'dcba']
```

　　这么一看，其实上面的实现过程也算是一种遍历，我们利用递归的思想实现了遍历的目的，因此就此处而言，也许这样表述才最贴切——递归是一种方法，而遍历是一种结果。

　　如果不是为了学习递归思想，完全不用这么大费周章，Python 其实还内置了一个 permulations 枚举方法，它被封装在 itertools 模块中。itertools 模块包含生成各种有效迭代器的函数，调用相应的函数即可返回迭代器对象，通过 for 循环、迭代器、生成器或生成器表达式等手段即可对返回的迭代器进行联合使用。我们只需要导入 itertools 库便可以直接调用函数得到全排列的结果。代码如下：

```
# 全排列问题（内置方法）
# 导入库
import itertools
# 依旧以 abcd 为例
array = "abcd"
# 需要将 permutations 对象转化为列表
full_array = list(itertools.permutations(array))
# 每个排列
for i in full_array:
    # 每个排列的每个元素
    for j in i:
        # 合并输出
        print(j, end="")
    # 制表符分隔
    print("\t")
```

输出结果如下：

```
abcd    abdc    acbd    acdb    adbc    adcb    bacd    badc    bcad
bcda    bdac    bdca    cabd    cadb    cbad    cbda    cdab    cdba
dabc    dacb    dbac    dbca    dcab    dcba
```

　　除了 permutations 方法之外，第三方库 itertools 还内嵌了另一个拥有相似功能的方法——combinations。permutations 方法重在是排列，combinations 方法则重在组合。当要求某些字符按照字典序输出所有非重复组合而非全排列时应使用 combinations。代码如下：

```
# 非重复组合（内置方法）
# 也可以只导入库中的某个方法
from itertools import combinations
# a 为总集合，此处初始化为 0~4
array = list(range(5))
# 第一个参数为可迭代序列，第二个参数为取出元素的数量
for i in combinations(array, 3):
```

```
    # 逐一取出
    for j in i:
        # 合并输出
        print(j, end="")
    print()
```

输出结果如下：

```
012
013
014
023
024
034
123
124
134
234
```

此外，还有一个重要的问题需要注意：如果字符串中有重复的字符应该怎么办呢？

例如 app——怎么排都只应该有 app、pap 和 ppa，但我们却可以得到'app', 'app', 'pap', 'ppa', 'pap', 'ppa' 6 种情况的输出结果，究其缘由，是 app、pap 和 ppa 均重复了两遍；再如 lol——在排列成 llo 之后，也是一样的；再比如 hhh——则更是离谱，一个 hhh 重复了 6 次。

鉴于这种情况该如何应对呢？加个限制条件或许能让情况有所好转：相同值的不同元素之间不进行交换。例如 app：第一个元素 a 与 pp 交换，得到 pap 和 ppa，第二个元素与第三个元素相同，所以不交换；然后对于 pap，由于 a 与 p 不同，所以交换得到 ppa，但是 ppa 已经有了，排列结果又出现了重复，说明这个方法还是不可行。

再换种思维：每次调换固定位的元素时，每个元素只能与不同值的元素各交换一次。依旧以 app 为例：第一个固定位元素为 a，将其与第二个元素 p 进行交换得到 pap，由于第二个元素与第三个元素同值，并且 a 已经与第二个元素交换过，所以不考虑第一个元素和第三元素之间的交换；然后考虑 pap，将第二个元素 a 与第三个元素 p 进行交换得到 ppa。完美！app 的全排列生成且不重复。代码如下：

```
# 全排列问题（重复元素）
def permutation(array):
    length = len(array)
    # 递归结束条件
    if length <= 1:
        return array
    else:
        result = []
        # 依次获得序列的所有元素并作为第一个固定位
        for i in range(length):
            # 每次固定位都与前一个元素进行判断
            if i > 0 and array[i] == array[i-1]:
                # 若相同则跳过
                continue
            fix = array[i]
```

```
        others = array[0:i] + array[i+1:length]
        # 非固定位元素的全排列结果
        for j in permutation(others):
            # 字符串拼接，放到 result 里
            result.append(fix + j)
    return result
permutation("app")
```

输出结果如下：

```
['app', 'pap', 'ppa']
```

8.8　我该带走什么

相信有些新手"驴友"在旅行前收拾行李时一定会遇到这样的情况：要带哪些东西才能在不超过自己的承重能力的前提下，保证所带物品的最大使用效率呢？

要相信，你遇到的问题，别人肯定也遇到过或者正在经历，我们并不是在孤军奋战，像"劫匪小偷抢超市"等，表述形式虽然不同，但是逻辑一样。

这在算法界同样有一个专业的名词——背包问题（Knapsack problem），它是一种组合优化的 NP 完全问题，相似问题经常在商业、组合数学，计算复杂性理论、密码学和应用数学等领域中出现。

假如一个房间里有 n 件物品，每件物品都有其相对应的重量和价值，现在给你一个固定承重量的背包，只允许你进入房间一次并可以在房间中选择物品然后装在背包中带走。每个物品只有一件并且不可拆分，选择的物品总重量不可超过背包的承重量。问：如何选取装入背包的物品，从而使背包中的物品的总价值最大？如图 8.10 所示。

图 8.10　背包中的物品

思路分析：

先将题目中的信息转化为数学表达方式。假设 n 个物品的编号分别从 1 至 n，每个物品 i 对应的重量为 w_i，价值为 v_i，背包的固定承重量为 W。

对于背包而言，考虑要装入什么物品，在 n 个物品中选不定项，我们都知道单选题最简单，双选题难，多选题很难，而不定项题则是最难的，因此难免毫无头绪，这时便要试着换个角度看问题了。对物品而言，每个物品只有两个选项——装？不装？并不存在同一物品装入多次，或者只装入物品的一部分的情况。不妨引入数组 X 来记录物品是否装入背包的状态，当 $x_i=0$ 时表示物品没有被装入背包，当 $x_i=1$ 时表示物品已被装入背包。

💬 **注意**：背包问题也被称为 0-1 背包问题。

由此，我们可以得到问题的约束条件为：

$$\begin{cases} \displaystyle\sum_{i=1}^{n} w_i x_i \leqslant W \\ x_i \in [0,1] \end{cases}$$

目标函数为：

$$\max \sum_{i=1}^{n} v_i x_i$$

至此，我们已将文字描述成功归结为寻找一个在满足约束条件下，使目标函数达到最大值的解向量 $\boldsymbol{X} = (x_1, x_2, x_3, \cdots, x_n)$ 问题。背包问题可以看成决策一个 n 元的 0-1 向量，并以该向量对问题的解进行描述。

在决策 x_i 时，序列 $(x_1, x_2, x_3, \cdots, x_{i-1})$ 已经被确定，此时决策的关键在于令 $x_i=0$ 或 $x_i=1$，即下列两种状态：

（1）背包承重量不足以装入物品 i，则 $x_i=0$，背包内物品的总价值不改变；

（2）背包承重量足以装入物品 i，则 $x_i=1$，背包内物品的总价值增加 v_i；

令 $C[i][j]$ 表示子问题 $\begin{cases} \displaystyle\sum_{k=1}^{i} w_k x_k \leqslant j \\ x_k \in [0,1], 1 \leqslant k \leqslant i \end{cases}$ 的最优解，即 $C[i][j] = \max \displaystyle\sum_{k=1}^{i} v_k x_k$。此时，背包内物品的总价值应该是决策 x_i 后的价值，则该问题的子问题 $\begin{cases} \displaystyle\sum_{k=1}^{i-1} w_k x_k \leqslant j - w_i x_i \\ x_k \in [0,1], 1 \leqslant k \leqslant i-1 \end{cases}$ 的最

优值可表示为 $C[i-1][j-w_i x_i]$。总结得出，最优值的递归定义式为：

$$\begin{cases} C[0][j] = C[i][0] = 0 \\ C[i][j] = \begin{cases} C[i-1][j], j < w_i \\ \max\{C[i-1][j], C[i-1][j-w_{i-1}]+v_{i-1}\}, j \geq w_i \end{cases} \end{cases}$$

（1）当 i=0 时，$C[0][j]$=0,1≤j≤W；

（2）当 i=1 时，求出 $C[1][j]$,1≤j≤W；

（3）当 i=2 时，求出 $C[2][j]$,1≤j≤W；

······

当 i=n 时，求出 $C[n][j]$,1≤j≤W。

此时 $C[n][W]$ 即为整个问题的最优值。利用值 $C[n][W]$ 和二维数组 C，即可逆推出装入背包的具体物品。如果 $C[n][W] > C[n-1][W]$，则说明物品 n 已被装入背包，即 x_{n-1}=1，且前 n-1 个物品被装入承重量为 W-w_{n-1} 的背包中，否则说明物品 n 未被装入背包，即 x_{n-1}=0。具体的推导过程如下：

- 当 $C[i][j]$=$C[i-1][j]$时，x_{i-1}=0，j=j；
- 当 $C[i][j]$>$C[i-1][j]$时，x_{i-1}=1，j=j-w_{i-1}。

注意：上述推导思路和过程十分复杂，读者一定要参透。另外，下标的初始计数和同一变量名在不同位置上的意义不同。

实现代码如下：

```python
# NumPy 一定要掌握
import numpy as np

def bag(weight, value, W):
    '''
    weight: 承重量数组
    value: 价值数组
    W: 背包承重量
    '''
    # 物品的个数
    num = len(weight)
    # c 是表示背包状态的二维数组，从 0~num
    c = np.zeros((num+1, W+1), int)
    # x 为物品的状态数组，默认为 0，1 表示放入背包
    x = [0] * num
    # 1~num
    for i in range(1, num+1):
        for j in range(1, W+1):
            # 背包承重量小于物品时
            if j < weight[i-1]:
                # 舍弃该物品
                c[i][j] = c[i-1][j]
            else:
                # 最优值的迭代式子
```

```
                c[i][j] = max(c[i-1][j], c[i-1][j-weight[i-1]] + value[i-1])
        # 取 c 数组的最大下标
        cap = W
        # 从 num~1 反向推导背包中的物品
        for i in range(num, 0, -1):
            # 同一背包格的 i 状态>i-1 状态，则说明第 i 件物品被放入了背包
            if c[i][cap] > c[i-1][cap]:
                # 1 为放入背包
                x[i-1] = 1
                # 减去当前物品的重量
                cap -= weight[i-1]
        # 输出最大价值和状态数组，方便检验
        print("最大价值为{}，最优解为{}。".format(c[num][W], x))
# 重量数组
weight = [2, 13, 14, 8, 1, 5]
# 价值数组
value = [2, 9, 11, 6, 1, 4]
# 背包承重量
W = 23
# 调用函数
bag(weight, value, W)
```

输出结果如下：

最大价值为 18，最优解为[0, 0, 1, 1, 1, 0]。

结果分析：

已知物品重量为[2, 13, 14, 8, 1, 5]，物品价值为[2, 9, 11, 6, 1, 4]，背包承重量为 23，背包状态的二维数组为 C，行序号为物品的编号，列序号为背包的承重量。

根据代码与算法的设计，对各步骤数组 C 进行图解分析如下：

（1）初始化 C 的第 0 行和第 0 列：

	0	1	2	3	4	5	6	7	8	9	10	11	12	13	14	15	16	17	18	19	20	21	22	23
0	0	0	0	0	0	0	0	0	0	0	0	0	0	0	0	0	0	0	0	0	0	0	0	0
1	0																							
2	0																							
3	0																							
4	0																							
5	0																							
6	0																							

（2）当 $i=1$ 时，由于 $w_0=2$，$v_0=2$，此时需要分情况讨论：

当 $j<w_0$，即 $j<2$ 时，$C[1][j] = C[0][j]$。

当 $j \geq w_0$，即 $j \geq 2$ 时，　$C[1][j] = \max\{C[0][j], C[0][j-w_0] + v_0\}$

$$= \max\{C[0][j], C[0][j-2] + 2\}$$

此时，二维数组 C 如下：

	0	1	2	3	4	5	6	7	8	9	10	11	12	13	14	15	16	17	18	19	20	21	22	23
0	0	0	0	0	0	0	0	0	0	0	0	0	0	0	0	0	0	0	0	0	0	0	0	0
1	0	0	2	2	2	2	2	2	2	2	2	2	2	2	2	2	2	2	2	2	2	2	2	2
2	0																							
3	0																							
4	0																							
5	0																							
6	0																							

（3）当 $i=2$ 时，由于 $w_1=13$，$v_1=9$，此时需要分情况来讨论：

当 $j < w_1$，即 $j < 13$ 时，$C[2][j] = C[1][j]$

当 $j \geq w_1$，即 $j \geq 13$ 时，　$C[2][j] = \max\{C[1][j], C[1][j-w_1] + v_1\}$

$$= \max\{C[1][j], C[1][j-13] + 9\}$$

此时，二维数组 C 如下：

	0	1	2	3	4	5	6	7	8	9	10	11	12	13	14	15	16	17	18	19	20	21	22	23
0	0	0	0	0	0	0	0	0	0	0	0	0	0	0	0	0	0	0	0	0	0	0	0	0
1	0	0	2	2	2	2	2	2	2	2	2	2	2	2	2	2	2	2	2	2	2	2	2	2
2	0	0	2	2	2	2	2	2	2	2	2	2	2	9	9	11	11	11	11	11	11	11	11	11
3	0																							
4	0																							
5	0																							
6	0																							

（4）当 $i=3$ 时，由于 $w_2=14$，$v_2=11$，此时需要分情况进行讨论：

当 $j < w_2$，即 $j < 14$ 时，$C[3][j] = C[2][j]$

当 $j \geq w_2$，即 $j \geq 14$ 时，　$C[3][j] = \max\{C[2][j], C[2][j-w_2] + v_2\}$

$$= \max\{C[2][j], C[2][j-14] + 11\}$$

此时，二维数组 C 如下：

	0	1	2	3	4	5	6	7	8	9	10	11	12	13	14	15	16	17	18	19	20	21	22	23
0	0	0	0	0	0	0	0	0	0	0	0	0	0	0	0	0	0	0	0	0	0	0	0	0
1	0	0	2	2	2	2	2	2	2	2	2	2	2	2	2	2	2	2	2	2	2	2	2	2
2	0	0	2	2	2	2	2	2	2	2	9	11	11	11	11	11	11	11	11	11	11	11	11	11
3	0	0	2	2	2	2	2	2	2	2	9	11	11	13	13	13	13	13	13	13	13	13	13	13
4	0																							
5	0																							
6	0																							

（5）同理可推导出：

当 i 分别等于 4、5、6 时，$C[i][j]$ 的值如下：

	0	1	2	3	4	5	6	7	8	9	10	11	12	13	14	15	16	17	18	19	20	21	22	23
0	0	0	0	0	0	0	0	0	0	0	0	0	0	0	0	0	0	0	0	0	0	0	0	0
1	0	0	2	2	2	2	2	2	2	2	2	2	2	2	2	2	2	2	2	2	2	2	2	2
2	0	0	2	2	2	2	2	2	2	2	9	9	11	11	11	11	11	11	11	11	11	11	11	11
3	0	0	2	2	2	2	2	2	2	2	9	11	11	13	13	13	13	13	13	13	13	13	13	13
4	0	0	2	2	2	2	6	6	8	8	8	9	11	11	13	13	13	13	13	15	17	17	17	17
5	0	1	2	3	3	3	3	3	6	8	8	8	9	11	12	13	14	14	14	14	17	18	18	18
6	0	1	2	3	4	5	6	7	7	8	9	9	10	11	12	13	14	14	15	16	17	18	18	18

（6）从第（5）步可以看出，$C[6][23]$ 即为整个问题的最优值。利用值 $C[6][23]$ 和二维数组 C，即可逆推出装入背包的具体物品。

由于 $C[6][23]= C[5][23]$，所以第 6 个物品不装入背包，$x_5=0$；

由于 $C[5][23] > C[4][23]$，所以第 5 个物品装入背包，$x_4=1$，$j = j-1 = 23-1 = 22$；

由于 $C[4][22] > C[3][22]$，所以第 4 个物品装入背包，$x_3=1$，$j = j-8 = 22-8 = 14$；

由于 $C[3][14] > C[2][14]$，所以第 3 个物品装入背包，$x_2=1$，$j = j-14 = 14-14 = 0$；

由于 $j=0$，并且 $C[i][0]$ 均等于 0，所以第 2 个和第 1 个物品都不装入背包，$x_1=x_0=0$，求得最优值下的解向量 X 为 [0, 0, 1, 1, 1, 0]，大功告成！

背包问题自从 1978 年由 Merkle 和 Hellman 提出之后，经过发展和变化，衍生出了更多的背包问题，如多重背包问题、完全背包问题、分数背包问题等，让我们一起来看看吧。

1．多重背包问题

如果每件物品并不限定于一件，第 i 个物品最多有 n_i 件可用，那么该如何实现呢？这与 01 背包问题十分相似，区别只在于第 i 种物品有 $n+1$ 种策略：取 0 件，取 1 件，……取 n 件。为了降低复杂度，我们仍然倾向于二进制的思想，只需要将 n_i 件物品 i 当作 n_i 件相同质量、相同价值的不同物品 $i_0 \sim i_{n_{i}-1}$，便可以成功将问题转化，然后再套用基础背包问题的方程即可。

2. 完全背包问题

如果每件物品不限于一件，也不限于 n_i 件，而是任意件呢？在完全背包问题中，从每种物品的角度考虑，与它相关的策略已并非取或不取两种，而是有取 0 件、取 1 件和取 2 件等不确定种。我们仍可以按照每种物品不同的策略写出状态转移方程，只需要令 f[i,v] 表示前 i 种物品放入一个承重量为 v 的背包的最大权值，但这有点复杂。不如顺延转化多重背包问题的解题思路——将一种物品拆成多件物品。虽然简单，但相信会是一种行之有效的方法。已知背包承重量为 W，那么第 i 件物品最多可选择 $\left\lceil \dfrac{W}{w_i} \right\rceil$ 件。于是，完全背包问题便成功转化为多重背包问题。

3. 分数背包问题

如果物品并非整体，而是可拆分的呢？由于我们先学的整数而后学的分数，所以潜意识会认为分数较难于整数。其实不然，在背包问题中刚好相反。分数背包问题甚至无须用公式，只需要分别算出所有物品的单位价值，然后根据各个物品的单位价值，按从大到小的顺序依次选取物品并装入背包，当无法装入下一件完整的物品时，只需要拆分出和该背包的剩余空间相符的物品装入背包即可。

8.9　小青蛙跳跳跳

从前有一只小青蛙，十分喜爱思考。有一天它准备去灵山求佛，愿意用几世换一世情缘，希望可以感动上天。当小青蛙来到寺庙前时，它突然犹豫了，望着高耸入云的楼梯，它不禁思考一个问题：我随随便便就可以跳上一级台阶，如果奋力一跃就可以跳上两级，那我跳完这些楼梯可以有多少种跳法呢？如图 8.11 所示。

思路分析：

假设楼梯共有 n 级台阶，并且总跳法记录为 $f(n)$，则有以下情况：

（1）当楼梯只有一个台阶，即 $n=1$ 时，必然只有一种跳法，如图 8.12 所示。

$$f(1)=1$$

（2）当楼梯有两个台阶，即 $n=2$ 时，则可以有两种跳法："先跳一步再跳一步"和"直接跳两步"，如图 8.13 和图 8.14 所示。

$$f(2)=2$$

（3）当楼梯有 *n* 个台阶时，总跳法的计算就有些麻烦了。但是千里之行，始于足下，凡事都要有踏出第一步的勇气。因此，我们应该从青蛙的第一步如何选择进行判断：是随便一阶，还是奋力二阶？

图 8.11　青蛙跳台阶图

图 8.12　一个台阶时青蛙的跳法

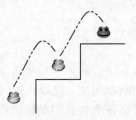

图 8.13　两个台阶时青蛙的跳法 1

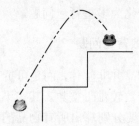

图 8.14　两个台阶时青蛙的跳法 2

第一次跳为一阶跳，则剩下 *n*-1 级台阶，此时跳法的数目等于剩余 *n*-1 级台阶的跳法数目，即 *f*(*n*-1)，如图 8.15 所示。

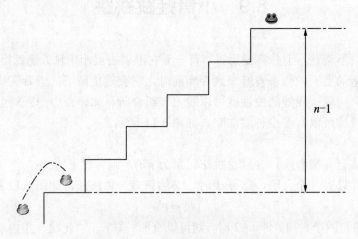

图 8.15　*n* 个台阶时青蛙的跳法 1

　　第一次跳为二阶跳，则剩下 $n-2$ 个台阶，此时跳法的数目等于剩余 $n-2$ 级台阶的跳法数目，即 $f(n-2)$，如图 8.16 所示。

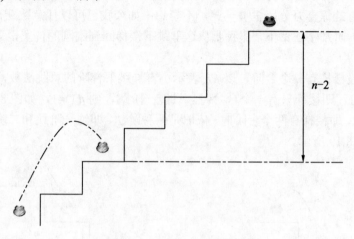

图 8.16　n 个台阶时青蛙的跳法 2

　　将上述两种情况相加，得到递归公式如下：

$$f(n) = f(n-1) + f(n-2)$$

　　是否觉得这个递归公式十分熟悉呢？你没记错，它就是斐波那契数列，是那个无限逼近黄金分割的比值，是那个线性递推的"兔子数列"。其表达式如下：

$$f(n) = \begin{cases} 1 & ,n=1 \\ 2 & ,n=2 \\ f(n-1)+f(n-2), & n>2 \end{cases}$$

实现代码如下：

```python
# 青蛙跳台阶
def frogjump(n):
    # 台阶数若小于 0，说明楼梯为虚幻
    if n <= 0:
        return 0
    # 当台阶数为 1 和 2 时
    if n <= 2:
        # 跳法等于自身数值
        return n
    # 当台阶数大于 2 时，跳法数为前二者之和
    return frogjump(n-1) + frogjump(n-2)
print("如果楼梯一共有 18 层，则小青蛙一共可以有 {}种跳法。".format(frogjump(18)))
```

输出结果如下：

```
如果楼梯一共有 18 层，则小青蛙一共可以有 4181 种跳法。
```

　　既然我们已经和斐波那契这么熟悉了，这里应该不难理解吧。其实就是把递归当成复

杂的循环来写，如果读者不明白递归的过程，可以试着多模拟几遍。

　　于是，青蛙跳完了所有台阶，却意外得到佛祖的金针点化，习得腾跳之术，突破了两阶的限制。小青蛙惊喜万分，歪嘴一笑，不禁想：如今我已可以任意跳跃，一阶、二阶、三阶……甚至 n 阶都不在话下，那我要从这里跳下楼梯回到刚刚的位置，又可以有多少种跳法呢？

　　同样，假设楼梯有 n 个台阶，以 $f(n)$ 表示小青蛙跳下台阶的总跳法数，并且 $f(0)=0$：

　　（1）当 $n=1$，即楼梯只有一个台阶时，只能一阶跳，则 $f(1)=1$，如图 8.17 所示。

　　（2）当 $n=2$，即楼梯有两个台阶时，依旧是两种跳法，即纯一阶跳和二阶跳，则 $f(2)=2$，如图 8.18 和图 8.19 所示。

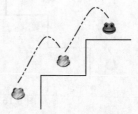

　　图 8.17　一个台阶时青蛙的进阶跳法　　　　图 8.18　两个台阶时青蛙的进阶跳法 1

　　（3）当 $n=3$，即楼梯有 3 个台阶时，则第一次跳为一阶跳，则剩下 3-1 个台阶，剩余的跳法为 $f(3-1)$，如图 8.20 所示。

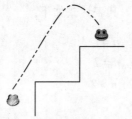
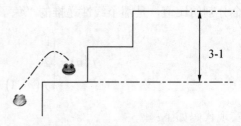

　　图 8.19　两个台阶时青蛙的进阶跳法 2　　　　图 8.20　三个台阶时青蛙的进阶跳法 1

　　第一次跳为二阶跳，则剩下 3-2 个台阶，剩余的跳法为 $f(3-2)$，如图 8.21 所示。

　　第一次跳为三阶跳，则剩下 3-3 个台阶，剩余的跳法为 $f(3-3)$，如图 8.22 所示。

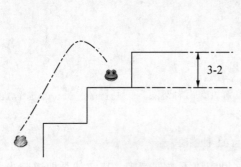
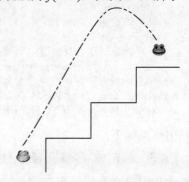

　　图 8.21　三个台阶时青蛙的进阶跳法 2　　　　图 8.22　三个台阶时青蛙的进阶跳法 3

将上述三种情况相加，得：

$$f(3)=f(2)+f(1)+f(0)=2+1+1=4$$

（4）当 $n=n$，即楼梯有 n 个台阶时，可类比于 $n=3$ 的情况：一阶跳后，剩余的跳法数为 $f(n-1)$；二阶跳后，剩余的跳法数为 $f(n-2)$；三阶跳后，剩余的跳法数为 $f(n-3)$；……n 阶跳后，剩余的跳法数为 $f(n-n)$，汇总可得：

$$f(n)=f(n-1)+f(n-2)+f(n-3)+\cdots+f(n-n)$$
$$=f(n-1)+\cdots+f(2)+f(1)+f(0)$$

（5）同理：

$$f(n-1)=f(n-2)+\cdots+f(2)+f(1)+f(0)$$

两式相减，得：

$$f(n)=2\times f(n-1)$$

因此递归公式如下：

$$f(n)=\begin{cases}0, & n=0 \\ 1, & n=1 \\ 2f(n-1), & n\geqslant 2\end{cases}$$

实现代码如下：

```
# 青蛙跳台阶（变态跳）
def abnormaljump(n):
    # 台阶数如果小于 0，则说明楼梯为虚幻
    if n <= 0:
        return 0
    # 当台阶数为 1 时
    if n == 1:
        # 跳法数为 1
        return 1
    # 当台阶数大于等于 2 时，跳法数为前者的 2 倍
    return 2*abnormaljump(n-1)
print("如果楼梯一共有 18 层，小青蛙一共可以有{}种跳法。".format(abnormaljump(18)))
```

输出结果如下：

```
如果楼梯一共有 18 层，小青蛙一共可以有 131072 种跳法。
```

除此之外，还有另一个数学上的解法，毕竟算法的本质就是数学。前文中我们已知：

$$f(n)=2\times f(n-1)$$

以及

$$f(n)=f(n-1)+f(n-2)+f(n-3)+\cdots+f(n-n)$$
$$=f(n-1)+\cdots+f(2)+f(1)+f(0)$$

将原式延伸并化简，得到：

$$f(n) = f(n-1) + f(n-2) + f(n-3) + \cdots + f(n-n)$$
$$= f(n-1) + \cdots + f(2) + f(1) + f(0)$$
$$= 1 + f(1) + 2f(1) + \cdots + 2^{n-2}f(1)$$
$$= 1 + 2^0 + 2^1 + \cdots + 2^{n-2}$$
$$= 2^{n-1}$$

即：$f(n) = 2^{n-1}$。

这样，整个变态跳的递归算法便又成功转化为一个简单的数学公式。即使不利用编程工具和编程语言，学得腾跳之术的小青蛙依旧可以随口算出在 n 阶楼梯面前，自己可以有多少种不同的跳法。

8.10 浅谈递归与迭代

迭代（Iterate）：指重复一定的算法，以逐步接近所期望的目的算法思想。

递归（Recursion）：指重复调用函数自身，将复杂情况逐步转化成基本情况的算法思想。

对于迭代和递归，可以分为前后两部分进行比对：在概念解释的前半句中二者都有重复之意，区别在于，递归以调用的形式实现重复，而迭代则更多以循环的形式实现重复（当然，调用也是循环的一种）；在概念解释的后半句中，二者都有逐步接近期望目的之意。

递归和迭代的区别在于：递归强调化繁为简、化大为小，而迭代则无关问题的大小或难易，甚至每次循环所面对的问题可能并无差异，而是将重点放在循环起点的赋值上，并据此影响本次循环的输出结果。

一句话总结——如果在函数内调用了自身，基本上就是递归。这么看来，递归在所有算法思想中是最有辨识度的。

跳出算法的专业性，我们可以用更加生动的例子来解释递归，那就是——套娃。小时候大家肯定都玩过一个文字游戏："你猜""你猜我猜不猜""你猜我猜你猜不猜""你猜我猜你猜我猜不猜"……刚毕业找工作时基本会遇到这种情况："我需要一份工作""那你要有工作经验""但我需要工作来获得经验""那就工作啊""所以我来应聘了""你的工作经验呢？"……后来"弹幕文化"兴起，出现了一波波的"禁止套娃"刷屏，如"禁止套娃""禁止禁止套娃""禁止禁止禁止套娃""禁止禁止禁止禁止套娃"……以及由弗洛伊德事件引发的新一轮的套娃"我是警察""我是警察的警察""我是警察的警察的警察""我是警察的警察的警察的警察"……回到递归，我们也可以这样说：要理解递归，就要先理解递归。

现在应该能深刻理解什么是递归了吧。但需注意的是，递归必须要有一个出口，将原问题化简为非递归的状态来处理，而不是无限制地调用本身。

除此之外，笔者在讲解辗转相除法时说过"每次调用的输出值就是下次调用的输入

值。"这可是迭代的专用介绍语,为何却述之于递归呢?先来看一段代码:

```
# 辗转相除法
def gcd(a, b):      # a、b 均为非负整数,且 a>b,也可以在函数中对 a、b 的大小进行判断
if b != 0:          # 当 b 不为 0 时,调用 gcd()函数
return gcd(b, a % b)  # 代入除数和余数
return a            # 直到余数为 0,则返回除数
```

由上述代码可以看出,我们调用了自身的 gcd 递归函数,并将形参赋值为 b 和 a% b,计算出一个新的参数值后再进行调用,十分符合迭代的核心"套路",但它又确确实实在函数内调用了自身函数,肯定是递归。这是怎么回事?

其实不难理解,细心的读者可以发现,在每次递归简化问题的同时,其实也简化了每次调用的输入值,也就是在迭代中所说的循环起点的赋值。因此从计算机角度来讲,递归是迭代的特例。但从数据结构来讲,则不可将二者归为一类,因为递归是一个树结构,而迭代更像是一个环结构。

再次以斐波那契数列为例。当我们定义了 $F(0)=1$ 及 $F(1)=1$ 之后,其他的所有情况都为 $F(n)=F(n-1)+F(n-2)$。所有 $n>1$ 的情况都可以在经过有限次反推后转换为 $F(0)=1$ 及 $F(1)=1$ 两种基本情况,核心代码如下:

```
#斐波那契数列
def fib(n):
    if n > 1:
        return fib(n-1) + fib(n-2)
    else:
        return 1
```

递归与迭代同族同宗,彼此相互交叉。但迭代描述的是在指令式编程语言中使用的编程风格,在循环代码中参与运算的变量同时是保存结果的变量,当前保存的结果作为下一次循环计算的初始值;递归则与之形成对比,更偏向于声明式的风格,在编程中的特征就是,在函数定义内重复调用该函数。

但是,递归并没有保存结果的习惯,因此会出现大量的重复计算,与迭代相比效率不高(当然也不至于比遍历低)。因此,虽然递归是逻辑美和简洁美的集成者,但是笔者更喜爱迭代,毕竟递归容易产生"栈溢出"错误(Stack overflow),而且迭代的效率更高(当你接触真正的大数据之后就会明白),还有很重要的一点就是递归可以实现的算法迭代基本也能做到!

那么,我们是不是就没有学习递归的必要了呢?递归的存在又有什么意义呢?世间万物的意义都是需要时间去检验的。递归没有被淘汰,即有其存在的理由。虽然所有递归函数都可以转换为迭代函数,但也只局限于函数,从算法结构来说,递归声明的结构不见得总能转换为迭代结构,因为结构的引申本身就属于递归的概念,此时迭代就算在设计初期也捉襟见肘,根本无法实现,就像动态多态的理论并不总是可以用静态多态的方法实现一样。最典型的例子就是链表,其存储和调用的声明十分晦涩,使用迭代方式从描述到实现都是不现实的,但递归却可以很简单地对其进行定义。

8.11　本 章 小 结

至此，我们已经讲解了 3 个最基本的算法思想：遍历、迭代和递归。对于这三者的联系和区别，读者一定要清楚并牢记于心。相较于遍历和迭代，递归的形态要容易辨认得多，只需要牢记"调用自身函数的算法，便是递归算法"便可。除此之外，递归还有两个要求和两个阶段。

两个要求：

- 必须在使用过程中调用自身；
- 必须明确一个递归结束条件。

两个阶段：

- 递：把复杂的大问题变成简单、重复的小问题；
- 归：把简单小问题的解归并成复杂大问题的解。

本章以递归作为一个解题方向，对前面已讲过的阶乘算法、辗转相除法、斐波那契数列等问题按新的思路进行了剖析和处理，并引入了很多经典的递归算法的例子，如汉诺塔数列、握手问题、电影院座位安排问题、全排列问题、背包问题和青蛙跳问题等，不刻意追求解题的模型，而是将精力放在解题思路的引导上，让读者真正领悟递归的精髓，掌握运用递归解决任何问题的能力。此外，前面讲的关于树的遍历，利用递归将会有更好的效果。

第9章 回溯算法

回溯法（Backtracking）是暴力搜索法中一种可以找出所有或者一部分解的算法，尤其适用于约束满足问题（CSP）。在试图解决问题时，我们会构造许多候选解，并逐一对候选解进行确认，如果确定某一部分无候选解或者不符合候选解的约束条件，则放弃该候选解及其衍生的子候选解，进而回退到其他候选解继续开始新的测试。此时，该节点为满足回溯条件状态的点，我们称之为"回溯点"。那么，什么是约束满足问题呢？

约束满足问题在人工智能领域和运筹学中是一个赫赫有名的数学问题，指需要在满足限制条件的前提下得出解决问题的方案。约束满足问题通常具有高复杂性，需要在合理的条件下，利用公式中的规律提供共同基础来分析和解决许多看似不相关的问题。例如，八皇后问题、填字游戏和数独等逻辑性的益智问题都是典型的约束满足问题。

约束满足问题通常利用搜索方法来解决，也就是回溯法。它对部分变量赋值，并在限制条件下对每个值的局部赋值的无矛盾性（Consistency）进行检查。在无矛盾的情况下会递归地向下调用，在递归的过程中，当所有的值都检查过并确定需要修改变量的赋值时，会倒退到某一个位置，也就是回溯。

回溯法解题一般有三大因素和三大步骤。

三大因素：

- 路径：已经做出的选择；
- 选择列表：当前可以做的选择；
- 约束条件：判断候选解是否为可行解的条件。

三大步骤：

（1）针对所给问题，确定问题的解空间。

（2）确定节点的扩展搜索规则。

（3）以深度优先方式搜索解空间，并在搜索过程中用剪枝函数避免无效搜索。

显然，回溯法实际上是一个类似于枚举的搜索尝试过程，采取试错的思想：将整个问题分步，并尝试找到局部最优解，当发现分步答案不能有效地解决问题时取消上一步或者若干步，然后重新通过其他方案尝试找到问题的答案。

回溯法通常用最简单的递归方法来实现，在反复重复上述步骤后可能出现两种情况：

- 找到一个正确答案；
- 在尝试了所有可能的候选解后宣告该问题无解。

🔊**注意**：在最坏的情况下，回溯法会导致进行一次时间复杂度为指数级别的计算。

除此之外，回溯法还有三大技巧：

- 回跳法：在某些情况下，通过回溯一个以上的变量来省去部分搜索；
- 可预见性：用来预先判定子问题满足与否的时机，以预判某一个赋值的影响；
- 约束传递：用来增强局部的一致性，以判断某一条件是否会影响一组变量或条件限制的一致性。

我们也可以将回溯问题的所有候选解想象为一棵解空间树，按照深度优先的搜索策略，从根节点开始对整棵树进行探索。解决一个回溯问题，实际上就是一个决策树的遍历过程。对于每一个节点，要先判断该节点是否符合约束条件。如果符合，便以该节点为新的根节点继续向下探索；如果不符合，则需逐层向其祖先节点回溯。如果用回溯法求问题的所有解，则需要回溯到根，并且根节点的所有可行子树均已被搜索才能结束；如果只需求问题的任一可行解，则只要搜索到问题的一个解便可以结束。

如果读者依然感觉有些"云里雾里"，没关系，接下来我们会用素数环、全排列问题、八皇后问题、背包问题、迷宫破解和马踏棋盘等几个经典的回溯算法问题来帮助你理解什么是回溯。

9.1 素数环问题

初步接触回溯算法，还得从素数环开始。素数环能够给我们展现回溯最初始、最简单的样貌。

给出以 1 开头的 n 个连续的正整数，将这 n 个数填入一个环的 n 个圆圈中，不重复且不遗漏，要求每个位置上的数字与其相邻数之和均为素数，即形成一个素数环，最后输出满足条件的结果。

思路分析：

假设 $n=6$，则环中应该有 6 个圆圈，初始形态如图 9.1 所示。

起点为 1，可以先把 1 填入任一个圆圈内，然后在剩下的 $n-1=5$ 个数字中寻找与 1 相加为素数的数（如果有多个候选值，则优先考虑靠前的数字）并填入相邻的圆圈内，然后继续从剩下的 $n-2=4$ 个数字中寻找与这个数相加之和为素数的数填入环中，以此类推，直到剩下最后一个数，与起点的 1 相加之和为素数，则满足题目要求，可以输出满足条件的结果。

但事情并没有想象的那么简单。如果在寻找的过程中并没有在剩下的数字中找到与当前数相加之和为素数的情况该怎么办？这就表明当前是一条"死路"，要往回走，别再傻傻地站

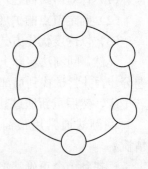

图 9.1　素数环的初始形态

在原地不知所措，考虑其他的候选解，尝试重新找到问题的答案。举个例子：

（1）填入 1，如图 9.2 所示。

（2）2+1=3，3 为素数，因此填入 2，如图 9.3 所示。

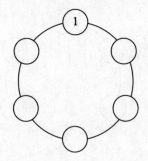 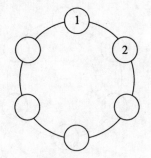

图 9.2 填入 1　　　　　　　　　图 9.3 填入 2

（3）2+3=5，5 为素数，因此填入 3，如图 9.4 所示。

（4）3+4=7，7 为素数，因此填入 4，如图 9.5 所示。

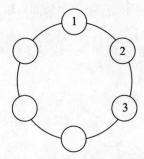 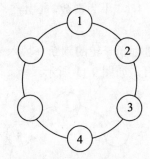

图 9.4 填入 3　　　　　　　　　图 9.5 填入 4

（5）4+5=9，9 不为素数，4+6=10，10 不为素数，无其他候选值，说明此路不通，需向后倒退，另外寻找满足条件的数，如图 9.6 所示。

（6）3+5=8，8 不为素数，3+6=9，9 也不为素数，只能继续回退，如图 9.7 所示。

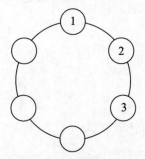 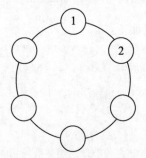

图 9.6 删除 4 并回退　　　　　　图 9.7 删除 3 并回退

（7）2+5=7，7 为素数，因此填入 5，如图 9.8 所示。

（8）5+3=8，8 不为素数，5+4=9，9 不为素数，5+6=11，11 为素数，因此填入 6，如图 9.9 所示。

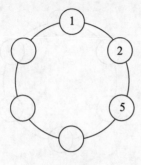
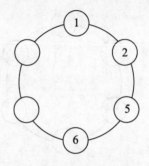

图 9.8　填入 5　　　　　　　　　　　图 9.9　填入 6

（9）6+3=9，9 不为素数，6+4=10，10 不为素数，又得回退，一直退到节点 2（因为 5 和 6 都无其他候选值了）。但 2+6=8，8 不为素数，再退一步，回到节点 1，此时 2 已不可行，而 1+3=4，4 不为素数，1+4=5，5 为素数，因此在第二个圆圈内填入 4，如图 9.10 所示。

（10）又进行新一轮的判断→填入→回退，最后发现第一个满足条件的情况为 1→4→3→2→5→6→1，如图 9.11 所示。

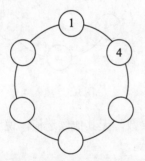
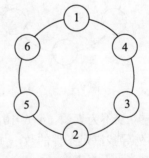

图 9.10　多项回退后填入 4　　　　　图 9.11　素数环的最终形态

实现代码如下：

```
# 素数环
# x = [1 for i in range(6)]
x = [1] * 6
# 还记得本书讲的第一个算法吗
prime = [2, 3, 5, 7, 11]
# x 的下标
i = 1
# 1 除外，其余 5 个环均需要进行判断
while i < 6:
    # 环中相邻两数之和不为素数，并且当前圆圈中的数字已被使用
```

```
    while x[i] + x[i-1] not in prime or x.count(x[i]) > 1:
        # 将圆圈中的数字+1
        x[i] += 1
        # 如果数字超过圆圈数，则需要回溯
        if  x[i] > 6:
            # 重置当前圆圈中的数字
            x[i] = 1
            # 前一个圆圈的数字+1
            x[i-1] += 1
            # 往前回溯两步
            i -= 2
            # 结束 while 循环
            break
    # 不论成功与否，都往前走一步
    i += 1
print("素数环数列 x 为", x)
```

注意：每次回溯两步，是因为在 while 循环外还有一个 i++。

输出结果如下：

```
素数环数列 x 为[1, 4, 3, 2, 5, 6]
```

9.2　全排列问题 I

学习了素数环之后，相信大家对回溯也算有所了解了吧。其实，前面的许多算法例子都已经融合了回溯的思想，如全排列问题。如果有 n 个不重复的数，则全排列会有 $n!$ 个。还记得当时我们如何将问题分解的吗？

对于序列 $T_1 = [x_1, x_2, x_3, \cdots, x_{n-1}, x_n]$，首先固定第一个数字，其次逐一选择第二个数字，接着再逐一选择第三个数字，直到 T_n 中只剩一个元素时便得到了所有可能的排列。

为了清晰起见，以不包含重复数字的[1,2,3]为例，我们可以画出如图 9.12 所示的决策树。

所谓决策树，即每个节点都需要做决策的树。只需要将该决策树从根节点开始遍历一次，记录下每次决策的数字，便可以得到[1,2,3]的全排列。

如图 9.12 所示，首次输出(1,2,3)之后，由于路径(1,2,3)之后无其他选择，即选择列表为空，因此回溯上一节点；由于路径(1,2,)之下的选择列表为[3]，而(1,2,3)已走过，因此选择列表剔除"3"选项，更新之后选择列表为空，继续回溯上一节点；由于路径(1,)之下的选择列表为[2,3]，而(1,2,)已走完，因此选择列表剔除"2"选项，更新之后选择列表为[3]，开始新一轮路径(1,3,)之后的选择……而结束条件就是遍历到决策树的底层，每次遍历到底层，就进行一次路径的输出并回溯。有多少个叶子节点，全排列就有多少个。

当然，全排列问题还有另一种形态的决策树，没有选择列表变量，而是通过剪枝对当前路径的选择进行限制，如图 9.13 所示。

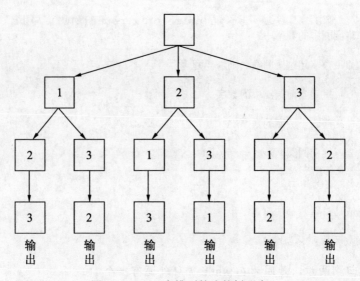

图 9.12　[123]全排列的决策树形态

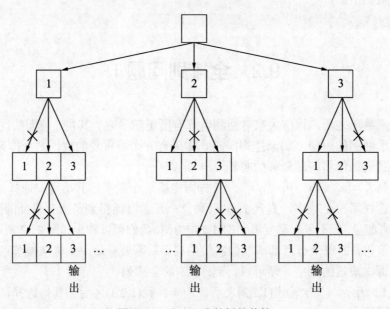

图 9.13　对[123]决策树的剪枝

当然，这个解决全排列问题的算法并不高效，因为剪枝时的时间复杂度也为 $O(n)$。而且必须要声明的是，由于决策树是基于回溯算法，所以不管怎么优化，总时间复杂度都绝不可能低于 $O(n!)$，因为不可避免地需要对整棵树进行遍历。

9.3　八皇后问题

通过对素数环和全排列的学习，相信读者对回溯问题已经有了清晰的了解。接下来让我们学习一个回溯的经典例子——八皇后问题（Eight queens）。

在 8×8 的方格棋盘上放置 8 个皇后棋，使得它们不相互攻击（在国际象棋中，皇后棋会对其同一行、同一列及同一斜线上的其他棋子发动攻击），求有多少种符合条件的放置方案。

八皇后问题是经典的约束满足问题，由国际象棋棋手克斯·贝瑟尔提出。他的最大的成就就是成功地难倒了数学家高斯。高斯在通过计算之后，认定一共有 76 种方案，而实际上，在之后的图论发展中证实，八皇后问题一共有 92 种方案，即使是在经过旋转、翻转及对角线对称变换之后，仍有 42 种方案。

思路分析：

题目中只有 3 个要求：行判断、列判断和斜线判断。

- 行冲突：处理十分简单，只需要设置一个队列，队列的索引即为行索引，逐行放置自然不会引发冲突。
- 列冲突：与行冲突相似，以队列中各个元素的数值代表皇后的列索引，那么只需要保证队列中的数值无重复即可。
- 斜线冲突：以 X 为行号，Y 为列号，斜线的表达式如下：

$$\begin{cases} Y = X + n, & n\text{为常数} \\ Y = -X + n, & n\text{为常数} \end{cases}$$

推导可得：

$$\begin{cases} Y - X = n, & n\text{为常数} \\ Y + X = n, & n\text{为常数} \end{cases}$$

也就是说，如果两个皇后在同一斜线上，则它们的行号与列号之和或之差是相等的，即：

$$\begin{cases} X_1 + Y_1 = X_2 + Y_2 \\ X_1 - Y_1 = X_2 - Y_2 \end{cases}$$

变换可得：

$$\begin{cases} X_1 - X_2 = Y_2 - Y_1 \\ X_1 - X_2 = Y_1 - Y_2 \end{cases}$$

也就是说，只要判断两个皇后的行号之差是否等于列号之差的绝对值，便可以知道它们是否在同一斜线上。表达式如下：

$$X_1 - X_2 = |Y_1 - Y_2|$$

实现代码如下：

```
# 是否冲突
def conflict(qlist, qvalue):
    '''
    :para  qlist：棋盘中已有的皇后
    :para  qvalue：即将放置的皇后
    :return  True：冲突，即不符合规则
    :return  False：不冲突，即符合规则
    '''
    # 取出当前皇后的行索引
    qindex = len(qlist)
    # 取出已有皇后的行和列索引
    for index, value in enumerate(qlist):
        # 列索引相同
        if qvalue == value:
            # 冲突
            return True
        # 行差的绝对值等于列差
        if abs(qvalue - value) == qindex - index:
            # 冲突
            return True
    # 不冲突
    return False
```

注意：列索引相同，等价于列差为 0，因此冲突判断的代码可进一步简写。

代码如下：

```
# 是否冲突
def conflict(qlist, qvalue):
    # 取出行和列索引
    for index, value in enumerate(qlist):
        # 列差等于行差，或列差等于 0
        if abs(qvalue - value) in (len(qlist) - index, 0):
            # 冲突
            return True
    # 不冲突
    return False
```

至于摆放棋子的规则也很简单，一共有两种：

（1）放入一个棋子后，根据冲突规则判断在下一行中棋子的可放置位置，一直到棋盘的最后一行。如果下一颗棋子无符合规则的位置，则退回上一行，将上一颗棋子放置在下一个位置，再次对下一行棋子的可放置位置进行判断。

（2）穷举出整个棋盘的所有放置方案，再利用冲突规则函数对每个方案进行判断，如果符合情况就放入队列。

我们使用第一种思路来设置放置棋子的规则。代码如下：

```
# 八皇后问题
def conflict(qlist, qvalue):
```

```
        # 取出行和列索引
        for index, value in enumerate(qlist):
            # 列差等于行差或列差等于 0
            if abs(qvalue - value) in (len(qlist) - index, 0):
                # 冲突
                return True
        # 不冲突
        return False
# 摆放规则
def putQueen(size, queen_list=[]):
    """
    :param  size: 棋盘规格，行和列相同
    :param  queen_list: 符合规则的棋子队列，默认为空 list
    """
    # 遍历一行棋子的每一列
    for col in range(size):
        # 如果不冲突，即返回 False
        if not conflict(queen_list, col):
            # 递归结束条件——最后一行
            if len(queen_list) == size-1:
                # yield 返回 col 列表
                yield [col]
            else:
                # 否则继续递归放置棋子
                for result in putQueen(size, queen_list+[col]):
                    yield [col] + result
# 调用 putQueen()，逐一输出结果
for i in putQueen(4):
    print(i)
```

输出结果如下：

```
[1, 3, 0, 2]
[2, 0, 3, 1]
```

注意：yield 是 Python 中的关键字，具备生成器的属性，需要调用 next 方法来执行。而 for 循环正好会不断调用 next 方法，而且能够捕捉异常并终止循环。

算法解析：

（1）第一次调用 putQueen()函数，参数为(4, [ ])，令 col 为 0，棋子放置在第一行的第一列，conflict()判断函数返回 False 且不为最后一行，即第 4 行，因此确认放入，生成列表[0]。

（2）第二次调用 putQueen()函数，参数为(4, [0])，令 col 为 0，拟放置在第二行第一列，conflict()函数返回 True，即与前皇后起冲突；令 col 为 1，拟放置在第二行第二列，conflict()函数返回 True；令 col 为 2，拟放置在第二行第三列，conflict()函数返回 False 且不为最后一行，因此确认放入，生成列表[0, 2]。

（3）第三次调用 putQueen()函数，参数为(4, [0, 2])，令 col 为 0，拟放置在第三行第一列，引发冲突；令 col 为 1，引发冲突；令 col 为 2，引发冲突；令 col 为 3，还是引发冲

突，因此选择列表为空，第三个棋子无处安身，putQueen()函数的第三次调用结束。

（4）由于使用了 yield 代码，所以回到函数的第二次调用，即第（2）步，再将 col 加 1，拟放置在第四列，conflict()函数返回 False，可行，因此确认放入，生成列表[0, 3]。

（5）第四次调用 putQueen()函数，参数为(4, [0, 3])，当 col=1 时，conflict()函数返回 False，因此确认放入，生成列表[0, 3, 1]。以此类推。

（6）当第四个棋子也找到合适的安身之处，即 4 颗棋子都和平共处时，则进入递归结束条件的判断：len(queen_list) = 3，执行 yield 代码，将当前 col 的值 2 放入列表，并返回上一级函数。

（7）上一级函数也执行 yield 代码，将函数内 col 的值 0 放入列表，并接上下一级函数返回的列表生成了[0, 2]，再返回上一级。

（8）一直执行 yield 代码，便可不断地将 col 的值放入接收的列表中。

（9）直到又遇到 yield 代码，最外层的函数暂停，col 为 1，列表为[3, 0, 2]，因此拼接后返回第一个结果[1, 3, 0, 2]。

（10）由于 next 的自动调用，各级函数又开始新的调用，直到返回所有的结果，递归结束，循环结束，函数结束，此时执行完毕。

关于八皇后问题的代码，只需要将第一次调用 putQueen()函数的参数由 4 改为 8 即可。输出结果如下：

```
[0, 4, 7, 5, 2, 6, 1, 3]    [0, 5, 7, 2, 6, 3, 1, 4]    [0, 6, 3, 5, 7, 1,
4, 2]    [0, 6, 4, 7, 1, 3, 5, 2]
[1, 3, 5, 7, 2, 0, 6, 4]    [1, 4, 6, 0, 2, 7, 5, 3]    [1, 4, 6, 3, 0, 7,
5, 2]    [1, 5, 0, 6, 3, 7, 2, 4]
[1, 5, 7, 2, 0, 3, 6, 4]    [1, 6, 2, 5, 7, 4, 0, 3]    [1, 6, 4, 7, 0, 3,
5, 2]    [1, 7, 5, 0, 2, 4, 6, 3]
[2, 0, 6, 4, 7, 1, 3, 5]    [2, 4, 1, 7, 0, 6, 3, 5]    [2, 4, 1, 7, 5, 3,
6, 0]    [2, 4, 6, 0, 3, 1, 7, 5]
[2, 4, 7, 3, 0, 6, 1, 5]    [2, 5, 1, 4, 7, 0, 6, 3]    [2, 5, 1, 6, 0, 3,
7, 4]    [2, 5, 1, 6, 4, 0, 7, 3]
[2, 5, 3, 0, 7, 4, 6, 1]    [2, 5, 3, 1, 7, 4, 6, 0]    [2, 5, 7, 0, 3, 6,
4, 1]    [2, 5, 7, 0, 4, 6, 1, 3]
[2, 5, 7, 1, 3, 0, 6, 4]    [2, 6, 1, 7, 4, 0, 3, 5]    [2, 6, 1, 7, 5, 3,
0, 4]    [2, 7, 3, 6, 0, 5, 1, 4]
[3, 0, 4, 7, 1, 6, 2, 5]    [3, 0, 4, 7, 5, 2, 6, 1]    [3, 1, 4, 7, 5, 0,
2, 6]    [3, 1, 6, 2, 5, 7, 0, 4]
[3, 1, 6, 2, 5, 7, 4, 0]    [3, 1, 6, 4, 0, 7, 5, 2]    [3, 1, 7, 4, 6, 0,
2, 5]    [3, 1, 7, 5, 0, 2, 4, 6]
[3, 5, 0, 4, 1, 7, 2, 6]    [3, 5, 1, 6, 0, 2, 4]    [3, 5, 7, 2, 0, 6,
4, 1]    [3, 6, 0, 7, 4, 1, 5, 2]
[3, 6, 2, 7, 1, 4, 0, 5]    [3, 6, 4, 1, 5, 0, 2, 7]    [3, 6, 4, 2, 0, 5,
7, 1]    [3, 7, 0, 2, 5, 1, 6, 4]
[3, 7, 0, 4, 6, 1, 5, 2]    [3, 7, 4, 2, 0, 6, 1, 5]    [4, 0, 3, 5, 7, 1,
6, 2]    [4, 0, 7, 3, 1, 6, 2, 5]
[4, 0, 7, 5, 2, 6, 1, 3]    [4, 1, 3, 5, 7, 2, 0, 6]    [4, 1, 3, 6, 2, 7,
5, 0]    [4, 1, 5, 0, 6, 3, 7, 2]
[4, 1, 7, 0, 3, 6, 2, 5]    [4, 2, 0, 5, 7, 1, 3, 6]    [4, 2, 0, 6, 1, 7,
5, 3]    [4, 2, 7, 3, 6, 0, 5, 1]
[4, 6, 0, 2, 7, 5, 3, 1]    [4, 6, 0, 3, 1, 7, 5, 2]    [4, 6, 1, 3, 7, 0,
```

```
2, 5]    [4, 6, 1, 5, 2, 0, 3, 7]
  [4, 6, 1, 5, 2, 0, 7, 3]    [4, 6, 3, 0, 2, 7, 5, 1]    [4, 7, 3, 0, 2, 5,
1, 6]    [4, 7, 3, 0, 6, 1, 5, 2]
  [5, 0, 4, 1, 7, 2, 6, 3]    [5, 1, 6, 0, 2, 4, 7, 3]    [5, 1, 6, 0, 3, 7,
4, 2]    [5, 2, 0, 6, 4, 7, 1, 3]
  [5, 2, 0, 7, 3, 1, 6, 4]    [5, 2, 0, 7, 4, 1, 3, 6]    [5, 2, 4, 6, 0, 3,
1, 7]    [5, 2, 4, 7, 0, 3, 1, 6]
  [5, 2, 6, 1, 3, 7, 0, 4]    [5, 2, 6, 1, 7, 4, 0, 3]    [5, 2, 6, 3, 0, 7,
1, 4]    [5, 3, 0, 4, 7, 1, 6, 2]
  [5, 3, 1, 7, 4, 6, 0, 2]    [5, 3, 6, 2, 4, 1, 7]    [5, 3, 6, 0, 7, 1,
4, 2]    [5, 7, 1, 3, 0, 6, 4, 2]
  [6, 0, 2, 7, 5, 3, 1, 4]    [6, 1, 3, 0, 7, 4, 2, 5]    [6, 1, 5, 2, 0, 3,
7, 4]    [6, 2, 0, 5, 7, 4, 1, 3]
  [6, 2, 7, 1, 4, 0, 5, 3]    [6, 3, 1, 4, 7, 0, 2, 5]    [6, 3, 1, 7, 5, 0,
2, 4]    [6, 4, 2, 0, 5, 7, 1, 3]
  [7, 1, 3, 0, 6, 4, 2, 5]    [7, 1, 4, 2, 0, 6, 3, 5]    [7, 2, 0, 5, 1, 4,
6, 3]    [7, 3, 0, 2, 5, 1, 6, 4]
```

9.4 往事成风，我该如何选择Ⅰ

在第 8 章中，我们已经对 0-1 背包问题有了初步的理解，利用 NumPy 第三方库及一个二维数组 $C[i][j]$ 实现了该问题的全排列，然后依据 $C[n][W]$ 的值逆推出装入背包的物品。虽然也得以实现，但是总复杂度较大，存储空间的损耗也较大。

本节将把 0-1 背包问题看作解空间树，按照深度优先的策略，从根节点出发搜索解空间树，在限制条件下对每一个值的局部赋值进行检查，若符合无矛盾的情况，则会递归向下调用，构建出所有候选解并逐一对候选解进行确认，如图 9.14 所示。

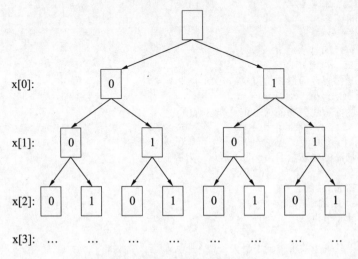

图 9.14 背包问题的决策树形态

△注意：$x[i]$ 代表第 i 个物品的状态；0 为不放入背包；1 为放入背包。

（1）树中的每一个节点都有 0 和 1 两个候选解。假设在 $x[0]$ 时选择了 0，即第一个物品不取，第二个物品也不取，第三个物品也不取，此时就变成了如图 9.14 所示的第一种情况。

（2）退回到 $x[2]$ 处，修改变量的赋值，取 $x[2]$ 等于 1，于是便得到了第二种情况，将该情况下的价值与情况（1）相比，大者即为目前的最优解。

（3）继续回溯，来到 $x[1]$ 处，更换一条路径（前两种情况都没取第二件物品），令 $x[1]$ 等于 1，则 $x[2]$ 又可选择 0 或 1 两种情况，得到两个价值，大者为优。

（4）回溯到 $x[0]$，即第一件物品处，令 $x[0]$ 等于 1，则第二件物品可取可不取，第三件物品可取可不取，共 4 种情况，权衡价值，大者为优。

掌握了基本思路后，还需要留意以下两点：

- 添加约束条件加以剪枝，如果确定某一部分候选解无解或者不符合约束条件，则放弃该候选解及其衍生出的子候选解，以减少无用的遍历。
- 求问题的所有解时需回溯到根，并且根节点的所有子树均已被搜索过才可结束。

现在假设 n 个物品的编号范围是 $1\sim n$，每个物品 i 对应的重量为 w_i，价值为 v_i，背包的固定承重量为 W。数组 x 用来记录物品是否装入背包的状态，当 $x_i=0$ 时表示物品没有被装入背包；当 $x_i=1$ 时表示物品已经被装入背包。

实现代码如下：

```python
# 背包问题（回溯）
class Bag:
    # 类自定义
    def __init__(self, w, v, W):
        # 重量数组
        self.w = w
        # 价值数组
        self.v = v
        # 背包的总承重量
        self.W = W
        # 最优解，即最大价值
        self.best_value = 0
        # 当前背包中物品的总重量和总价值
        self.now_weight = 0
        self.now_value = 0
        # 物品的状态数组，0 为不放，1 为放
        self.x = [0]*len(w)
    # 选取物品+回溯
    def bag(self, t):
        # 叶子节点
        if t > len(self.w)-1:
            # 若当前价值大于最大价值
            if self.now_value > self.best_value:
                # 保存最优解
                self.best_value = self.now_value
```

```
                return self.best_value
        # 非叶子节点
        else:
            # 0 为不取，1 为取
            for i in range(2):
                # 改变物品状态
                self.x[t] = i
                # 0 为不取，则不需要判断，继续下一个节点
                if i == 0:
                    self.bag(t+1)
                # 1 为取
                else:
                    # 注意约束条件
                    if self.now_weight + self.w[t] <= W:
                        # 质量和价值同时增加
                        self.now_weight += self.w[t]
                        self.now_value += self.v[t]
                        # 继续下一个节点
                        self.bag(t+1)
                        # 回溯上一个节点，需要恢复质量和价值的数值
                        self.now_weight -= self.w[t]
                        self.now_value -= self.v[t]
        return self.best_value
# 主函数
if __name__ == '__main__':
    # 重量数组
    weight = [2, 13, 14, 8, 1, 5]
    # 价值数组
    value = [2, 9, 11, 6, 1, 4]
    # 背包承重量
    W = 23
    # 调用函数
    b = Bag(weight, value, W)
    print("当背包总承重量为{}时，最大价值为{}。".format(W, b.bag(0)))
```

输出结果如下：

当背包总承重量为 23 时，最大价值为 18。

🔔注意：请仔细对比上述代码与背包问题递归版代码的异同之处。

还可以进一步优化，即搜索至解空间树的任一节点时，总是先判断该节点是否肯定不包含问题的解。如果肯定不包含，则跳过对以该节点为根的子树的系统搜索，逐层向其祖先节点回溯，否则，进入该子树，继续按深度优先的策略进行搜索。

那么，又该如何判断某一节点是否包含问题的解呢？

可为每个节点计算其上界（即该节点与其子节点的总价值），若当前价值加上该上界仍小于当前的最优总价值，则可将该节点和以该节点为根的子树剪去，以达到优化的效果。

9.5 迷宫逃亡

与背包问题一样，迷宫问题也是回溯思想的"集大成者"。前面我们利用广度搜索对所有节点展开了检查，层层遍历，层层堵截，直到找到结果为止。其基本思想为：从迷宫入口点（1,1）出发，向四周搜索，记下所有一步能到达的坐标点；然后依次再从这些点出发，再记下所有一步能到达的坐标点，以此类推，直到到达迷宫的出口点(n-1，n-1)为止，然后从出口点沿搜索路径回溯，直至入口。广度搜索的缺点是显而易见的——耗内存，运行时间也会比较长。

本节我们利用深度优先搜索思想，将每个状态空间看作一个节点，当未达到终点时，一直往下遍历，如果遇到这条路径无解，则回溯到上一个可行节点，再往其他方向搜索。

对于广度优先搜索而言，迷宫是肯定有解的，算法的目标是找出最短的路径；而深度优先搜索与广度优先搜索不同的是迷宫不一定有解，并且在找到第一个答案后便会结束搜索。

题目分析：

创建一个 9×9 的迷宫并记录在 maze 矩阵中，默认起点为（0,0），终点为（n-1,n-1），如图 9.15 所示。

同样先将迷宫转换为"数字形式"，设定有阻碍物的格子为 0，无阻碍物的格子为 1（入口和出口均为 1），则可将迷宫转换为如下二维列表：

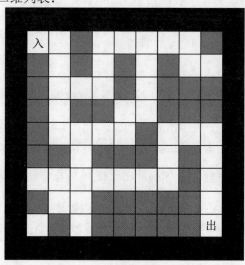

```
[[1, 1, 0, 1, 1, 1, 1, 1, 0],
 [0, 1, 0, 1, 0, 1, 0, 1, 1],
 [0, 1, 1, 1, 0, 1, 0, 0, 0],
 [0, 1, 0, 0, 1, 1, 0, 0, 0],
 [0, 1, 1, 1, 1, 0, 1, 1, 1],
 [0, 0, 1, 0, 0, 0, 1, 0, 1],
 [1, 1, 1, 1, 1, 1, 1, 0, 1],
 [0, 1, 1, 0, 0, 0, 0, 0, 1],
 [1, 0, 1, 0, 0, 0, 0, 0, 1], ]
```

为了对走过的路径进行记录，需要创建一个与迷宫数组相同规格的一个路径矩阵 flag。同时，还需要对每个格子进行判断：是否在迷宫内？是否无阻碍物？

图 9.15　迷宫

实现代码如下：

```
class MiGong():
    def __init__(self, n):
```

```
    # 迷宫规格
    self.size = n
    # 初始化结果矩阵为 0
    self.flag = [[0 for i in range(n)] for j in range(n)]

# 判断位置是否可走，返回 True 或 False
def isSafe(self, migong, x, y):
    # 1 为可走，0 为不可走
    if x >= 0 and x <= self.size - 1 and y >= 0 and y <= self.size - 1
and migong[x][y] == 1:
        return True
    else:
        return False
```

注意：代码中的结果矩阵 flag 也可以用 NumPy 定义。

以先右再下再左最后再上的顺序进行搜索（这四个方向便是该节点的选择列表），每走一步便将路径矩阵 flag 中相对应位置的值改为"-"，防止下一次重复移动；若为终点，则改为$。当遇到墙或者已走过的点时不能前进，即右下和左上都走不通时返回 False 并回溯到上一步，一直递归调用，直到找到迷宫的终点为止。如果迷宫无解，则输出 No solution!。

实现代码如下：

```
# 开始走迷宫
def gogogo(self, migong, x=0, y=0):
    '''
    x, y 为迷宫的起点，默认为（0，0），即左上角迷宫的终点默认为（n-1, n-1），即
右下角
    '''
    # 如果当前位置为终点，则说明逃离成功
    if x == self.size - 1 and y == self.size - 1:
        # 修改路径矩阵
        self.flag[x][y] = '$'
        return True

    # 如果此处的位置合法但是走过了，则返回上一步
    if self.isSafe(migong, x, y) and self.flag[x][y] == '-':
        return False

    # 如果当前位置不为终点，则往下走
    if self.isSafe(migong, x, y):
        # 将走过的方位进行标记，以防止下一次重复移动
        self.flag[x][y] = '-'
        # 尝试向右走
        if self.gogogo(migong, x + 1, y):
            return True
        # 尝试向下走
        if self.gogogo(migong, x, y + 1):
            return True
        # 尝试向左走
        if self.gogogo(migong, x - 1, y):
            return True
```

```
        # 尝试向上走
        if self.gogogo(migong, x, y - 1):
            return True
        # 如果上、下、左、右都不通，则标记为 0
        self.flag[x][y] = 0
        # 返回上一步
        return False
```

为了更加直观，还需要有输出路径的函数 printFlag(self, flag)，并在 gogogo()方法的终点判断中添加打印语句 self.printFlag(self.flag)。代码如下：

```
    # 打印路径矩阵
    def printFlag(self, flag):
        for i in flag:
            for j in i:
                # 对齐
                print('%4s'%str(j), end='')
            print('\n')
```

所有功能模块都已完成，最后编写一段主函数，新建一个 MiGong 类并调用类中的方法 gogogo()。代码如下：

```
# 主函数
if __name__ == '__main__':
    maze = [[1, 1, 0, 1, 1, 1, 1, 1, 0],
            [0, 1, 0, 1, 0, 1, 0, 1, 1],
            [0, 1, 1, 1, 0, 1, 0, 0, 0],
            [0, 1, 0, 0, 1, 1, 0, 0, 0],
            [0, 1, 1, 1, 1, 0, 1, 1, 1],
            [0, 0, 1, 0, 0, 0, 1, 0, 1],
            [1, 1, 1, 1, 1, 1, 1, 0, 1],
            [0, 1, 1, 0, 0, 0, 0, 0, 1],
            [1, 0, 1, 0, 0, 0, 0, 0, 1], ]
    # 创建 MiGong 类
    migong = MiGong(len(maze))
    # 调用 migong.gogogo()方法
    result = migong.gogogo(maze)
    # 判断迷宫是否无解
    if result == False:
        print("No solution!")
```

输出结果如下：

```
 -   -   0   0   0   0   0   0   0

 0   -   0   0   0   0   0   0   0

 0   -   0   0   0   0   0   0   0

 0   -   0   0   0   0   0   0   0

 0   -   -   0   0   0   -   -   0

 0   0   -   0   0   0   0   -   0   -
```

0	0	–	–	–	–	0	–	
0	0	0	0	0	0	0	0	–
0	0	0	0	0	0	0	0	$

根据输出结果在如图 9.15 所示的迷宫中画出从入口（0，0）到出口为（8，8）的逃亡路线，如图 9.16 所示。

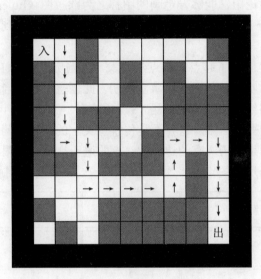

图 9.16　迷宫逃亡路线

9.6　骑士周游列国Ⅰ

在国际象棋的 8×8 棋盘上，随意放置一个棋子"马"，并按照走棋规则将马进行移动，并且每个方格只能到达一次，要求计算马走遍棋盘所有方格的周游路线，并将数字 1,2,3,……,64 依次填入棋盘的相应位置中。该问题也叫马踏棋盘（注意别反了），是旅行商问题（Travelling Salesman Problem ，TSP）和哈密顿回路问题（Hamilton Cycle Problem，HCP）的一个特例。

旅行商问题也叫旅行推销员问题：有一个推销员需要到 n 个城市推销产品，已知 n 个城市之间的距离，求推销员从任意一个城市出发，对每个城市均只拜访一次且最后回到出发城市的最短回路。这是组合优化中的一个 NP 问题，被许多优化方法当作其测试的基准。

那么哈密顿回路问题又是什么呢？首先需要清楚什么是哈密顿问题和哈密顿路径，而提到哈密顿问题又不得不提的是欧拉问题和一笔画问题。

一笔画问题大家应该接触过，小学的奥数题里就有，那是图论的启蒙。最早解决一笔画问题的人就是另一位数学界泰斗级人物——欧拉，而该问题的名字叫哥尼斯堡七桥问题。

哥尼斯堡被河流所分隔，中间有两座小岛，岛与陆地之间有桥梁连接，共 7 座，这便是名字的由来。那么，是否有办法可以从任意一个地方出发，在途经 7 座桥各一次之后又回到原点呢？答案是没有。有兴趣的读者可以自行翻阅欧拉在 1736 年发表的论文《哥尼斯堡的七桥》。

总结一下什么是一笔画问题：只给你一笔的机会，需要从起点画到终点，途中要经过所有边而不重复。在图论中，能够一笔画的图称之为欧拉图（Euler Graph），而相应的路径叫作欧拉路径（Euler Path）。如果路径是闭合的，即笔尖又回到了原点，则叫作欧拉回路（Euler Circuit）。

现在来看图 9.17，固定了起点和终点，要求一笔遍历所有的 18 个格子各一次，有多少种走法？这就转变为哈密顿问题了。事实证明，此题也无解。当然，如果不限制起点和终点，则存在 672 条路线，可以一笔遍历 18 个方格各一次。

值得注意的是，哈密顿回路问题并不是传统意义上的一笔画问题。在一笔画问题即欧拉问题中，我们考虑的是遍历所有的边一次，点的遍历次数是无限制的，而哈密顿问题正好相反，考虑的是遍历所有的点各一次，边的遍历次数则是无限制的。

起点					
终点					

图 9.17　哈密顿回路问题

同样，在哈密顿回路问题中，每次的走法叫作哈密顿路径（Hamiltonian Path）。如果路径是闭合的，则为哈密顿回路（Hamiltonian Cycle）。寻找一条最优的欧拉路径是简单的，而寻找一条最优的哈密顿路径则是很难的。后者被称为典型的 NP 问题，而 NP 问题在多项式时间内是无法完成的，并非不能解，只是很难解，时间复杂度超级高，至今仍是世界上的一大难题。

讲清楚了马踏棋盘的"前世今生"，接下来便可以套用回溯法的子集树模板。

思路分析：

8×8 的棋盘一共有 64 个格子（国家），要求每个国家都去过且只去过一次，也就是马一共需要走 64-1=63 步（第一个国家为出发点）。我们以数组的形式(n,m)代表每个国家的坐标，再创建一个 path 数组对马走过的国家的坐标进行存储。每次先判断下一步的目的地坐标是否已存在于 path 数组中，如果已存在，则说明马已经走过，不可再去。

总结一下，约束条件如下：

- 不可再次进入已去过的国家；
- 不可超过棋盘之外，即小于 0 和大于 n-1。

实现代码如下：

```
def conflict(size, x):
    '''
    冲突检测函数
    :para  size：棋盘的规格
    :para  x：当前的步数
    :return  True：冲突，即不符合规则
    :return  False：不冲突，即符合规则
    '''
    # 马跑出了界
    if path[x][0] < 0 or path[x][0] >= size or path[x][1] < 0 or path[x][1]
>= size:
        # 冲突
        return True
    # 该国家已经走过
    if path[x] in path[:x]:
        # 冲突
        return True
    # 不冲突
    return False
```

至于走棋规则就十分简单了，让马踏日字（象棋规则），如果先不考虑边界问题，即在每一个点最多有[(1,2), (2,1), (2,-1), (1,-2), (-1,-2), (-2,-1), (-2,1), (-1,2)]顺时针的 8 种走法。结合 conflict()判断函数，如果没踏过并且在棋盘之内，就踏，一步一马印，直到踏完所有的格子，也就是 63 步。

把每一步看作一个元素，八个方向看作选择列表，格子之间的连线便是路径，不难想到的思路便是回溯，只需要依次遍历各个点上八个方向的走法的可能性，即可得到结果。

实现代码如下：

```
# 骑士周游列国
def knightTour(size, x):
    # 马下一步的可选择列表，共 8 个方向
    choice = [(1,2), (2,1), (2,-1), (1,-2), (-1,-2), (-2,-1), (-2,1), (-1,2)]
    # 已经去过了所有国家
    if x == size * size:
        # 将 path 中的整条路径存入 res 列表中
        res.append(path[:])
    else:
        # 遍历马的可选择列表
        for i in choice:
            # 走一步看一步
            path[x] = (path[x-1][0] + i[0], path[x-1][1] + i[1])
            # 当 conflict()函数返回 False，即不冲突时
            if not conflict(size, x):
                # 继续递归走下一步
                knightTour(size, x+1)
# 棋盘的规格，国家数量为 size*size
size = 5
# 一个方案的路径，长度为马儿走的步数+1，即国家的数量
```

```
path = [None] * (size*size)
# 固定出发点
path[0] = (2, 2)
# 某一个出发点的所有方案路径
res = []
# 调用 knightTour 函数踏出一日
knightTour(size, 1)
print("在{0}×{0}的棋盘上，当出发点为{1}时，共有{2}种方案可实现马踏棋盘。\n 具体路
径如下：\n{3}".format(size, path[0], len(res), res))
```

输出结果如下：

```
在 5×5 的棋盘上，当出发点为(2, 2)时，共有 64 种方案可实现马踏棋盘。
具体路径如下：
[[(2, 2), (0, 3), (2, 4), (4, 3), (3, 1), (1, 0), (0, 2), (1, 4), (3, 3),
(4, 1), (2, 0), (0, 1), (1, 3), (3, 4), (4, 2), (3, 0), (1, 1), (2, 3), (0,
4), (1, 2), (0, 0), (2, 1), (4, 0), (3, 2), (4, 4)],
[(2, 2), (0, 3), (2, 4), (4, 3), (3, 1), (1, 0), (0, 2), (1, 4), (3, 3),
(4, 1), (2, 0), (0, 1), (1, 3), (3, 4), (4, 2), (3, 0), (1, 1), (2, 3), (4,
4), (3, 2), (4, 0), (2, 1), (0, 0), (1, 2), (0, 4)],
[(2, 2), (0, 3), (2, 4), (4, 3), (3, 1), (1, 0), (0, 2), (1, 4), (3, 3),
(4, 1), (2, 0), (0, 1), (1, 3), (3, 4), (4, 2), (3, 0), (1, 1), (3, 2), (4,
4), (2, 3), (0, 4), (1, 2), (0, 0), (2, 1), (4, 0)],
[(2, 2), (0, 3), (2, 4), (4, 3), (3, 1), (1, 0), (0, 2), (1, 4), (3, 3),
(4, 1), (2, 0), (0, 1), (1, 3), (3, 4), (4, 2), (3, 0), (1, 1), (3, 2), (4,
0), (2, 1), (0, 0), (1, 2), (0, 4), (2, 3), (4, 4)],
[(2, 2), (0, 3), (1, 1), (3, 0), (4, 2), (3, 4), (1, 3), (0, 1), (2, 0),
(4, 1), (3, 3), (1, 4), (0, 2), (1, 0), (3, 1), (4, 3), (2, 4), (3, 2), (4,
4), (2, 3), (0, 4), (1, 2), (0, 0), (2, 1), (4, 0)],
[(2, 2), (0, 3), (1, 1), (3, 0), (4, 2), (3, 4), (1, 3), (0, 1), (2, 0),
(4, 1), (3, 3), (1, 4), (0, 2), (1, 0), (3, 1), (4, 3), (2, 4), (3, 2), (4,
0), (2, 1), (0, 0), (1, 2), (0, 4), (2, 3), (4, 4)],
[(2, 2), (0, 3), (1, 1), (3, 0), (4, 2), (3, 4), (1, 3), (0, 1), (2, 0),
(4, 1), (3, 3), (1, 4), (0, 2), (1, 0), (3, 1), (4, 3), (2, 4), (1, 2), (0,
4), (2, 3), (4, 4), (3, 2), (4, 0), (2, 1), (0, 0)],
[(2, 2), (0, 3), (1, 1), (3, 0), (4, 2), (3, 4), (1, 3), (0, 1), (2, 0),
(4, 1), (3, 3), (1, 4), (0, 2), (1, 0), (3, 1), (4, 3), (2, 4), (1, 2), (0,
0), (2, 1), (4, 0), (3, 2), (4, 4), (2, 3), (0, 4)],
[(2, 2), (1, 4), (3, 3), (4, 1), (2, 0), (0, 1), (1, 3), (3, 4), (4, 2),
(3, 0), (1, 1), (0, 3), (2, 4), (4, 3), (3, 1), (1, 0), (0, 2), (2, 3), (0,
4), (1, 2), (0, 0), (2, 1), (4, 0), (3, 2), (4, 4)],
[(2, 2), (1, 4), (3, 3), (4, 1), (2, 0), (0, 1), (1, 3), (3, 4), (4, 2),
(3, 0), (1, 1), (0, 3), (2, 4), (4, 3), (3, 1), (1, 0), (0, 2), (2, 3), (4,
4), (3, 2), (4, 0), (2, 1), (0, 0), (1, 2), (0, 4)],
......
```

在 5×5 的棋盘上，当出发点为(0, 0)或(4, 4)时，共有 304 种方案可实现马踏棋盘；当
出发点为(1, 1)或(3, 3)时，共有 56 种方案可实现马踏棋盘；当出发点为(2, 2)时，共有 64
种方案可实现马踏棋盘。为了严谨，也为了清晰、简明、便于理解，代码中使用了第 3 种
情况——从棋盘的中心点出发，并且只截取了其中的 10 条路径进行输出，其他的 54 条路
径以省略号代表。

如果纠结于原题目所提及的 8×8 棋盘，则只需要将代码中的主函数的 size = 5 改为 size

= 8 即可。但需要提醒的是，在将棋盘的规格改为 8×8 之后，递归回溯的次数将会成倍增加，所需要的计算时间也将更长，这也是笔者只计算 5×5 棋盘的原因。

如图 9.18 和图 9.19 分别为输出结果中的第一条路径和第二条路径的路线图。

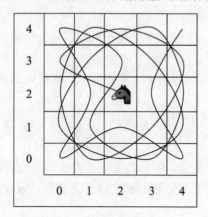 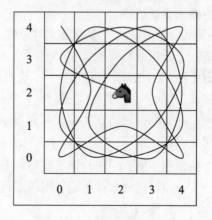

图 9.18 马踏棋盘路线图 1　　　　图 9.19 马踏棋盘路线图 2

比较两条路线图发现：在 25 个国家中，前 18 个国家（包括 1 个出发国和 17 个目的国）的坐标和顺序是完全一致的，而在后 7 个国家中则是中心翻转的。这是由马在回溯之后的第 18 步做出了不同的选择及我们所制定的顺时针跳法所决定的。

💬注意：在 9×10 的中国象棋棋盘上也可以实现马步遍历。

题目拓展：马踏棋盘只要求我们计算出哈密顿路径，但是否存在一条可以回到原点的哈密顿回路呢？其实很简单，只需要查找某一出发点的所有路径方案 res 中每条路径的最后一个元素即可，如果该元素的坐标在出发点的选择列表中，则说明头尾相接，存在哈密顿回路。

9.7　浅谈回溯与遍历、递归及迭代

回溯法是一种择优搜索法，也称为试探法，一路向前搜索进行优选，以达到目的。如果在搜索的途中发现当前选择不符合约束条件，就放弃该步所做的工作，后退一步换个方向重新搜索，简单地说就是走不通便退回再走。

通过前面的学习读者肯定也意识到：回溯法似乎与遍历法、迭代法和递归法都相处融洽、形影不离，它总是可以系统地搜索一个问题的所有解或任意解，因此回溯法也有通用解题法之称。

那么，回溯与遍历、递归和迭代到底有何异同呢？

1．回溯与遍历

回溯与遍历是最相像的，因为它们都是基于条件进行的尝试，回溯实际上就是一个类似枚举的搜索尝试过程。

- 回溯法：在生成一个解的过程中检查是否满足条件，如果不满足，则放弃该步的解，退回上一步进行新的尝试。
- 遍历法：当生成一个完整解后，检查是否满足条件，如果不满足，则放弃该完整解，尝试生成另一个可能的完整解。

相同点：回溯与遍历在实现上都是基于条件进行搜索和尝试。

不同点：

- 遵循原则不同：回溯与遍历虽然都是基于搜索，但回溯遵循的是深度优先原则，即一步一步往前探索；而遍历则同时遵循深度优先原则和广度优先原则，即由近到远一片一片地扫描。
- 判断时机不同：回溯是沿着可能解的各个部分逐步判断后回退，并生成最终解；而遍历是生成完整解之后，再进行是否满足条件的判断。
- 搜索次序不同：回溯的对象是"过程"，本质上是有序的，每一步都必须以要求的顺序进行深搜，一个点有没有被访问过并不重要，重要的是有没有以当前顺序进行搜索，同样的内容不同的搜索次序也会造成不同的结果；遍历的对象是"结果"，本质上是无序的，即搜索次序并不重要，重要的是所有节点都已被访问过。
- 访问次数不同：回溯中访问过的点可能会被再次访问，同时可能存在没有访问过的点；而遍历中已访问过的点不再访问，并且所有的点均需也仅需访问一次。

一句话总结：回溯相当于有"剪枝"功能的遍历。

2．回溯与递归（迭代）

通过第 8 章的学习我们知道，递归和迭代均有重复算法以逐步接近期望目的之意，而且从计算机角度来讲，递归是迭代的特例。递归与迭代"同宗同族"，相互交叉，因此这里便暂且以递归（迭代）进行总结。

回溯与递归（迭代）的相通远远不如遍历，甚至可以说是大相径庭，但二者的关系却是密不可分的，似乎有递归（迭代）的地方就有回溯的影子，因此回溯有时也细分为递归回溯和迭代回溯。

回溯和递归唯一的联系是，回溯可以用递归思想实现。

- 回溯的"回"和递归的"归"对应，都有回头的意思。
- 回溯的"溯"与递归的"递"对应，都有前进的意思。

以代码框架举例则更加清晰和明朗。

递归的框架：

```
def test(参数1，参数2)：
    if 满足递归结束的条件：
        result
    else：
    做计算
        test(参数1，参数2)
        return
```

回溯的框架：

```
res = []
def test(路径，选择列表)：
if 满足迭代约束的条件：
    res.add(路径)
    return
else：
    for 选择 in 选择列表：
    做选择
            test(路径，选择列表)
    撤销选择
```

二者都用到了递归，但相比之下仍有以下三点不同：

- 回溯框架多了一个 for 循环，这是它的核心；
- 回溯框架多了一个 res 数组，这是它的结果；
- 回溯框架多了一个撤销选择，这是它的特征；

一句话总结：递归（迭代）是一种具体的概念和方法，而回溯是运用这个概念和方法的一种思想。

9.8　本章小结

截至本章，我们已讲解了最基本的四大算法思想：遍历、迭代、递归和回溯。对于这四者的联系和区别读者一定要清晰明了，并牢记于心。

作为本章主讲的回溯，它是暴力搜索法中一种可以找出所有解或者一部分解的算法，采取的是试错思想，尤其适用于约束满足问题。在试图解决问题时，我们会构造许多候选解，并逐一对候选解进行确认。如果确定某一部分候选解无解或者不符合约束条件，则要放弃该候选解及其衍生的子候选解，然后回退到其他的候选解，继续开始新的测试，并尝试找到问题的答案。

由于回溯法总是可以系统地搜索一个问题的所有解或任意解，所以回溯法也有通用解题法之称。

回溯与遍历十分相似，但回溯要高效很多，因为它有"剪枝"的功能，可理解为有"剪枝"功能的遍历；相较于迭代和递归，回溯更偏向于思想性，它是一种运用迭代和递归方法的算法思想，其最大的特征是有一个"撤销选择"的操作。

除此之外，回溯法还有三大因素、三大步骤及解题的三大技巧，对于这部分内容，读者一定要理解并掌握。

为建立读者对回溯的初步理解和认知，本章首先以"素数环"展现了回溯最初始、最简单的"样貌"，并以读者熟知的全排列问题示例加深理解。然后基于回溯思想的掌握程度，对前面已讲过的背包问题和迷宫破解进行了新的思路剖析和疏理，并引入更多经典的回溯算法示例，如八皇后问题和马踏棋盘等，不刻意追求解题的模型，而是将精力放在了解题思路的引导上，让读者能真正领悟回溯的特征，掌握运用回溯思想解决问题的能力。

第 10 章　贪 心 算 法

所谓贪心，即贪得无厌，不知足，同时还带有一些缺乏远见卓识，只顾眼前利益的短浅。而这便是贪心算法（Greedy Algorithm）的特性。

贪心算法又称贪婪算法，是一种只考虑当前状态下如何取得局部最优解的思想。贪心算法在求解问题时总是做出在当前情况下的最好选择。也就是说，贪心算法不从整体上考虑最优，它所考虑的仅仅是某种意义上的局部最优，再由局部最优策略生成全局最优解。

值得注意的是，贪心算法并不适用于所有问题。对于每一步而言，贪心算法虽然都能保证获得局部最优解，但由此产生的全局解有时不一定是最优的。对于一个具体问题，要确定它是否具有贪心选择的性质，必须证明每一步所做的贪心选择最终能够得到问题的整体最优解。

适用于贪心策略的问题必须满足以下两个前提：
- 问题的整体最优解可通过一系列局部最优解的选择来达到。
- 具备无后效性，即某个状态之后的过程只与当前状态有关，不会影响之前的状态。

实际上，贪心算法所做的选择可以依赖以往所做的选择，但决不依赖将来所做的选择，也不依赖子问题的解。

贪心算法的关键是贪心策略的选择，因此一定要注意判断问题是否适合采用贪心算法策略。而要分析一个问题是否适用于贪心算法，只需要选择该问题的几个实际数据进行分析，便可做出判断。

虽然适用贪心算法的情况很少，但贪心算法并不是完全不可以使用，贪心策略一旦经过证明成立后，它就是一种高效的算法。例如，求最小生成树的 Prim（普里姆）算法和 Kruskal（克鲁斯卡尔）算法都是高效的贪心算法。

贪心算法采用的是自顶而下的方式，即以当前状态为基础，以优化测度为策略，一步一步地往下进行。由于它不考虑各种可能性的整体情况，所以节省了要穷尽所有可能而必须耗费的大量时间。

贪心算法的基本思路如下：
（1）将问题转化为有规律可循的数学模型，并分为若干个子问题。
（2）确定适合的贪心策略，针对每个子问题求出局部最优解。
（3）将子问题的局部最优解合并，生成原问题的一个解。
贪心算法的实现框架如下：

```
决定问题的初始解
while (满足约束条件):
{
    利用贪心决策，求出当前的局部最优解
}
将所有解元素（局部最优解）组成问题的一个可行解
```

举一个简单的例子：当我们到柜台结账时，并不会计算付款的方案，而是在知晓账单后直接从最大面值的币种开始，按递减的顺序考虑各面额，当无最大面值的币种或者未付款金额小于最大面值时，才去考虑下一个较小的面值，这就是贪心算法。

10.1　古埃及的神秘智慧 II

在第 5 章中，我们曾依据"分苹果问题"将 $\frac{3}{5}$ 分成了 $\frac{1}{2}+\frac{1}{10}$，依据"分马问题"将 $\frac{11}{12}$ 分成了 $\frac{1}{2}+\frac{1}{4}+\frac{1}{6}$。这类以最少埃及分数之和来表示一个真分数的操作便是埃及分数问题，也是经典的贪心算法例子。

当然，若非为了遵循"分马故事"，$\frac{11}{12}$ 在进行埃及分数分解之后应该为 $\frac{1}{2}+\frac{1}{3}+\frac{1}{12}$。

虽然 $\frac{1}{2}+\frac{1}{4}+\frac{1}{6}$ 和 $\frac{1}{2}+\frac{1}{3}+\frac{1}{12}$ 都是由 3 个单位分数组成的，但显而易见的是 $\frac{1}{3}$ 大于 $\frac{1}{4}$，因此 $\frac{1}{2}+\frac{1}{3}+\frac{1}{12}$ 更符合局部问题的贪婪法则。

由于埃及分数分解要求以最少数量的埃及分数之和来表示真分数，所以每一次选择的埃及分数都必须是最大的，这才完全符合贪心算法每次都是贪婪选择的特性。

以 $\frac{11}{12}$ 为例：

比 $\frac{11}{12}$ 小的最大的埃及分数是多少？是 $\frac{1}{2}$。减去 $\frac{1}{2}$ 后剩多少？是 $\frac{5}{12}$。

比 $\frac{5}{12}$ 小的最大的埃及分数是多少？是 $\frac{1}{3}$。减去 $\frac{1}{3}$ 后剩多少？是 $\frac{1}{12}$。

$\frac{1}{12}$ 本身即为单位分数，不需要再继续分解，从而得到最终答案。

那么，$\frac{1}{2}$、$\frac{1}{3}$ 和 $\frac{1}{12}$ 是如何得出的呢？

假设要分解的真分数为 $\dfrac{a}{b}$，b 除以 a 的商为 q，余数为 r，等式如下：

$$b=a\times q+r$$

若两边同时除以 a，可得：

$$\frac{b}{a}=\frac{a\times q+r}{a}$$

化简后得：

$$\frac{b}{a}=q+\frac{r}{a}$$

因为 r 为 b 除以 a 的余数，所以：

$$r<a$$

即

$$\frac{r}{a}<1$$

因此上式可转化为：

$$\frac{b}{a}=q+\frac{r}{a}<q+1$$

为了使 $\dfrac{a}{b}$ 出现在等式中，对两边取倒数：

$$\frac{a}{b}>\frac{1}{q+1}$$

所以 $\dfrac{1}{q+1}$ 即为比 $\dfrac{a}{b}$ 小的最大埃及分数。

比 $\dfrac{a}{b}$ 小很好理解，但何来最大呢？

已知 $\dfrac{a}{b}=\dfrac{1}{q+\frac{r}{a}}$，并且 $\dfrac{r}{a}$ 一定小于 1，因此大于 $q+\dfrac{r}{a}$ 的最小整数便是 $q+1$，$\dfrac{1}{q+1}$ 一定是比 $\dfrac{a}{b}$ 小的最大埃及分数。

🔔**注意**：由于分子固定为 1，如果想要让分数最大，则需要分母最小。

这正是第 5 章所提到的詹姆斯·约瑟夫·西尔维斯特和斐波那契都曾提出的求解埃及分数的贪婪算法：设某真分数的分子为 a，分母为 b，则其埃及分数的第一个分母 c 为 b 除以 a 所得商加 1；将 a 乘以 c 再减去 b，作为新的 a；将 b 乘以 c，作为新的 b。

前面只证明了前半句，那么后半句呢？

按照贪婪算法，假设 $c=q+1$，则一个真分数 $\dfrac{a}{b}$ 减去其最大的埃及分数后的值为：

$$\frac{a}{b}-\frac{1}{c}$$

通分，如下：

$$\frac{a}{b}-\frac{1}{c}=\frac{a\times c}{b\times c}-\frac{b}{c\times b}$$
$$=\frac{a\times c-b}{b\times c}$$

因此，真分数 $\dfrac{a}{b}$ 减去其最大的埃及分数后，a 变成了 $a\times c-b$，b 变成了 $b\times c$。

实现代码如下：

```python
# 埃及分数（贪心）
def egypt_score(a, b):
    '''
    a: 分子
    b: 分母
    '''
    # 当b除以a的余数不为0时（包括a不为1的情况）
    while a > 1:
        # c=q+1
        c = b//a + 1
        # 将int转为str
        print("1/" + str(c))
        # 将a和b分别替换
        a = a * c - b
        b = b * c
        # 当分子a为1时
        if a == 1:
            # 直接输出
            print(str(a) + "/" + str(b))
egypt_score(3, 5)
```

输出结果如下：

```
1/2
1/10
```

然而，当我们将 $\dfrac{3}{5}$ 改为 $\dfrac{11}{12}$，即运行 egypt_score(11,12)时，代码居然出现了计算错误。

这是为什么呢？原来是因为我们的判断条件并不全面，导致在中间出现了 $\dfrac{6}{72}$ 化简之后为

真分数却判断为 False 的遗漏，因此需要对代码进行修改。

实现代码如下：

```python
def egypt_score(a, b):
    '''
```

```
    a: 分子
    b: 分母
    '''
    # 当 b 除以 a 的余数不为 0 时（包括 a 不为 1 的情况）
    while b % a != 0:
        # c=q+1
        c = b//a + 1
        # 将 int 转为 str
        print("1/" + str(c))
        # 将 a 和 b 分别替换
        a = a * c - b
        b = b * c
    # 当前分数即为单位分数时，直接输出
    print("1/" + str(b//a))
egypt_score(11, 12)
```

输出结果如下：

```
1/2
1/3
1/12
```

10.2 骑士周游列国 Ⅱ

除此之外，贪心算法也适用于马踏棋盘问题。在第 9 章中，我们采用遍历回溯的方法，套用回溯法的子集树模板对每个可能解进行尝试和"剪枝"，而贪心算法则不再以每条路径为着重点，而是将注意力放在每一步，以每一步为局部进行最优选择，这样便符合局部问题的贪婪法则。

马踏棋盘的贪心解法早在 1823 年就被提出：在选取当前节点的下一步子节点时，优先选择子节点"出口"最少的节点。"出口"即节点的可行子节点数，可理解为图的"出度"，子节点的"出口数"即等同于当前节点的孙节点数。

试想一下，如果优先选择出口多的子节点为下一步的目标点，加之已遍历的节点越来越多，那么可走的节点则越来越少，出口少的子节点则会越来越多。在这种情形下，出口少的子节点极有可能会演变为"死节点"（没有出口的未遍历节点），意味着所有的搜索遍历都是徒劳的，浪费了许多时间，这并不符合贪婪的特性。反之，如果优先选择出口少的子节点作为下一步的目标点，则出口少的节点会越来越少，成功完成遍历的机会就更大一些。这是一种局部最优调整的做法。

解题思路：

棋盘为 8×8，即 64 个格子，要确保马不论在棋盘的哪个单元格都有可去的格子。可分别测试[(1,2), (2,1), (2,-1), (1,-2), (-1,-2), (-2,-1), (-2,1), (-1,2)]这 8 个方向，并记录各个方向的下一步可走步数，即出口数，每次都先走出口数最小的一格。如此一来，出口少的节点会越来越少，直到遍历完所有节点。

解题步骤如下：

（1）将当前步数写入棋盘的起点位置，并分别测试其 8 个方向，将下一步可走的位置坐标写入 nextp_list 数组。

（2）再次探测在 nextp_list 中各个点的可走位置并计数，将可走位置最少的点作为下一步前进的最优点。

（3）以最优点为新的起点位置，并将当前步数加 1。

（4）循环第（1）到（3）步，直到遍历完棋盘上的所有单元格，即当前步数等于棋盘规格。

实现代码如下：

```python
# 马踏棋盘（贪心）
def conflict(point, i):
    """
    冲突检测函数
    :para  point：出发点
    :para  i：即将前进的方向
    :return  nextp：不冲突，即符合规则，返回下一个目标点的坐标
    :return  0：冲突，即不符合规则
    """
    # 下一个目标点
    nextp = (point[0] + choice[i][0], point[1] + choice[i][1])
    # 如果下一个目标点不超界且未走过
    if 0 <= nextp[0] < size and 0 <= nextp[1] < size and chess[nextp[0]]
[nextp[1]] == 0:
        # 返回下一个目标点的坐标
        return nextp
    # 如果冲突，则只返回 False
    else:
        return 0


# 搜索某点的可选择列表
def nextpList(point):
    nextp_list = []
    # 8 个方向
    for i in range(8):
        # 冲突判断
        nextp = conflict(point, i)
        # 若无冲突，则将 nextp 插入 list 中
        if nextp:
            nextp_list.append(nextp)
    return nextp_list


# 判断下一步的最佳位置
def nextBest(point, step):
    """
    可走步数最少的可走位置即为最优的下一步目标点
    """
    # 以 8 为基准，因为最多只有 8 个方向
```

```
        less = 8
        # 设定结束循环的条件
        best = (-1, -1)
        # 当前点的可选择列表
        nextp_list = nextpList(point)
        # 对可选择列表逐一进行遍历
        for i in range(len(nextp_list)):
            # 下一步位置点的可选择数
            n = len(nextpList(nextp_list[i]))
            # 如果有可走步数更少的无冲突位置
            if n > 0 and n < less:
                # 更新最少可走步数
                less = n
                # 更新下一步的最优位置坐标
                best = nextp_list[i]
            # 最后一步时
            elif n == 0 and step == size * size:
                # 当前点即为最优点
                best = nextp_list[i]
    return best


# 打印棋盘
def printChess():
    print("路径棋盘如下：")
    # 逐行打印
    for i in range(size):
        print(chess[i])


# 骑士周游
def knightTour(point, step):
    # 标注起点为 1
    chess[point[0]][point[1]] = step
    # 至死方休
    while True:
        # 当前步数加 1
        step += 1
        # 下一个最优点坐标
        des = nextBest(point, step)
        # 如果不是设定结束的条件
        if des[0] != -1:
            # 为棋盘标注步数
            chess[des[0]][des[1]] = step
            # 更新下一个循环的起点
            point = des
        else:
            break
    # 打印标注后的棋盘
    printChess()
    # 注意此处要减 1
    if step - 1 == size * size:
        print('快速遍历成功。')
    else:
```

```
        print('快速遍历失败。')

if __name__ == '__main__':
    # 棋盘规格
    size = 5
    # 马下一步的可选择列表, 共 8 个方向
    choice = [(1,2), (2,1), (2,-1), (1,-2), (-1,-2), (-2,-1), (-2,1), (-1,2)]
    # 出发点
    start = (0,0)
    # 初始化棋盘
    chess = [[0 for j in range(size)] for i in range(size)]
    # 骑士出发
    knightTour(start, 1)
```

输出结果如下:

```
路径棋盘如下:
[1, 12, 25, 18, 3]
[22, 17, 2, 13, 24]
[11, 8, 23, 4, 19]
[16, 21, 6, 9, 14]
[7, 10, 15, 20, 5]
快速遍历成功。
```

图 10.1 所示为输出结果对应的马踏棋盘路线图。

同时, 以贪婪算法求解马踏棋盘问题也是完全可行的。在第 9 章中, 我们只计算 5×5 棋盘的原因是, 将棋盘的规格改为 8×8 之后, 递归回溯的次数将会成倍增加, 这样一来求解的过程将变得十分缓慢, 所需的计算时间也更长, 说是天文数字都不为过。而贪婪算法是对整个求解过程的局部做最优调整, 使求解速度得到了明显提高, 毕竟在 1823 年提出该算法时世界上还没有计算机, 靠人力手工求出解来, 其效率可想而知。下面我们便试一下将 size 改为 8 会如何。

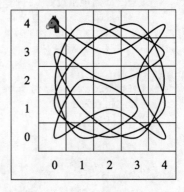

图 10.1　马踏棋盘路线图 (5×5)

🔔注意: 第一台通用计算机 ENIAC 是于 1946 年 2 月 14 日, 由莫克利 (John W. Mauchly) 和艾克特 (J. Presper Eckert) 在美国宾夕法尼亚大学发明的。

为了验证用贪心算法解马踏棋盘是否提高了效率, 在上面的代码中导入时间库:

```
import time
```

在 knightTour()函数的第一行中添加 start_time 用于记录时间, 最后一行输出总使用时间:

```
start_time = time.clock()
print('总使用时间为: ', time.clock() - start_time)
```

输出结果如下：

```
路径棋盘如下：
[1, 4, 57, 20, 41, 6, 43, 22]
[34, 19, 2, 5, 58, 21, 40, 7]
[3, 56, 35, 60, 37, 42, 23, 44]
[18, 33, 48, 53, 46, 59, 8, 39]
[49, 14, 55, 36, 61, 38, 45, 24]
[32, 17, 52, 47, 54, 27, 62, 9]
[13, 50, 15, 30, 11, 64, 25, 28]
[16, 31, 12, 51, 26, 29, 10, 63]
快速遍历成功。
总使用时间为： 0.0021835999978065956
```

图 10.2 所示为输出结果对应的马踏棋盘路线图。

只需要 0.002s 便可以得到一条完整的遍历路径，这是回溯法远不可及的。

不过，贪心算法所求得的解仅为较优解或者部分解，并非最优解，也无法求出所有解，至于贪心算法适用于什么类型的问题则是无法确定的，什么问题需要什么样的贪心策略也是无法确定的，需要具体问题具体分析。

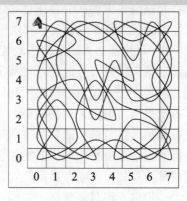

图 10.2 马踏棋盘路线图（8×8）

10.3 往事成风，我该如何选择 II

正如 10.2 节所说，贪心算法所求得的解仅为较优解或者部分解，并非最优解，也无法求出所有解，至于贪心算法适用于什么类型的问题是无法确定的，什么问题需要什么样的贪心策略也是无法确定的，需要具体问题具体分析。本节就让我们借助"背包问题"来举例说明何为具体问题具体分析。

背包问题：假如桌面上有 7 件物品，每件物品都有其相对应的重量和价值（如表 10.1 所示），现在给你一个承重量为 150 的背包（为方便计算，省去具体单位），要求装入背包的物品的总价值最大（省去具体单位）。每个物品只有一件且不可拆分，选择的物品总重量不可超过背包的承重量。

表 10.1 物品及其相应的重量和价值

物品	A	B	C	D	E	F	G
重量	35	30	60	50	40	10	25
价值	10	40	30	50	35	40	30

思路分析：

约束条件为：

$$\begin{cases} \sum\limits_{i=1}^{n=7} w_i x_i \leqslant 150 \\ x_i \in [0,1] \end{cases}$$

目标函数为：

$$\max \sum_{i=1}^{n=7} v_i x_i$$

贪心算法最关键的部分在于贪心策略的选择，要求得问题的整体最优解，可以通过一系列的局部最优选择求出。贪心算法根据变化的目标来保证每一步都有局部最优解，每次只考虑一步，每步都必须满足局部最优条件。根据局部最优条件的判断来遍历剩余的数据，并选取符合条件的唯一数据加入结果集合中，组合成所谓的最优解。

现在思考 3 个关于贪心策略的问题：

• 每次挑选价值最大的物品装入背包，得到的结果是否为最优？
• 每次挑选重量最小的物品装入背包，得到的结果是否为最优？
• 每次挑选单位价值最大的物品装入背包，得到的结果是否为最优？

根据常识可知，选取"重量最大"或"价值最小"均为明显错误的贪心策略，即使得到了最大总价值，也只是偶然，原因不再赘述。让我们分析其他 3 种贪心策略。

1．选择最大价值者

从剩余的物品中，选取重量小于背包剩余承重量的价值最大的物品装入背包，直到背包剩余承重量不足以装入下一个物品为止。将 7 个物品根据价值从大到小进行排序，如表 10.2 所示。依次选取 D、B、F、E，则总重量为 50+30+10+40=130<150，由于没有轻于或等于 20 的物品，所以总价值为 50+40+40+35=165，结果显然为 False。

表 10.2　最大价值者

物品	D	B	F	E	C	G	A
重量	50	30	10	40	60	25	35
价值	50	40	40	35	30	30	10

2．选择最小重量者

从剩余的物品中选取重量最小的物品装入背包，直到背包剩余承重量不足以装入下一个物品为止。将 7 个物品根据重量从小到大进行排序，如表 10.3 所示。依次选取 F、G、B、A、E，则总重量为 10+25+30+35=140<150，由于下一物品重量已上升到 40 且背包剩余承重量仅为 10，所以总价值为 40+30+40+10+35=155，结果显然为 False。

表 10.3　最小重量者

物品	F	G	B	A	E	D	C
重量	10	25	30	35	40	50	60
价值	40	30	40	10	35	50	30

🔔注意：这种策略和"重量最大"及"价值最小"一样，一般不能得到最优解。

3. 选择单位价值最大者

根据 $\dfrac{价值}{重量}$ 的比值，从剩余的物品中选取单位价值最大的物品装入背包，直到背包的剩余承重量不足以装入下一个物品为止。先计算出 7 个物品的单位价值，并根据单位价值从大到小将物品进行排序，如表 10.4 所示。依次选取 F、B、G、D，则总重量为 10+30+25+50=115<150，由于背包的剩余承重量为 35，恰好等于物品 A 的重量，选取 A 后，总重量刚好为 10+30+25+50+35=150，因此总价值为 40+40+30+50+10=170，为最优解。

表 10.4　最大单位价值者 1

物品	F	B	G	D	E	C	A
重量	10	30	25	50	40	60	35
价值	40	40	30	50	35	30	10
单位价值	4	1.33	1.2	1	0.88	0.5	0.29

那么，是否就可以证明"每次都挑选单位价值最大的物品装入背包"的贪心策略适合于背包问题呢？非也。

对于贪心算法，其核心是通过分析找到合适的"贪心选择标准"，以保证得到问题的最优解。在选择贪心标准时，要对所选的贪心标准进行严格验证后才能使用，不要被表面上看似正确的贪心标准所迷惑。通常可用反证法进行验证，只需要找到反例，即可证明某个贪心标准是否正确。

假设将物品 F 的价值减半，改为 20，单位价值如表 10.5 所示，选取的物品依旧为 F、B、G、D、A，总重量依旧为 10+30+25+50+35=150，但总价值仅为 20+40+30+50+10=150。根据表格可知，物品 F 和物品 A 的总重量为 10+35=45，总价值为 20+10=30，而物品 E 的重量仅为 40，价值却达到了 35。显而易见，应选择物品 E，而不应选择物品 F 和物品 A，因此该贪心策略是错误的。

表 10.5　最大单位价值者 2

物品	F	B	G	D	E	C	A
重量	10	30	25	50	40	60	35
价值	20	40	30	50	35	30	10
单位价值	2	1.33	1.2	1	0.88	0.5	0.29

举个更简单的例子：令背包承重量 W 为 20，而物品的重量和价值如表 10.6 所示。

表 10.6　最大单位价值者 3

物品	A	B	C
重量	15	10	10
价值	15	10	10

表 10.6 中的 3 个物品的单位价值均为 1，根据"选取最大单位价值物品"的贪心策略，程序极有可能选择将物品 A 装入背包中，而背包内物品的总价值仅为 15，小于物品 B 和物品 C 的总价值 20，因此该贪心策略是错误的。

那么，是否就可以证明"每次都挑选单位价值最大的物品装入背包"的贪心策略不适合背包问题呢？非也。

其实还存在一种情况，只需要修改原背包问题中的一个条件，即可使单位价值优先的贪心策略适用于背包问题。没错，那就是在第 8 章中提及的"分数背包问题"。在分数背包问题中，物品依旧只有一件，但不再是一个整体，而是可拆分的。只需要根据背包承重量将各物品按照单位价值从大到小的顺序放入背包，直到背包未满却也装不了下一件物品时，便将该物品拆分出背包剩余承重量的份额并将其装入背包，使背包的剩余承重量为 0便可以取得最优解了。这便是具体问题具体分析。

10.4　你要的全拿走

在完全理解了贪心算法之后，让我们来看一个简单的贪心算法的例子——均分纸牌。

均分纸牌：有 N 堆纸牌，编号分别为 $1,2,\cdots,n$。每堆有若干张纸牌，但其总数必为 n 的倍数。可以在任意一堆纸牌上取任意张纸牌进行移动，移牌的规则为：在牌堆 1 上取的纸牌，只能移到牌堆 2 上；在牌堆 n 上取的纸牌，只能移到牌堆 n-1 上；在其他牌堆上取的纸牌，可以移到左右两边相邻的牌堆上。问：最少需要移动多少次，才可以使 N 个牌堆上的纸牌数一样多？

假设有 4 堆纸牌，这 4 堆纸牌的数目依次为 9、8、17 和 6，那么至少需要移动多少次才可以使 4 堆牌的纸牌数一样多？

思路分析：

4 堆纸牌一共有 9+8+17+6=40 张，则最终每堆纸牌应为 $\frac{40}{4}$=10 张。

（1）此时，牌堆 4 有 6 张纸牌，并且只可从牌堆 3 获得纸牌，因此应从牌堆 3 上移 10-6=4 张纸牌到牌堆 4，如表 10.7 所示。

表 10.7　从牌堆 3 移到牌堆 4 上

牌堆	1	2	3	4	4
牌数	9	8	17	→	6

牌堆	1	2	3	4
牌数	9	8	13	10

（2）此时，牌堆 3 仍有 17-4=13 张纸牌，并且只可将纸牌移到牌堆 2 上，因此应从牌堆 3 上移 13-10=3 张纸牌到牌堆 2，如表 10.8 所示。

表 10.8　从牌堆 3 移到牌堆 2 上

牌堆	1	2	3	3	4
牌数	9	8	←	13	10

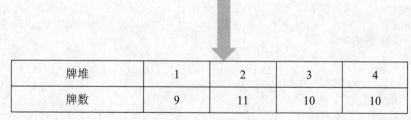

牌堆	1	2	3	4
牌数	9	11	10	10

（3）此时，牌堆 2 有 8+3=11 张纸牌，而右边相邻的牌堆 3 已达到完美的 10 张，因此应从牌堆 2 上移 11-10=1 张纸牌到牌堆 1 上，如表 10.9 所示。

表 10.9　从牌堆 2 移到牌堆 1 上

牌堆	1	1	2	3	4
牌数	9	←	11	10	10

牌堆	1	2	3	4
牌数	10	10	10	10

（4）此时，牌堆 1 上有 9+1=10 张纸牌，恰好等于平均牌数，不需要移动纸牌，因此至少需要移动 3 次纸牌才可以达到题目要求。

假设一共有 n 堆纸牌，a_i 为第 i 堆纸牌的张数（$0 \leqslant i < n$），total 为总牌数，av 为平均牌数，step 为移动次数。

（1）计算 total 和 av 的值。

$$total = \sum_{i=0}^{n-1} a_i$$

$$av = \frac{total}{n}$$

（2）根据对例子的剖析，我们按照从左向右的顺序移动纸牌，如果 a_i 等于 av，则跳过当前牌堆，将 i 加 1。

（3）如果 a_i 不等于 av，则说明需移动一次纸牌，将 step 加 1，此时分为两种情况：

- 如果 $a_i >$ av，则将 a_i-av 张纸牌从第 i 堆移到第 i+1 堆上。
- 如果 $a_i <$ av，则将 av-a_i 张纸牌从第 i+1 堆移到第 i 堆上。

根据程序设计的统一性原则，以上两种情况可合并为统一操作，即将 a_i-av 张纸牌从 i 堆移到 i+1 堆上，移动后可得 a_i=av 及 $a_{i+1}=a_{i+1}+a_i$-av。

实现代码如下：

```
# 均分纸牌（贪心）
if __name__ == '__main__':
    # 每堆纸牌的牌数
    a = [9, 8, 17, 6]
    # 平均数
    av = sum(a)//len(a)
    # 步数
    step = 0
    # 最后一堆不用分
    for i in range(len(a)-1):
        # 牌数不等于平均数时
        if a[i] != av:
            # 切记先算 i+1 再算 i
            a[i+1] = a[i+1] + a[i] - av
            a[i] = av
            # 步数+1
            step += 1
    print("至少需要移动{0}次，可使所有牌堆的牌数相同，为{1}。".format(step, a))
```

输出结果如下：

```
至少需要移动 3 次，可使所有牌堆的牌数相同，为[10, 10, 10, 10]。
```

先算出每堆牌所需的最终牌数，再以每一堆纸牌为局部进行最优选择，逐堆逐堆去贴近 10 张的目标，直到 4 堆纸牌的数目一样多。这样就完全符合局部问题的贪婪法则，一系列局部最优解的选择最终组成问题的整体最优解。

然而还有一个问题：在从第 i+1 堆牌中取出纸牌补充到第 i 堆的过程中，可能会出现第 i+1 堆的纸牌小于 0 的情况！

例如有 3 堆纸牌，纸牌的数目依次为[1, 2, 30]，

$$av = \frac{1+2+30}{3} = 11$$

当 $i=0$ 时，

$$a_i \neq av$$

执行

$$a[i+1] = a[i+1] + a[i] - av$$

即

$$a_1 = a_1 + a_0 - av$$
$$= 2 + 1 - 11$$
$$= -8$$

牌数出现了负值，是否就意味着所使用的贪心策略是错误的呢？

我们继续往下剖析移牌的过程，第 2 堆为-8 张后，与平均值 11 的差为-8-11=-19，在第 3 堆中移动 19 张牌到第 2 堆后，牌数为 30-19=11。刚好 3 个牌堆的牌数都为 11 张，结果完全正确。也就是说，我们在匀牌的过程中，牌数的正负无伤大雅，将差值移交给下一堆处理，并不会影响最优解。我们只需要改变移动的顺序，而移动的次数并不会改变，因此贪心法可行。

10.5　敢问路在何方

公路村村通：在建设新农村的风潮下，政府人员统计了 A～G 个村落间的道路，并列举了可修建为标准公路的若干条道路（见图 10.3）及其成本，求使每个村落都有公路连通所需要的最低成本。

也有另一种说法：光缆市市通。由于铺设光缆的费用高昂，并且各个城市的位置和生态不同，城市之间铺设光缆的费用也不相同，现在要在若干个城市铺设光缆，使得任意两个城市之间都可以进行通信，求铺设光缆总费用最低的可行方案。

这类连通图内求最小值的问题统称为最小生成树问题（Minimum Spanning Tree，MST），可用 Prim 算法和 Kruskal 算法求解。

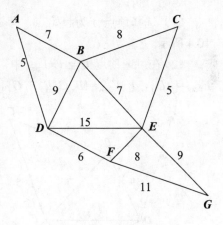

图 10.3　公路建设图

何为最小生成树？在一个给定的加权无向图 $G = (V, E)$ 中，(u, v) 代表连接顶点 u 与顶点 v 的边，而 $w(u, v)$ 代表此边的权重，如果存在 T 为 E 的子集且为无循环图，使得 $w(T)$ 最小，则此 T 为 G 的最小生成树。一个有 n 个节点的连通图的最小生成树是原图的极小连通子图，其包含原图的所有节点，并且含有保持图连通的最少的边。通过最小生成树，可以在一个连通图内得到最小的和，这在现实生活中有极大的实用价值。

何为 Prim 算法呢？Prim 算法是非常典型的贪心算法应用，几乎体现了贪心算法的全部特点。Prim 算法的贪心策略是每次选取距离已经生成的部分权值最小的边作为贪心选择的标准，将符合条件的边纳入一个集合，再从另一个集合中挑选出符合贪心标准的边放入最小生成树集合，这是一个分步完成的过程。

🔔注意：读 Prim 算法时请务必发音标准。

算法描述：

已知一个加权无向图 $G=(V, E)$，其中 V 为顶点集合，E 为边集合，(u, v) 为顶点 u 和顶点 v 之间的边，$w(u, v)$ 为该边的权值。

（1）取顶点集合 V 中的任一顶点作为起始点并设其为 A，则：

$$\begin{cases} V_{\text{new}} = \{A\}, A \in V \\ E_{\text{new}} = \{\ \} \end{cases}$$

（2）在集合 E 中选取权值最小的边 (u, v)，要求：

$$\begin{cases} u \in V_{\text{new}} \\ v \in V - V_{\text{new}} \end{cases}$$

（3）将 v 加入 V_{new} 中，将(u,v)加入 E_{new} 中。

（4）重复第（2）步和第（3）步，直到 $V_{\text{new}} = V$。

思路分析：

（1）选择顶点 A 为起始点，即 $V_{\text{new}}=\{A\}$，$E_{\text{new}}=\{\ \}$，$V-V_{\text{new}}=\{B, C, D, E, F, G\}$，如图 10.4 所示。

（2）在可选顶点集合 $V-V_{\text{new}}$ 中，顶点 D 与 A 相连的权值最小，为 5，因此 $V_{\text{new}}=\{A, D\}$，$E_{\text{new}}=\{AD\}$，$V-V_{\text{new}}=\{B, C, E, F, G\}$，如图 10.5 所示。

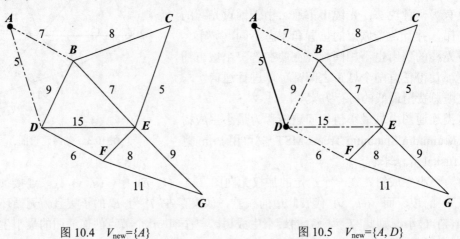

图 10.4　$V_{\text{new}}=\{A\}$　　　　　　　图 10.5　$V_{\text{new}}=\{A, D\}$

（3）在可选顶点集合 $V-V_{new}$ 中，顶点 F 与 D 相连的权值最小，为 6，因此 $V_{new}=\{A, D, F\}$，$E_{new}=\{AD, DF\}$，$V-V_{new}=\{B, C, E, G\}$，如图 10.6 所示。

（4）在可选顶点集合 $V-V_{new}$ 中，顶点 B 与 A 相连的权值最小，为 7，因此 $V_{new}=\{A, D, F, B\}$，$E_{new}=\{AD, DF, AB\}$，$V-V_{new}=\{C, E, G\}$，如图 10.7 所示。

（5）在可选顶点集合 $V-V_{new}$ 中，顶点 E 与 B 相连的权值最小，为 7，因此 $V_{new}=\{A, D, F, B, E\}$，$E_{new}=\{AD, DF, AB, BE\}$，$V-V_{new}=\{C, G\}$，如图 10.8 所示。

（6）重复以上过程，直到 $V_{new}=V$，即 $V_{new}=\{A, D, F, B, E, C, G\}$，$E_{new}=\{AD, DF, AB, BE, EC, EG\}$，$V-V_{new}=\{\ \}$，如图 10.9 所示。

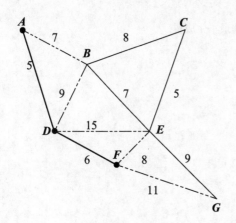

图 10.6　$V_{new}=\{A, D, F\}$

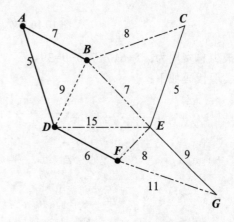

图 10.7　$V_{new}=\{A, D, F, B\}$

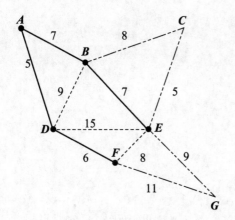

图 10.8　$V_{new}=\{A, D, F, B, E\}$

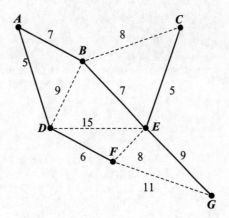

图 10.9　$V_{new}=\{A, D, F, B, E, C, G\}$

（7）最小生成树如图 10.10 所示。

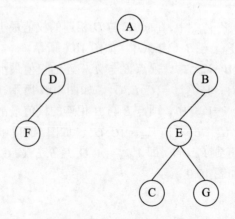

图 10.10　V_{new} 的最小生成树

最少总费用为：5+6+7+7+5+9=39。

实现代码如下：

```python
# Prim 算法
def prim(village, adj, start="A"):
    '''
    :para  village：农村列表
    :para  adj：V 和 E 的二维数组，也叫邻接矩阵
    :para  start：起始点，默认为 A
    :return  cost：最少总费用
    :return  vnew：顶点的选取顺序
    :return  edges：边的选取顺序
    '''
    # 初始化 vnew、edges 和 cost
    vnew = [start]
    edges = []
    cost = 0
    # 当未连接所有村庄时
    while len(vnew) < len(village):
        # 可选边集合中最小权值的目标顶点和权值
        small = (-1, float("Inf"))
        # 依次尝试已选顶点
        for v in vnew:
            # 已选顶点的边集合
            weights = adj[village.index(v)]
            # i 为索引，w 为权值
            for i, w in enumerate(weights):
                # 可选顶点、可选边和最小权值
                if village[i] not in vnew and w > 0 and w < small[1]:
                    # 更新 small
                    small = (i, w)
                    # 记录来源顶点
                    origin = v
        # 在选择中加入顶点和边
        vnew.append(village[small[0]])
```

```
        edges.append((origin, village[small[0]]))
        # 更新最低成本
        cost += small[1]
    return cost, vnew, edges
# 城市列表, 可改为城市名
village = ["A", "B", "C", "D", "E", "F", "G"]
# 可利用 start 参数指定起始点
cost, vnew, edges = prim(village, [[0,7,0,5,0,0,0],
                                   [7,0,8,9,7,0,0],
                                   [0,8,0,0,5,0,0],
                                   [5,9,0,0,15,6,0],
                                   [0,7,5,15,0,8,9],
                                   [0,0,0,6,8,0,11],
                                   [0,0,0,0,9,11,0]])
# 输出
print("使每个村落都有公路连通所需要的最低成本为: ", cost)
print("方案如下: \n\t 农村的顺序依次为:\n\t", vnew)
print("\t 所修建的公路顺序依次为: ")
[print("\t("+str(v)+","+str(u)+")") for (v, u) in edges]
```

输出结果如下:

```
使每个村落都有公路连通所需要的最低成本为:  39
方案如下:
    农村的顺序依次为:
    ['A', 'D', 'F', 'B', 'E', 'C', 'G']
    所修建的公路顺序依次为:
    (A,D)
    (D,F)
    (A,B)
    (B,E)
    (E,C)
    (E,G)
```

对比前面的思路分析, 可确定代码无误。在代码注释中提及了一个专业名词——邻接矩阵 (Adjacency Matrix)。它是表示顶点之间相邻关系的矩阵, 属于数据结构学科的概念。邻接矩阵本质上就是一个二维数组, 以数字记录各点之间是否有边相连, 数字的大小则表示边的权值大小。

邻接矩阵的每一行代表一个顶点 (起始点), 每一列代表某一行 (顶点) 所指向的点 (目标点), 矩阵中的每一格则代表两个点之间的边, 格子上的数字代表该边的权值。通常情况下, 权值为 0 的边即为不存在的边。

邻接矩阵还可分为有向图邻接矩阵和无向图邻接矩阵, 上文的例子为无向图, 因此其邻接矩阵也为无向图邻接矩阵。无向图邻接矩阵是一个对称矩阵。

Prim 算法创建了 V_{new} 和 E_{new} 两个数组来代表符合贪心选择标准的集合, 而 $V-V_{new}$ 则表示不满足贪心标准或者仍处于候选而未进行判断的集合。根据条件进行选取, 这种以标记的方式将集合的逻辑结构转换为计算机的存储结构的操作, 为解决贪心算法的其他问题提供了常规的解题方法和相应的数据结构思路——构建两个集合, 其中, 一个集合用于存储符合条件的元素，另一个集合用于存储未进行判断的元素。

10.6 克鲁斯卡尔算法

克鲁斯卡尔（Kruskal）算法和普里姆（Prim）算法一样，是非常典型的贪心算法的应用，可以用来求加权连通图的最小生成树。

何为 Kruskal 算法呢？Kruskal 算法的贪心策略是每次以选取权重最小的边作为贪心选择的标准，将符合条件的边纳入一个集合，再从另一个集合中挑选出符合贪心标准的边放入最小生成树集合，是一个分步完成的过程。简单说就是，根据条件对边进行选取，构建两个集合，其中一个集合用于存储符合条件的元素，另一个集合用于存储未进行判断或不符合条件的元素。

Prim 算法先构造一个只包含任一顶点的子图集合，再逐一将相邻的最小权值边和顶点加入该集合。与 Prim 算法不同的是，Kruskal 算法先构造一个包含所有顶点而边集为空的子图集合，然后再逐一将不同连通子图之间权值最小的边加入该集合。

算法描述：

已知一个加权无向图 $G=(V, E)$，其中，V 为顶点集合，E 为边集合，(u, v) 为顶点 u 和顶点 v 之间的边。

（1）先把边集合 E 中的所有边按照权值从小到大进行排列，并构造一个包含全部顶点而边集为空的子图，即：

$$\begin{cases} V_{\text{new}} = V \\ E_{\text{new}} = \{\} \end{cases}$$

注意：如果将该子图中的各个顶点看成各棵树上的根节点，则它是含有与顶点数目相同棵单节点树的森林。

（2）从边集 E 中选取一条权值最小的边 (u, v)，要求：

- $(u, v) \notin E_{\text{new}}$；
- u 和 v 不在同一个连通子图中。

注意：如果 u 和 v 在同一个连通子图中，则应该选取下一条符合要求的权值最小的边。

（3）将 (u, v) 加入 E_{new}，即将 u、v 连通，使它们存在于同一个子图中，也可以说是将 u 和 v 所在的两棵树合成一棵树。

（4）重复第（2）、（3）步，直到 V_{new} 中的所有点相通，也可以说是子图 $G_{\text{new}}(V_{\text{new}}, E_{\text{new}})$ 由一个森林变成了一棵树，这棵树便是最小生成树。

🔔**注意**：当连通子图中的边比顶点数目少 1 时，图中所有顶点连通且不构成环。

思路分析：

与 10.5 节 Prim 算法的例子相同，见图 10.11。

（1）构造一个包含全部顶点而边集为空的子图，即 $V_{new}=V$，$E_{new}=\{\ \}$，同时，按照权重将边集 E 中的所有边从小到大进行排序，如图 10.12 所示。

（2）根据贪心算法准则，选取最小边(A, D)，由于顶点 A 和 D 不在一棵树上，所以合并顶点 A 和 D 所在的树，并将边(A, D)加入边集 E_{new}，如图 10.13 所示。

（3）在剩余边中选取最小边(C, E)，由于顶点 C、E 不在一棵树上，所以合并顶点 C 和 E 所在的树，并将边(C, E)加入边集 E_{new}，如图 10.14 所示。

（4）在剩余边中选取最小边(D, F)，由于顶点 D 和 F 不在一棵树上，所以合并顶点 D 和 F 所在的树，并将边(D, F)加入边集 E_{new}，如图 10.15 所示。

（5）在剩余的边中选取最小边(A, B)，由于顶点 A 和 B 不在一棵树上，所以合并顶点 A 和 B 所在的树，并将边(A, B)加入边集 E_{new}，如图 10.16 所示。

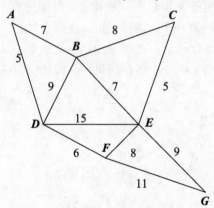

图 10.11　公路村村通

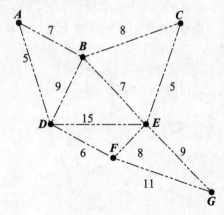

图 10.12　$E_{new}=\{\ \}$

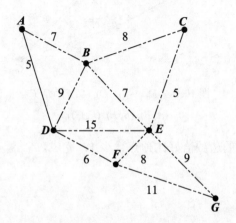

图 10.13　$E_{new}=\{(A, D)\}$

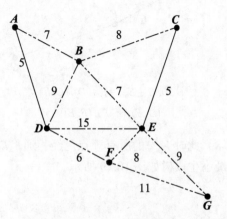

图 10.14　$E_{new}=\{(A, D), (C, E)\}$

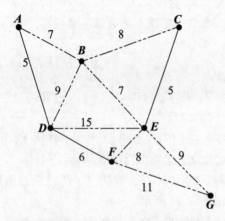

图 10.15 $E_{new}=\{(A,D),(C,E),(D,F)\}$　　图 10.16 $E_{new}=\{(A,D),(C,E),(D,F),(A,B)\}$

（6）在剩余的边中选取最小边$(B，E)$，由于顶点 B 和 E 不在一棵树上，所以合并顶点 B 和 E 所在的树，并将边$(B，E)$加入边集 E_{new}，如图 10.17 所示。

（7）在剩余的边中选取最小边$(B，C)$，由于顶点 B 和 C 在一棵树上，继续选取；在剩余的边中选取最小边$(E，F)$，由于顶点 E 和 F 在一棵树上，继续选取；在剩余的边中选取最小边$(B，D)$，由于顶点 B 和 D 在一棵树上，继续选取；在剩余的边中选取最小边$(E，G)$，由于顶点 E 和 G 不在一棵树上，所以合并顶点 E 和 G 所在的树，并将边$(E，G)$加入边集 E_{new}，如图 10.18 所示。

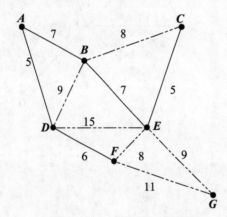 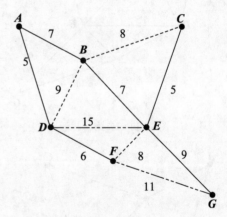

图 10.17　$E_{new}=\{(A,D),(C,E),$
$(D,F),(A,B),(B,E)\}$

图 10.18　$E_{new}=\{(A,D),(C,E),(D,F),$
$(A,B),(B,E),(E,G)\}$

（8）此时 V_{new} 的所有顶点已经相通，E_{new} 的边数恰好比顶点数少 1，完成。

最小生成树如图 10.19 所示。

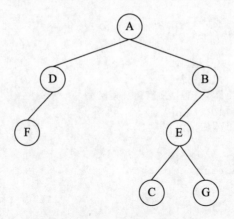

图 10.19　E_{new} 的最小生成树

最少总费用为：5+6+7+7+5+9=39。

注意：如果要实现 Kruskal 算法，需要一个支持 find（查找当前树）和 union（合并两棵树）操作的数据结构，而目前支持 find 和 union 操作的数据结构就是不相交集合。

实现代码如下：

```python
# Kruskal 算法
class FindParents(dict):
    '''
    构建一个不相交集合的类,
    可判断两个顶点是否在同一棵树上。
    value 为 key 的父节点或养父节点
    养父节点: 无客观的上下节点关系, 但逻辑上完全符合 (笔者自己命名的)
    '''
    def __init__(self, dict):
        # 初始化只需为空字典即可
        pass
    # 添加
    def add(self, item):
        # key 和 value 同值
        self[item] = item
    # 查找
    def find(self, item):
        # 当 key 和 value 不同值时
        if self[item] != item:
            # 调用自身, 直到找到最上层的父节点
            self[item] = self.find(self[item])
        # 返回 item 的父节点
        return self[item]
    # 认亲
    def reRelative(self, item1, item2):
        # 小树的根节点认大树的根节点为养父节点
        self[item2] = self[item1]
```

```python
def Kruskal(village, edges):
    '''
    基于不相交集实现 Kruskal 算法
    :para  village: 农村列表
    :para  edges: 边集 E，包括所有边及其权重
    :return  cost: 最少总费用
    :return  enew: 选取的最小边集合
    '''
    # 初始化 vnew、enew 和 cost
    forest = FindParents(village)
    enew = []
    cost = 0
    for item in village:
        # 调用 FindParents 类中的方法
        forest.add(item)
    # 将边集合 E 的所有边按照权值从小到大进行排列
    edges = sorted(edges, key=lambda element: element[2])
    # 从最小权值边开始选取
    for e in edges:
        # u 和 v 为顶点，c 为费用
        u, v, c = e
        # 找爸爸
        parent_u = forest.find(u)
        parent_v = forest.find(v)
        # 如果二者非同父，则说明二者不在同一棵树中
        if parent_u != parent_v:
            # 该边符合贪心条件，添加
            enew.append(e)
            cost += c
            # 最小生成树的边数等于顶点数减 1
            if len(enew) == len(village) - 1:
                # 算法结束，返回 enew
                return enew, cost
            # 未将所有顶点连通
            else:
                # 每次添加 e 后记得认亲
                forest.reRelative(parent_u, parent_v)

if __name__ == "__main__":
    # 城市列表，可改为城市名
    village = list('ABCDEFG')
    # 边集合 E
    edges = [("A", "B", 7), ("A", "D", 5),
             ("B", "C", 8), ("B", "D", 9),
             ("B", "E", 7), ("C", "E", 5),
             ("D", "E", 15),("D", "F", 6),
             ("E", "F", 8), ("E", "G", 9),
             ("F", "G", 11)]
    enew, cost = Kruskal(nodes, edges)
    # 输出
    print("使每个村落都有公路连通所需的最低成本为：", cost)
```

```
    print("所修建的公路和相应的费用依次为: ", )
    [print("\t ("+v+"<-->"+u+"), 铺路费用为: "+str(c)) for (v, u, c) in enew]
```

输出结果如下:

```
使每个村落都有公路连通所需要的最低成本为:  39
所修建的公路和相应的费用依次为:
    (A<-->D), 铺路费用为: 5
    (C<-->E), 铺路费用为: 5
    (D<-->F), 铺路费用为: 6
    (A<-->B), 铺路费用为: 7
    (B<-->E), 铺路费用为: 7
    (E<-->G), 铺路费用为: 9
```

Prim 算法和 Kruskal 算法是贪心算法的典型应用，它们分步清晰，逻辑巧妙，可以称得上图论发展中的里程碑算法之一，因此读者一定要理解和掌握这两个算法，并能够熟练应用。

10.7　浅谈贪心与迭代、回溯及遍历

贪心算法是一种只考虑在当前状态下如何取得局部最优解的思想，常常用于组合优化问题，它的求解过程是多步判断的过程。运用贪心算法求解问题时，一般会将问题分为若干个子问题，利用贪心算法的原则从内向外依次求出当前子问题的最优解，再由子问题的最优解组成全局最优解。

也就是说，贪心算法不从整体角度考虑问题，而是想要达到局部最优。只有内部的子问题求得最优解，才能继续解决包含该子问题的下一个子问题，因此前一个子问题的最优解将是下一个子问题最优解的一部分，重复这个操作直到堆叠出该问题的最优解。

1. 贪心与迭代、回溯

你是否发现，无论从基本思路还是实现框架来看，贪心算法都像极了迭代？它每做一次贪心选择，就将所求问题简化为一个规模更小的子问题，通过每一步贪心选择来得到问题的一个最优解。贪心算法简直就是以迭代的方法相继做出的贪心选择！

那么回溯呢？要知道，迭代与回溯可是相辅相成的。

回想一下，我们一再强调：局部最优所组成的全局解有时并不一定是全局最优解。为什么呢？正是因为贪心算法没有回溯！

无论是迭代还是回溯，都有一个"当前解是否为全局最优解"的判断环节，如果不是则返回上一步，而贪心算法完全没有"回头"的意思，因此虽然每一步都能获得局部最优解，但是由此产生的全局解并不一定是最优的。

因此，更准确地说，贪心算法是以迭代的方法做出的相继不回溯的贪心选择！

2. 贪心与遍历

贪心算法是怎样确保能得到局部最优解的呢？答案是遍历候选解。贪心算法中也有遍历。

除此之外，必须要说一下贪心算法的预处理思想。无论是背包问题还是最小生成树问题，其都有深刻的体现。在我们选定了贪心标准之后，会按照标准对已知的数据信息进行预处理，通常的预处理是排序。这便是贪心算法中搜索部分与遍历的区别。

在经过预处理之后，贪心算法能较快地找到符合贪心标准的局部最优解，此时便可以停止对后续元素的遍历而跳入对下一个子问题的求解中，省去了寻找全局最优解时很多不必要的穷举操作。

正是因为没有遍历和回溯的"谨小慎微"，贪心算法解决相应问题时要简单和高效得多。因此，贪心算法与其他算法相比运行速度上具有一定的优势。如果一个问题可以同时用几种方法来解决，那么贪心算法应该是较好的选择之一；如果一个问题的最优解只能用"蛮力"法穷举得到，那么贪心算法也不失为寻找问题近似最优解的一种较好的方法。

10.8　本 章 小 结

至此，本书已讲解的算法思想有遍历、迭代、递归、回溯和贪心，对于它们的联系和区别一定要清晰并牢记于心。

本章主讲的贪心算法是一种只考虑在当前状态下如何取得局部最优解的思想，常常用于组合优化问题，它的求解过程是多步判断的过程。值得注意的是，贪心算法并不适用于所有问题，虽然对于每一步而言，贪心算法都能保证获得局部最优解，但由此产生的全局解有时不一定是最优的。

本章详细地介绍了贪心算法的特征与规律、基本思路、设计策略、适用场景和局限性等内容，并嵌入了数据结构及组合优化问题，枚举了埃及分数、马踏棋盘、背包问题、均分纸牌、Prim 算法和 Kruskal 算法等贪心算法的经典实例。

- 埃及分数体现了贪心算法的贪婪特性——找最值。
- 马踏棋盘体现了贪心算法的局限性——求得的解仅为较优解或者部分解，并非最优解，也无法求出所有解。
- 背包问题体现了贪心选择标准选取及预处理的重要性——在选定贪心选择的标准之后，要按照该标准对已知的数据信息进行预处理。通常的预处理操作是排序。
- 均分纸牌算法体现了贪心算法的基本过程，是对贪心算法的整体应用。
- Prim 算法和 Kruskal 算法完美地运用了贪心算法的最小生成树算法，为解决贪心算法的其他问题提供了基本的解题方法和相应的数据结构——分步地将符合条件的边纳入一个集合，再从另一个集合中挑选出符合贪心标准的边放入该集合。

这些实例让我们知道什么情况下应该采用贪心算法，以及如何使用贪心算法。

贪心算法解题快，效率高，但使用的范围却很小，而且每个问题都会有不同的贪心策略，因此在运用贪心算法解题前，有 3 件事要做：

- 判断一个问题是否适用贪心法：目前还没有一个通用的方法可以判断一个问题是否适用贪心算法，在信息学竞赛中需要凭个人的经验来判断。对贪心算法的合理性进行证明通常采用反证法。
- 找到待求解问题的贪心策略：这是运用贪心算法的难点，因为贪心算法问题并没有固定的贪心策略，所幸算法的基本思想总是固定不变的，因此一定要多思考，多训练，熟能生巧。
- 选择一个正确的贪心标准：这是运用贪心算法的核心。在确定了可以用贪心算法之后，还要保证得到问题的最优解，因此在选择贪心标准时不要被表面上看似正确的贪心标准所迷惑，要对所选的贪心标准进行验证，验证通过后才能使用。

第11章 分 治 算 法

什么是分治？顾名思义就是"分而治之"，即把一个复杂的问题分解成两个或多个相似的子问题，再把子问题分成更多、更小的子问题直到子问题可简单求解，然后合并所有子问题的解以求得原问题的解。

二进制和逻辑门使计算机拥有了系统且快速的计算能力，因此相对于人脑而言，计算机的优势在于能够迅速且精确地进行计算。当计算的规模足够大时，计算机的优势是十分明显的，因此可以说，任何一个可以用计算机求解的问题所需的计算时间都与其规模有关。针对于此，分治法（Divide-and-Conquer）应运而生。

分治法的基本思想是将一个难以直接解决的大问题分割为许多规模较小的、相互独立且与原问题的形式相同的子问题，然后逐一击破，分而治之。

分治法有两个解题阶段：

（1）分：把复杂的大问题分解为简单、独立的相似的小问题。

（2）治："治理"小问题，并把小问题的解合并为大问题的解。

简而言之，即为分解—解决—合并。

分治法所适用的问题需要具有以下两个**特性**：

- 问题可分解为若干个规模较小的相似的子问题，即最优子结构特性；
- 问题的整体解可通过一系列子问题的解合并得到，即合并局部解的特性。

其实，最优子结构的特性与递归思想如出一辙，是分治法的**前提**；而合并局部解的特性则是分治法的**关键**，能否运用分治法完全取决于问题是否具有这两个特性。

分解之后的子问题一般也具有以下两个**特性**：

- 简单性：分解到一定程度的子问题是比较容易解决的；
- 独立性：各个子问题是互相独立的，即子问题之间不包含公共的子子问题。

简单性是毋庸置疑的，问题越简单，所需的解题时间就越少，也就越容易直接求解。例如排序问题：当只有一个元素时，不需要进行比较，时间复杂度为 $O(0)$；当有两个元素时，只需要做一次比较，时间复杂度为 $O(1)$；以此类推。需要排序的元素越多，则需要比较的次数也就越多，问题随着规模的增大也就越来越棘手。

而独立性并非强求，只是涉及分治法的效率：如果子问题之间不独立，则分治法需要多次重复求解公共的子问题，会增加许多不必要的工作。

分治法的思维过程：

（1）先找到最小规模时问题的求解方法。

（2）考虑随着规模增大时问题的求解方法。

（3）确定原问题的求解方法（函数式），设计程序代码。

🔔注意：分治法实际上类似于数学中的归纳法，由 1 到 n-1，再由 n-1 到 n。

分治法的算法框架如下：

```
# 分治框架
def divideAndConquer(p):
    '''
    p：当前问题的规模
    p0：问题的最小规模
    pi：当前各个子问题的规模
    y：当前问题的解
    y0：最小问题的解
    yi：当前各个子问题的解
    '''
    if p <= p0:
        return y0
    else:
        将问题 n 分解为 k 个子问题
        for i in range(k):
            yi = divideAndConquer(pi)
        y = y1 + y2 + …… + yk
        return y
```

在计算机科学中，分治法是一种很重要的算法，分治的技巧也是快速排序、归并排序及快速傅里叶变换等许多高效算法的基础。除此之外，还有前面介绍的汉诺塔问题、最近点对问题、全排列问题，以及本章将要介绍的二分查找问题、凸包问题和最大连续子序列问题，都有分治法的影子。

11.1　鸳鸯巧促成双对 Ⅱ

还记得前面所举的螺丝的例子吗？一个类似于对玉比单玉更值钱，对袜比单袜更实用的例子，也就是最近点对问题。

回忆一下问题的描述：给你 n 个点，需要你求出最近的两个点以及它们之间的距离。

当时我们运用的是暴力求解法——遍历所有的点，求出任意两个点之间的距离，然后进行比较并取最小值。这是解决最近点对问题的最简单的方法，由于只考虑任意两个点之间的距离，需要用到两个 for 循环进行遍历，时间复杂度为平方级别，即 $O(n^2)$。

由于我们的测试数据并不多，可能感觉不到算法效率的优越性，然而当 n 不断增大时，运用遍历法求解螺丝的例子则随时有超时报错的风险。

此时就需要用分治法来帮忙。如果运用分治法，则其时间复杂度就是线性对数级，效率将大大提升。既然是由于问题规模变大而导致无法解决，那就再次将问题进行分解，使其规模变小，然后再进行求解。

　　首先分析一下螺丝问题是否具备适合分治法的特性：规模越小越容易求解，并且同时具有最优子结构的特性和合并局部解的特性，因此适用于分治法。

　　思路分析：

　　（1）分解：对所有的点按照 x 坐标（或者 y 坐标）从小到大进行排序，然后分解为等长的左点集 left 和右点集 right。

　　（2）解决：分别寻找左右点集的最近点对 lmin 和 rmin，算得二者的距离 ldis 和 rdis，如果某点集只有一个点，则说明该点集中不存在最近点对。

　　（3）合并：合并左右点集的解，取出最短距离 dis 下的最近点对 points。需注意的是，最近点对不一定单独存在于左右点集中，有可能介于二者之间，这就是中轴线两端最近点对的情况。那么该怎么做呢？

　　设想一下，对所有的点按照 x 坐标（或者 y 坐标）从小到大排序后再进行等长分解，那么可以取左右点集中相邻的两个点，利用平均数公式求得中间值 mid，则可划分出一个[mid-dis, mid+dis]区域。如果存在其他的最近点对，则必然在这个区域，如图 11.1 所示。

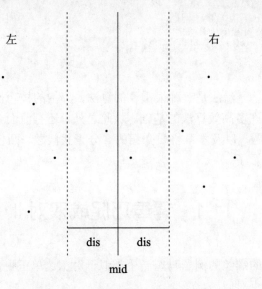

图 11.1　区域[mid − dis, mid + dis]

🔊注意：中间值也可以取 x 坐标的中位数。

　　如此，我们便只需要依次取出左点集[mid-dis, mid]区域的点来寻找右点集[mid, mid+dis]区域是否有符合条件的点便可以。

　　实现代码如下：

```
# 基础数学库中的开方
from math import sqrt
```

```python
# 求点对的距离
def dist(points):
    '''
    :para points：测距的点对，形式为[a, b]或者(a, b)
    :return points 中 a、b 两点的欧氏距离
    '''
    return sqrt(pow(points[0][0] - points[1][0], 2) + pow(points[0][1] -
points[1][1], 2))
# 查找最近的点对
def minPoints(points):
    # 如果点的个数大于 2
    if len(points) > 2:
        # 继续分解
        closest = nearestPoints(points)
    # 如果不大于 2，包括 2, 1, 0
    else:
        # 参数即为最近点（对）
        closest = points
    # 如果刚好是两个点
    if len(closest) > 1:
        # 计算欧氏距离
        dis = dist(closest)
    # 如果点的个数不构成对
    else:
        # 距离为最大
        dis = float("inf")
    # 返回最近点对及其距离
    return closest, dis
# 最近点对问题（分治）
def nearestPoints(p):
    # 点的个数
    length = len(p)
    # 平分为左右两个集合
    left = p[0 : length//2]
    right = p[length//2 : ]
    # 以左点集的最右点和右点集的最左点求出 x 坐标的中间值
    mid = (left[-1][0] + right[0][0])/2
    # 左点集的最近点对和最小距离
    lmin, ldis = minPoints(left)
    # 右点集的最近点对和最小距离
    rmin, rdis = minPoints(right)
    # 如果右距离更短
    if ldis > rdis:
        # 则距离和点对都为右
        dis = rdis
        points = rmin
    # 如果左距离更短
    else:
        # 则距离和点对都为左
        dis = ldis
        points = lmin
```

```
        # 介于左右之间的可能点对
    mid_min = []
        # 先取左点集
    for i in left:
            # 筛选与中间线距离在 dis 内的左点
        if mid - i[0] <= dis:
                # 再取右点集
            for j in right:
                    # 筛选与左点距离在 dis 内的右点
                if j[0] - i[0] <= dis and abs(i[1] - j[1]) <= dis:
                        # 如果中间点对的距离更短
                    if dist([i,j]) <= dis:
                            # 将点对加入队列
                        mid_min.append([i,j])
        # 如果存在中间可能的点对
    if mid_min:
            # 用于存放距离：点对
        mid_dis = []
            # 逐一对可能的点对进行计算
        for i in mid_min:
                # 以距离为 key 值
            mid_dis.append({dist(i):i})
            # 按照距离从小到大进行排序
        mid_dis.sort(key=lambda x: x.keys())
            # 返回最小点对
        return list((mid_dis[0].values()))[0]
        # 若无中间点对，则说明最近点对在左点集或者右点集
    else:
            # 返回左右点集中的最近点对
        return points
if __name__ == "__main__":
    point = [(-1, 3), (-2, -2),
            (1, -4), (2, 1),
            (1, 5), (3, 3),
            (3, 0), (5, 1),
            (7, 3), (7, 6),
            (5, 6), (3, 7)]
    # 实现从小到大进行排序
    point.sort()
    # 调用并输出
    print("最近点对为: ", nearestPoints(point))
```

输出结果如下：

最近点对为: [(2, 1), (3, 0)]

[(2, 1),(3, 0)]正是第 6 章中给出的答案。但是还存在一种最坏的情况：如果划分得到的[mid-dis, mid+dis]区域包含原始点集中的所有点，那么此时上述代码的时间复杂度仍然和暴力求解法的遍历一样，为 $O(n^2)$，这并非我们乐意看到的，毕竟用分治法的初衷是降低算法的时间复杂度。兜兜转转却又回到了起点，这是十分糟糕的。

幸运的是，Preparata 和 Shamos 在 1985 年具体分析了[mid-dis, mid+dis]区域可能出现的情况：如果(p,q)是 Q 的最近点对，p 点在带域左半部分，则 q 点必在如图 11.2 所示的 $\delta \times 2\delta$ 的长方形区域，而该长方形区域最多只能有右边点集的 6 个点，使得每个点对之间的距离均大于或等于 δ。

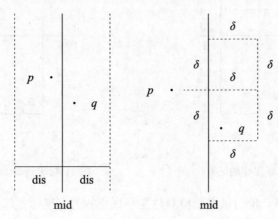

图 11.2 $\delta \times 2\delta$ 定律

可是，为什么是 6 个点呢？我们采用反证法来解答。

将如图 11.2 所示的 $\delta \times 2\delta$ 长方形均分为 6 个 $\dfrac{\delta}{2} \times \dfrac{2\delta}{3}$ 的小长方形，如图 11.3 所示。

假设在 $\delta \times 2\delta$ 的长方形中存在大于 6 个点的情况，则必有一个或多个小长方形存在两个或以上的点，而小长方形的最长距离是对角线：

$$\sqrt{\left(\frac{\delta}{2}\right)^2 + \left(\frac{2\delta}{3}\right)^2} = \frac{5\delta}{6}$$

显然，$\dfrac{5\delta}{6} < \delta$。如果在 $\delta \times 2\delta$ 的长方形中存在 6 个以上的点，则必有两个点的长度小于或等于 $\dfrac{5\delta}{6}$，即小于 δ，这不符合条件，因此最多只有 6 个点。这个证明，将搜索点对的线性时间缩小到了常数级，大大降低了平均时间复杂度。

1998 年，周玉林、熊鹏荣和朱洪教授在《求平面点集最近点对的一个改进算法》中提出：只需要 4 个点便足以确定在中间区域是否存在最近点对。他们利用更加准确的半径画圆，对 Preparata-Shamos 在 1985 年提出的"求平面点集最近点对的一个分治算法"进行了改进，将原来归并时最多需计算 $3n$ 对点对的距离，改进为最多只需要计算 $2n$ 对点对的距离，证明只要对左半域的每个点 p，检验右半域 y 坐标与 p 最近的至多 4 个点即可（上下各两个），如图 11.4 所示。

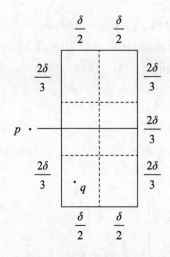 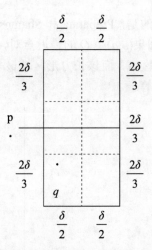

图 11.3　$\delta \times 2\delta$ 定律的证明　　　　图 11.4　Preparata-Shamos 定律

根据以上优化要求，我们只需要检测与左半域点 p 的 y 坐标相邻的 4 个点或 6 个点即可，对应前面的代码，仅仅多了一个 num 计数变量。

实现代码如下：

```
# 先取左点集
for i in left:
    # 筛选与中间线距离在 dis 内的左点
    if mid - i[0] <= dis:
        # 个数统计
        num = 0
        # 再取右点集
        for j in right:
            # 筛选与左点距离在 dis 内的右点，并且不多于 6 个
            if j[0] - i[0] <= dis and abs(i[1] - j[1]) <= dis and num < 6:
                # 计数
                num += 1
                # 如果中间点对的距离更短
                if dist([i,j]) <= dis:
                    # 将点对加入队列
                    mid_min.append([i,j])
```

在分解时，我们对所有的点按照 x 坐标（或者 y 坐标）从小到大进行排序，因此预处理的时间复杂度为 $O(n \log_2 n)$，而在解决时只进行提取点的操作，时间复杂度为 $O(n)$，公式如下：

$$T(n) = \begin{cases} 1 & n \leqslant 3 \\ 2T\left(\dfrac{n}{2}\right) + O(n) & n > 3 \end{cases}$$

因此，整体的时间复杂度为 $O(n \log_2 n)$。

11.2　全排列问题 II

除了"最近点对问题"以外，还有另一个与分治法有关且已讲解过的算法，即全排列问题——输入一个字符串，按字典序打印出该字符串的所有字符所能构成的所有排列。

例如，输入字符串 abc，则打印出由字符 a、b、c 所能排列出来的所有字符串——abc，acb，bac，bca，cab 和 cba。

全排列问题完美地契合了分治法的特性，任意分解都可以得到小规模的相似子问题，把子问题的解一合并便可得到原问题的解，加之小问题十分好解决且不重叠，因此非常适用于分治法。

读者大概也意识到了，其实在运用递归解决全排列问题时笔者便已经融入了分治的思想。

1. 分解

对于序列 $T_1 = [x_1, x_2, x_3, \cdots, x_{n-1}, x_n]$ 而言，分别以 T_1 序列中的每个元素作为第一个固定位，获得第一个位置的所有情况之后，抽去 T_1 序列中该位置的元素，那么剩下的元素便可以看作一个全新的序列 $T_2 = [x_2, x_3, x_4, \cdots, x_{n-1}, x_n]$。

2. 解决

递归地求解子数组 T_2 的全排列（对于序列 T_2，在固定第一个位置的元素之后，抽去序列中的该元素，便又会得到一个全新的序列 T_3），直到 T_n 中剩一个元素时，只存在一种排列情况$[x_n]$，即得到当前子问题的解，此时结束递归。

3. 合并

把每一步的所有子问题的解合并。序列 $T_n=[x_n]$ 的解 $[[x_n]]$ 与元素 x_{n-1} 合并，得到序列 $T_{n-1} = [x_{n-1}, x_n]$ 的全排列$[[x_{n-1}, x_n], [x_n, x_{n-1}]]$；然后再将序列 T_{n-1} 的解 $[[x_{n-1}, x_n], [x_n, x_{n-1}]]$ 与元素 x_{n-2} 合并，得到 T_{n-2} 的全排列；以此类推，最后将 $T_2 = [x_2, x_3, x_4, \cdots, x_{n-1}, x_n]$ 的解与元素 x_1 合并，得到所有的排列形式。

或许看图示更清晰和直观一些，下面依旧以[a,b,c,d]为例进行介绍。

（1）分解的过程如图 11.5 所示。

（2）合并的过程如图 11.6 所示。

这么一看，递归和分治是同时存在的，我们将分治的思想融入递归中，或者说将递归方法应用到分治中，从而解决了全排列问题。

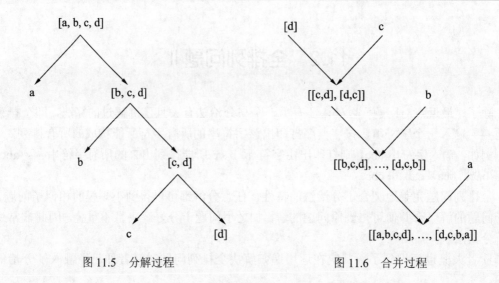

图 11.5 分解过程 图 11.6 合并过程

11.3 你能找到它吗

二分搜索（Binary Search）也叫二分查找或折半查找，是一种在有序数组中查找某个指定元素的十分高效的搜索方法。由于二分搜索的特点完全符合分治法所适用的问题，因此分治法成为二分搜索的不二之选。

二分搜索先从数组的中间元素开始搜索，如果中间元素正好是要查找的元素，则搜索结束；如果中间元素大于或小于待查找的元素，则在数组大于或小于中间元素的那一半中继续查找；如果数组为空，则代表特定元素不存在于数组中。其基本思想为：确定待查找元素的所在范围，然后逐步缩小范围，直到找到（如果存在）或找不到（如果不存在）该元素的位置。二分搜索算法的每次比较都会使搜索范围缩小一半。

二分搜索的基本要求如下：

- 原数组必须是有序的线性表；
- 数组内的元素不可重复（否则只能找出其中重复元素的索引）。

二分搜索的基本步骤如下：

（1）假设每次查询范围的第一个元素下标为 start，最后一个元素的下标为 end，则可确定查找范围的中间位置为：

$$mid=\frac{start+end}{2}$$

（2）将待查找元素 x 与 data[mid]相比较，此时有 3 种情况：

- 如果 x=data[mid]，则查找成功，返回该位置。
- 如果 x＞data[mid]，则 data[start: mid+1]均可舍弃，如果在数据表 data 中存在元素 x，

则其必定位于 data[mid+1: end+1]的范围区间内，然后以此为新的查找区间，继续
进行二分查找。

- 如果 x＜data[mid]，则 data[mid: end+1]均可舍弃，如果在数据表 data 中存在元素 x，
  则其必定位于 data[start: mid]的范围区间内，然后以此为新的查找区间，继续进行
  二分查找。

注意：如果原线性表无序，则需要先对其进行排序操作，然后再进行二分搜索。

实现代码如下：

```python
# 二分搜索
def binarySearch (arr, x, start, end):
    '''
    :para  arr: 有序数组
    :para  x: 待查找元素
    :para  start: 查找范围的起点
    :para  end: 查找范围的终点
    :return  x 在 arr[start:end+1]中的索引，如果不存在则返回 -1
    '''
    print("--------------------------------------")
    # 起点必须小于或等于终点
    if start <= end:
        # 中点
        mid = int(start + (end-start)/2)
        print("{}的中位数为：{}".format(arr[start:end+1], arr[mid]))
        # 如果中点恰好等于待查找的元素
        if arr[mid] == x:
            print("由于{} = {}，搜索成功，返回索引值……\n".format(x, arr[mid]))
            # 直接返回索引
            return mid
        # 如果中点大于待查找的元素
        elif arr[mid] > x:
            print("由于{} < {}，进行下一次查找……".format(x, arr[mid]))
            # 需要再比较左边的元素
            return binarySearch(arr, x, start, mid-1)
        # 如果中点小于待查找的元素
        else:
            print("由于{} > {}，进行下一次查找……".format(x, arr[mid]))
            # 需要再比较右边的元素
            return binarySearch(arr, x, mid+1, end)
    # 不存在
    else:
        return -1

# 有序数组
arr = [1, 2, 3, 5, 8, 13, 21, 34, 55]
# 待查找的元素
x = 5
# 调用函数
```

```
result = binarySearch(arr, x, 0, len(arr)-1)
if result != -1:
    print ("元素在数组中的索引为 %d" % result)
else:
    print ("元素不在数组中")
```

输出结果如下：

```
------------------------------------------
[1, 2, 3, 5, 8, 13, 21, 34, 55]的中位数为：8
由于 5 < 8，进行下一次查找......
------------------------------------------
[1, 2, 3, 5]的中位数为：2
由于 5 > 2，进行下一次查找......
------------------------------------------
[3, 5]的中位数为：3
由于 5 > 3，进行下一次查找......
------------------------------------------
[5]的中位数为：5
由于 5 = 5，搜索成功，返回索引值......

元素在数组中的索引为 3
```

实现过程分析如下：

（1）已知 arr=[1, 2, 3, 5, 8, 13, 21, 34, 55]，x=5，start=0，end=8，则

$$mid = \left[0 + \frac{8-0}{2} \right] = 4$$

$$arr[mid]=arr[4]=8$$

因为 5<8，所以取前半部分 arr[start: mid]作为新的查找区间，如图 11.7 所示。

$$arr[0: 4]$$

（2）已知 arr[0: 4]=[1, 2, 3, 5]，x=5，start=0，end=3，则

$$mid = \left[0 + \frac{3-0}{2} \right] = 1$$

$$arr[mid]=arr[1]=2$$

因为 5>2，所以取后半部分 arr[mid+1: end+1]作为新的查找区间，如图 11.8 所示。

$$arr[2: 4]$$

（3）已知 arr[2: 4]=[3, 5]，x=5，start=2，end=3，则

$$mid = \left[2 + \frac{3-2}{2} \right] = 2$$

$$arr[mid]=arr[2]=3$$

因为 5>3，所以取后半部分 arr[mid+1: end+1]作为新的查找区间，如图 11.9 所示。

$$arr[3: 4]$$

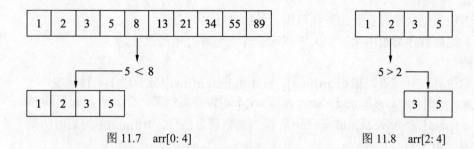

图 11.7　arr[0: 4]　　　　　　　图 11.8　arr[2: 4]

（4）已知 arr[3: 4]=[5]，x=5，start=3，end=3，则

$$mid = \left[3 + \frac{3-3}{2} \right] = 3$$

$$arr[mid]=arr[3]=5$$

因为 5=5，所以查找成功，返回元素 5 在有序数组 arr 中的索引 mid，即 3，如图 11.10 所示。

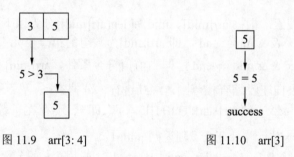

图 11.9　arr[3: 4]　　　　　　　图 11.10　arr[3]

上面所举的例子只是标准的二分搜索问题，我们要学会举一反三，从一个问题的解决方案类推导出许多问题的解决方案。与背包问题一样，二分搜索也有 4 种常见的变形。

（1）返回待查找元素在有序数组中的第一个索引。

思路如下：

当 arr[mid]=x 时，存在以下 3 种情况：

- mid = 0，即 arr[mid] 为数组的第一个元素，则返回 mid；
- mid ≠ 0 && arr[mid−1] < arr[mid]，即当前值与左边值不同，则返回 mid；
- mid ≠ 0 && arr[mid−1] = arr[mid]，即当前值与左边值相同，mid 不为第一个索引，则从右向左收缩查找范围，继续进行二分搜索。

（2）返回待查找元素在有序数组中的最后一个索引。

思路如下：

当 arr[mid]=x 时，存在以下 3 种情况：

- mid = end，即 arr[mid] 为数组的最后一个元素，则返回 mid；
- mid ≠ end && arr[mid] < arr[mid+1]，即当前值与右边值不同，则返回 mid；
- mid ≠ end && arr[mid] = arr[mid+1]，即当前值与右边值相同，mid 不为最后一个

索引，则从左向右收缩查找范围，继续进行二分搜索。

（3）返回有序数组中第一个大于或等于待查询数的元素索引。

思路如下：

递归进行二分搜索，根据 arr[mid]、mid 和 len(arr[mid])分为以下 4 种情况：

- $arr[mid] \geqslant x$ && mid = start，即 arr[mid]为数组的第一个元素，则返回 mid；
- $arr[mid] \geqslant x$ && mid ≠ start，即当前值符合条件，arr[mid]不为数组的第一个元素，则从右向左收缩查找范围，继续进行二分搜索；
- $arr[mid] < x$ && $len(arr[start: end+1]) = 1$，即 x 不存在于数组 arr 中且 arr 中 arr[mid]的后一位元素大于 x，则返回 mid+1；
- $arr[mid] < x$ && $len(arr[start: end+1]) > 1$，即大于 x 的元素在数组 arr 中的当前元素位置的后面，则从左向右收缩查找范围，继续进行二分搜索。

（4）返回有序数组中最后一个小于或等于待查询数的元素索引。

思路如下：

递归进行二分搜索，根据 arr[mid]、mid 和 len(arr[mid])分为以下 4 种情况：

- $arr[mid] \leqslant x$ && mid = end，即 arr[mid]为数组的第一个元素，则返回 mid；
- $arr[mid] \leqslant x$ && mid ≠ end，即当前值符合条件，arr[mid]不为数组的最后一个元素，则从右向左收缩查找范围，继续进行二分搜索；
- $arr[mid] > x$ && $len(arr[start: end+1]) = 1$，即 x 不存在于数组 arr 中且 arr 中 arr[mid]的前一位元素小于 x，则返回 mid-1；
- $arr[mid] > x$ && $len(arr[start: end+1]) > 1$，即大于 x 的元素在数组 arr 中的当前元素位置的后面，则从左向右收缩查找范围，继续进行二分搜索。

11.4　你们都被我包围了

假设你在自家院子里种了许多棵枇杷树，为了明确地划分范围，想用篱笆把所有枇杷树围起来。出于对成本的考虑，篱笆的长度自然是越短越好。现在给出所有枇杷树的位置，求篱笆的最小周长。这便是平面凸包问题。

什么是凸包？假设在平面上有若干个点，过某些点做一个多边形，使得该多边形能将平面内的所有点都"包"起来。当多边形的边数为最小值即为凸多边形时，我们称之为"凸包"（Convex Hull）。凸包是计算几何（图形学）中的一个概念，就像是一个刚好可以围住所有点的方框，如前面所说的篱笆。

那么，什么是凸包问题？在一个二维平面上有若干个点，要求寻找点集最外围的点，由这些点所构成的凸多边形能将点集中的所有点包围起来，如图 11.11 所示。

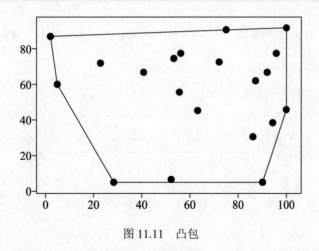

图 11.11　凸包

对于平面凸包问题，依旧可以使用暴力求解方法，思路是：求出在点集中任意两点连接而成的所有线段，判断之后选择一条直线，使得点集剩余的点均在该直线的一侧。然而，该方法显然存在三重循环，时间复杂度达到了前所未见的 $O(n^3)$，仅从时间复杂度来看便不可能被接受。

因此，可考虑使用分治法进行求解。只需要将点集划分为多个子集，分别求取各个子集中的边界点（点集中最外围的点），即可缩小问题的规模，符合最优子结构特性；然后再将所有求得的边界点汇总和合并，得到最终的边界点，这符合合并局部解的特性；而且点数越少，边界点越容易求解，各个子集之间也是相互独立的，这也完全符合分治法的简单性和独立性特性。

如果运用分治法求解凸包问题，则只需要对点集进行一次排序和遍历即可，排序的复杂度为 $O(\log_2 n)$，遍历的复杂度为 $O(n)$，可得出总的时间复杂度为 $O(n \log_2 n)$。显然，对于时间复杂度而言，分治法比暴力法更有优势，对 100 个点进行暴力法求解的耗时甚至比对 100 000 个点进行分治法求解的耗时还要多！虽然由于计算机配置、内存占用和网速等一系列原因，不同的设备产生的结果可能会略有差异，但是总体的性能变化一定是不变的！

接下来我们就用分治法来求解凸包问题。

思路如下：

（1）将点集 points 中的数据按横坐标进行升序排序（如果 x 坐标相同，则按 y 坐标进行排序），找出在横坐标中最小和最大的两个点 $p_{min}=p[0]$ 和 $p_{max}=p[n-1]$，将两点连成一条直线，并用该直线将点集分为上下两个子点集 set_{up} 和 set_{down}，求解凸包问题便分解为求解上凸包和下凸包两个问题。此时，p_{min} 和 p_{max} 必定是凸包的边界点，而在线段 $p_{min}p_{max}$ 上的其他点则必不是边界点，无须考虑，如图 11.12 所示。

（2）求子点集 set_{up} 和 set_{down} 的凸包，即求点集 set_{up} 和 set_{down} 中距离线段 $p_{min}p_{max}$ 最远距离的点。很好理解，当三角形的底不变时，面积越大，则三角形的高越大，从几何图形上看便是顶点越凸出。因此分别从子点集 set_{up} 和 set_{down} 中找出可与线段 $p_{min}p_{max}$ 构成最大

面积的三角形的点 p_{up} 和 p_{down} 后，连接 $p_{min}p_{up}$、$p_{up}p_{max}$、$p_{min}p_{down}$ 和 $p_{down}p_{max}$ 作为新的分割线，如图 11.13 所示。

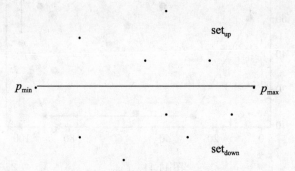

图 11.12　p_{min} 与 p_{max}

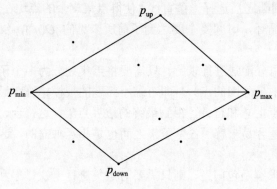

图 11.13　p_{up} 与 p_{down}

（3）再次划分出在点集 set_{up} 中位于线段 $p_{min}p_{up}$ 左侧的点集 $set_{up\text{-}left}$，以及在点集 set_{up} 中位于线段 $p_{up}p_{max}$ 右侧的点集 $set_{up\text{-}right}$，如图 11.14 所示。

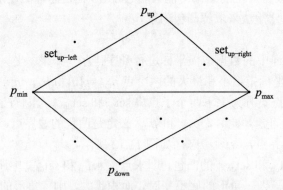

图 11.14　$set_{up\text{-}left}$ 与 $set_{up\text{-}right}$

（4）划分出在点集 set_{down} 中位于线段 $p_{min}p_{down}$ 左侧的点集 $set_{down\text{-}left}$，以及在点集 set_{down} 中位于线段 $p_{down}p_{max}$ 右侧的点集 $set_{down\text{-}right}$，如图 11.15 所示。

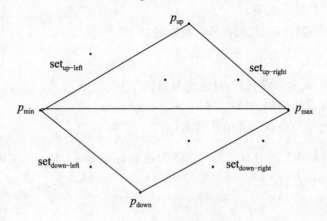

图 11.15　$set_{down\text{-}left}$ 与 $set_{down\text{-}right}$

（5）将 $set_{up\text{-}left}$、$set_{up\text{-}right}$、$set_{down\text{-}left}$ 和 $set_{down\text{-}right}$ 依次重复第（2）步和第（3）步的操作，直到找不到存在于三角形外侧的点。此时，将所有凸包上的边界点直接合并，并将边界点集 border_points 进行一次顺时针排序，便可得到最终的答案。

在上述思路中，有两个重要的问题：

（1）如何求解三角形的面积？

（2）如何判断点在线段的左侧还是右侧？在外侧还是内侧？

我们都学过三角形的面积公式：

$$S_{\triangle}=\frac{1}{2}\times d\times h$$

很遗憾，这个公式并不适用于凸包问题。为什么？试想一下，图 11.15 所示的初始的分割线 $p_{min}p_{max}$ 恰好平行于 x 轴时方便求高，但如果分割线（底）为一条斜线，如图 11.15 中的 $p_{min}p_{up}$、$p_{up}p_{max}$、$p_{min}p_{down}$ 和 $p_{down}p_{max}$，此时求高显然是十分麻烦的；同时，由于公式比较简单，我们并无法得知三角形面积的方向，而在平面凸包问题中，却存在上凸包、下凸包等方向上的区别。因此只得另辟蹊径。

针对这个问题，我们引进行列式的概念。

在线性代数中，三角形面积还有一种行列式的计算方式——叉积：

$$\begin{vmatrix} x_1 & y_1 & 1 \\ x_2 & y_2 & 1 \\ x_3 & y_3 & 1 \end{vmatrix}=x_1y_2+x_3y_1+x_2y_3-x_3y_2-x_2y_1-x_1y_3$$

上面的公式所求的数值的绝对值即为点 x_3 与线段 x_1x_2 所围成的三角形面积的两倍，同时，数值的正负值可用于判断直线与点之间的位置关系。当 x_3 在直线 x_1x_2 的左侧时，该值

为正,反之为负。由于左右之分因人而异,不好规范,
所以我们使用这种表述:当 $x_1 —> x_2 —> x_3$ 为逆时针
顺序时,该值为正,反之为负。

点、线的具体位置与行列式的符号关系如图 11.16
所示。

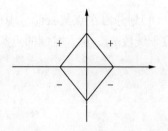

🔔**注意**: 图 11.16 成立的前提是点 (x_1, y_1) 与点 (x_2, y_2)
必须是线段的两端,并且 $x_1 < x_2$,而点 (x_3, y_3)
必须是判断与直线位置关系的点。

图 11.16　叉积符号与点、线位置的关系

由此便可以轻易地写出计算三角形面积的函数 calcArea(a, b, c)。实现代码如下:

```python
def calcArea(a, b, c):
    '''
    判断三角形面积
    :para a b c: 三角形的三个顶点,形式为( , )
    '''
    # 分别取出三个点的 x、y 坐标
    x1, y1 = a
    x2, y2 = b
    x3, y3 = c
    # 行列式计算
    return x1 * y2 + x3 * y1 + x2 * y3 - x3 * y2 - x2 * y1 - x1 * y3
```

为了方便测试,需要一个可随机生成包含 n 个点的点集的函数 genePoints(n),在该函
数中默认 n 为 10,并且范围为[0, 101]。实现代码如下:

```python
# 导入随机库
import random
def genePoints(n = 10):
    '''
    随机生成指定长度的点集
    :para n: 点集中所包含的点的个数,默认为 10
    '''
    # 初始化两个迭代器 x 和 y
    x = []
    y = []
    # 循环 n 次
    for _ in range(n):
        # 随机生成[0, 101]范围内每个点的 x、y 坐标
        x.append(random.uniform(0, 101))
        # uniform——随机生成一个实数
        y.append(random.uniform(0, 101))
    # zip 返回的是对象,需要将其转换为列表
    return list(zip(x,y))
genePoints()
```

输出结果如下:

```
[(85.64794817882918, 71.03896367693395),
 (69.59795625251, 24.678838232962708),
```

```
  (30.202211514244944, 54.33915130039979),
  (57.46268442500888, 97.24964346928518),
  (80.55605530166181, 90.79826565855467),
  (32.12944014046225, 4.590620554036111),
  (66.2096657463396, 15.324366728231361),
  (56.243660876736996, 78.11605812795838),
  (79.86711486809472, 10.925420447279283),
  (58.00057458196207, 74.46816522506201)]
```

接下来便是整个凸包问题中最关键的功能模块——寻找各子点集的边界点与凸包。此处一定要留意上凸包与下凸包的区别。

在求三角形面积的行列式公式中，上凸包是顺势的，即以 $p_{min}p_{max}$ 为分割线，p_{up} 为判断位置的点，坐落于坐标系的第一、二象限中，参照图 11.16 可知，数值的符号均为"+"，此时 $p_{min} \to p_{max} \to p_{up}$ 为逆时针顺序；同理，如果是下凸包，则处于逆势，即以 $p_{min}p_{max}$ 为分割线，p_{down} 为判断位置的点，坐落于坐标系的第三、四象限中，参照图 11.16 可知，数值的符号均为"–"，此时 $p_{min} \to p_{max} \to p_{down}$ 三个点为顺时针顺序。

既然不同，是否应该分开编写上凸包和下凸包的代码呢？

非也，请试着发挥一下你的逆向思维。当求解下凸包时，既然 $p_{min} \to p_{max} \to p_{down}$ 为顺时针，那么 $p_{max} \to p_{min} \to p_{down}$ 不就为逆时针了吗？相当于把下凸包旋转 180° 之后变成了上凸包。换而言之，不以 p_{min} 为起点，而以 p_{max} 为起点。

因此，我们只需要编写一段寻找边界点的函数 borderPoint(first_point, last_point, points, border_points)代码，然后递归调用该函数，将每个子集合的边界点追加到边界点集 border_points 中，直到三角形的面积为 0。实现代码如下：

```python
def borderPoint(first_point, last_point, points, border_points):
    """
    寻找边界点
    :param first_point: 顺时针下的第一个点
    :param last_point: 顺时针下的最后一个点
    :param points: 所有的点集
    :param border_points: 边界点集
    """
    # 最大面积
    max_area = 0
    # 最大面积下的点
    max_point = ()
    # 循环取出点集中的所有点
    for item in points:
        # 如果为头尾点，则不操作
        if item == first_point or item == last_point:
            continue
        else:
            # 计算该点与头尾点所组成的三角形的面积
            item_area = calcArea(first_point, last_point, item)
            # 如果发现更大的三角形
            if item_area > max_area:
                # 二者置换
```

```
                    max_point = item
                    max_area = item_area
        # 如果三角形的外边仍有其他点
        if max_area != 0:
            # 将边界点加入边界点集
            border_points.append(max_point)
            # 寻找三角形左边的下一个边界点
            borderPoint(first_point, max_point, points, border_points)
            # 寻找三角形右边的下一个边界点
            borderPoint(max_point, last_point, points, border_points)
```

　　由于边界点集 border_points 中的点坐标为递归调用后追加，其顺序并不符合正确答案，所以还需要对其进行顺时针排序，这样才不会混淆不同边界线上的两个顶点。那么如何进行顺时针排序呢？在学习递归时我们已经掌握了递归的运算规律和前后顺序，因此只需要让排序函数 sortPoints(border_points)先从起点 p_{min} 出发，输出上凸包的所有边界点，再输出 p_{max}，最后输出下凸包的所有边界点即可。实现代码如下：

```
def sortPoints(border_points):
    """
    将边界点集顺时针排序
    :param border_points: 原始边界点集
    :return sort_points: 顺时针排序后的边界点集
    """
    # 将原始边界点集进行初步排序
    border_points.sort()
    # 取出第一个点的 x、y 坐标
    first_x, first_y = border_points[0]
    # 取出最后一个点的 x、y 坐标
    last_x, last_y = border_points[-1]
    # 上半边界
    border_up = []
    # 依次取出边界点集中的点
    for item in border_points:
        # 取出各个点的 x、y 坐标
        x, y = item
        # 如果该点 y 坐标在分割线上方
        if y > max(first_y, last_y):
            # 则必为上边界的点
            border_up.append(item)
        # 如果该点在分割线之间
        elif min(first_y, last_y) < y < max(first_y, last_y):
            # 如果行列式计算结果的符号为正，则说明该点位于分割线的左侧
            if calcArea(border_points[0], border_points[-1], item) > 0:
                # 为上边界的点
                border_up.append(item)
    # 其余的点均为下边界的点
    border_down = [_ for _ in border_points if _ not in border_up]
    # 上边界点不变，下边界点逆序，即为顺时针
    sort_points = border_up + border_down[::-1]
    return sort_points
```

至此，基本的功能模块都已实现。下面通过一个主函数对各个函数进行合理调用并输出结果。实现代码如下：

```
# 主函数
if __name__ == "__main__":
    print("正在为您随机生成区间[0, 100]内的 20 个点……\n")
    # 随机生成 20 个点
    points = genePoints(20)
    print("生成完成！\n\n 点集为：\n", points)
    # 对原始点集进行简单排序
    points.sort()
    # 初始化边界点集
    border_points = []
    # 寻找上边界点
    borderPoint(points[0], points[-1], points, border_points)
    # 寻找下边界点
    borderPoint(points[-1], points[0], points, border_points)
    # 将头尾点都加入边界点集
    border_points.append(points[0])
    border_points.append(points[-1])
    # 顺时针排列边界点集
    sort_points = sortPoints(border_points)
    # 输出排列后的点集
    print("凸包计算中……\n\n 计算完成！\n")
    print("边界点集为：\n", sort_points)
```

输出结果如下：

正在为您随机生成区间[0，100]内的 20 个点……

生成完成！

点集为：
[(95.753001192339, 77.77299206226967), (41.0904091779392,
66.87086484770633), (22.865120941365422, 71.93662854561701),
(87.10381249507661, 62.15630046373535), (56.432401037564176,
77.89493625604129), (90.10583308340715, 5.148537667473311),
(74.78555902234946, 90.34903982298708), (55.59523499546701,
56.084137316786325), (53.27623966993004, 74.6590844351922),
(100.0634643449758, 45.803084011564614), (5.257655349034941,
60.01042040069497), (2.274479379603496, 86.80000241387606),
(85.90206755802896, 30.9171102310076228), (100.1317905427274,
91.74806170184338), (91.974694902211938, 66.95472619135806),
(52.2364894829579, 6.325261717427432), (94.3009005062468,
38.36750004489846), (28.627072569252764, 4.6142471916186425),
(71.98975728607482, 72.60378250903612), (63.194432136162156,
45.499090314828344)]
凸包计算中……

计算完成！

边界点集为：

```
[(100.1317905427274, 91.74806170184338),
 (100.0634643449758, 45.803084011564614),
 (90.10583308340715, 5.148537667473311),
 (28.627072569252764, 4.6142471916186425),
 (5.257655349034941, 60.01042040069497),
 (2.274479379603496, 86.80000241387606)]
```

输出结果比想象的混乱和难懂，大量庞杂的数据难以用人力检验。因此我们还需要导入 Python 的 Matplotlib 库来编写一个画图函数 draw(points, borders_points)，进行成像检验。实现代码如下：

```python
import matplotlib.pyplot as plt
def draw(points, borders_points):
    """
    画图
    :param points: 所有点集
    :param borders_points: 所有边界点集
    :return
    """
    # 初始化 x、y 坐标点列表
    all_x = []
    all_y = []
    # 依次遍历点集中的所有点
    for item in points:
        # 取出各个点的 x、y 坐标
        x, y = item
        all_x.append(x)
        all_y.append(y)
    # 加入第一个边界点，使边界点集连成一个圈，方便画线
    borders_points.append(borders_points[0])
    # 开始画线，注意减 1
    for i in range(len(borders_points) - 1):
        # 取出当前点与下一个点的 x、y 坐标
        one_x, one_y = borders_points[i]
        two_x, two_y = borders_points[i + 1]
        # 在图中将两点连接起来
        plt.plot([one_x, two_x], [one_y, two_y])
    # 在图中画出点集中的所有点
    plt.scatter(all_x, all_y)
    # 显示图形
    plt.show()
# 调用函数画图检测
print("点集与边界点集的图示如下：")
draw(points, sort_points)
```

运行程序，首先会输出如下一句话，然后输出如图 11.17 所示的凸包效果图。

点集与边界点集的图示如下：

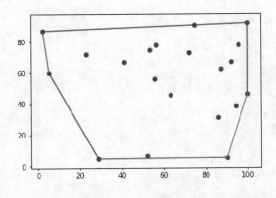

图 11.17　代码输出结果

　　显而易见，外围的凸六边形将平面内所有的 20 个点均包围在内。最后，为使测试者可自主选择想要的点数，在主函数中加入一个输入语句。代码如下：

```
if __name__ == "__main__":
    n = int(input("请输入测试点集的点的个数："))
    print("正在为您随机生成区间[0, 100]内的{}个点......\n".format(n))
```

输出结果如下：

```
请输入测试点集的点的个数：30
正在为您随机生成区间[0, 100]内的 30 个点......
```

11.5　最大连续子序列之和

　　最大连续子序列之和的问题描述如下：

　　给定一个整数序列 $A_1, A_2, \cdots, A_n$，求 $i, j (1 \leq i \leq j \leq n)$，使得 $A_i + \cdots + A_j$ 最大，并输出这个最大和。

　　样例：

- 数字序列：[1, −2, 3, 10, −4, 7, 2, −5]；
- 最大连续子序列：[3, 10, −4, 7, 2]；
- 最大连续子序列和：3+10+(−4)+7+2=18。

　　在一维模式识别中，常常需要计算连续子序列的最大和。当序列中的元素均为正数时，答案是显而易见的。如果序列中包含负数，就不得不思考一个问题：最大子序列中是否应该包含该负数，并且该负数旁边的正数是否足以弥补它？

　　根据题目描述，最直接的解答方法依旧是暴力求解——穷举所有从 i 到 j 的和并比较它们的大小，最大的那个和便是我们所求的最大子序列和。

　　实现代码如下：

```
# 最大连续子序列和（遍历）
def maxSubsequence(arr):
```

```
    # 记录最大和
    num = 0
    # 遍历起点
    for i in range(0, len(arr)):
        # 记录当前最大和
        flag = 0
        # 遍历终点
        for j in range(i, len(arr)):
            # 逐步求和
            flag += arr[j]
            # 取二者最大
            num = max(num, flag)
    # 返回结果
    return num
arr = [1, -2, 3, 10, -4, 7, 2, -5]
# 调用输出
print("最大连续子序列和为", maxSubsequence(arr))
```

输出结果如下：

最大连续子序列和为 18

然而，该算法的时间复杂度依旧很大，为 $O(n^2)$。一般而言，平方级别的时间复杂度并不能算一个高效的算法，因此本节在原有的基础上做了进一步改进，时间复杂度仅为 $O(n \log_2 n)$，即分治法。

思路分析：

根据分治法将复杂的大问题分解为简单和独立的相似小问题的解题思路，我们可以选定一个分割点（分界点），其一般为序列的中位数，然后将样例中的数字序列一分为二，那么最大的子序列只有 3 种情况：

• 最大子序列只存在于左边的数字序列中；
• 最大子序列只存在于右边的数字序列中；
• 最大子序列跨立于左右两边的数字序列。

子序列分解如图 11.18 所示。

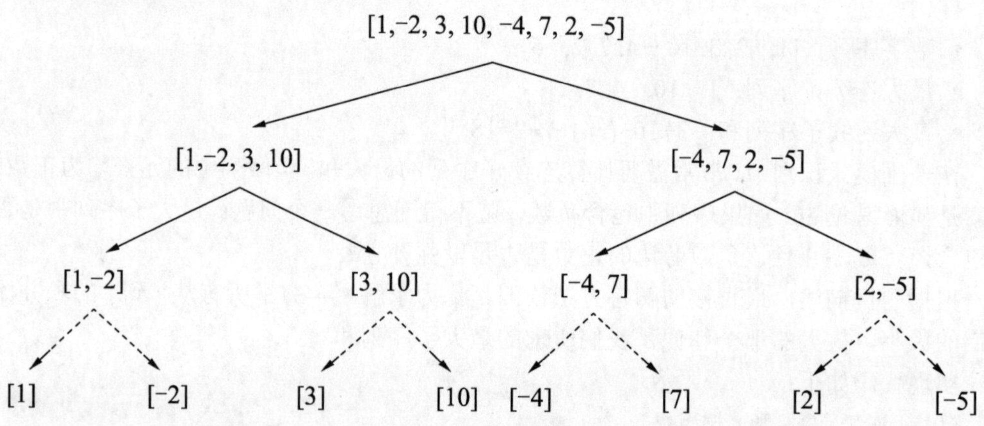

图 11.18　子序列分解

前两种情况都是原问题的简化版，只需要继续递归寻找便可，针对第 3 种情况，即"最大子序列包含分界点且跨越左右两边的子序列"，只有一种解法，那就是分界点左侧数组的最大后缀加上分界点右侧数组的最大前缀。因此，从分界点开始向前扫描，然后再向后扫描即可。

注意：分界点已在左侧或右侧数组中。

最大子序列和的计算过程如图 11.19 所示。

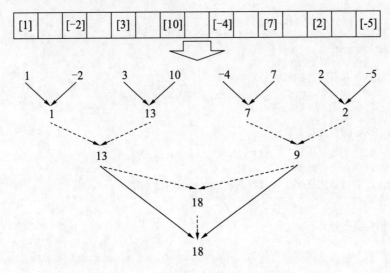

图 11.19　最大子序列和的计算过程

实现代码如下：

```python
# 最大连续子序列和（分治）
def maxSubsequence(arr, start, end):
    # 如果序列只有一个元素
    if start == end:
        # 该元素即为最大子序列
        return arr[start]
    # 计算分割点，必须是整数
    mid = (start + end) // 2
    # 情况一：在分割点左边
    left_max = maxSubsequence(arr, start, mid)
    # 情况二：在分割点右边
    right_max = maxSubsequence(arr, mid+1, end)
    # 情况三：跨越左右两边
    # 测试值
    flag = arr[mid]
    # 分割点左边的最大连续子序列
    left = arr[mid]
    # 从中间向左递推
    for i in range(mid-1, start-1, -1):
```

```
        # 计算每一格的和
        flag += arr[i]
        # 如果最大值小于测试值
        if left < flag:
            # 替换
            left = flag
    # 测试值
    flag = arr[mid + 1]
    # 分割点右边的最大连续子序列
    right = arr[mid + 1]
    # 从中间向右递推
    for j in range(mid + 2, end+1):
        flag += arr[j]
        if right < flag:
            right = flag
    # 将分割点左右两边的最大值相加
    mid_max = left + right
    # 取左、右、中三者中的最大值
    result = max(left_max, right_max, mid_max)
    # 输出子序列、分界点及最大和，以方便检验
    print("当前序列为: ", arr[start : end+1])
    print("当前分界点为: ", arr[mid])
    print("当前最大连续子序列和为: ", result)
    print("-----------------------")
    return result
# 样例中的数字序列
arr = [1, -2, 3, 10, -4, 7, 2, -5]
print("所以，最大连续子序列和为", maxSubsequence(arr, 0, len(arr)-1))
```

输出结果如下:

```
当前序列为: [1, -2]
当前分界点为: 1
当前最大连续子序列和为: 1
-----------------------
当前序列为: [3, 10]
当前分界点为: 3
当前最大连续子序列和为: 13
-----------------------
当前序列为: [1, -2, 3, 10]
当前分界点为: -2
当前最大连续子序列和为: 13
-----------------------
当前序列为: [-4, 7]
当前分界点为: -4
当前最大连续子序列和为: 7
-----------------------
当前序列为: [2, -5]
当前分界点为: 2
当前最大连续子序列和为: 2
-----------------------
```

```
当前序列为：[-4, 7, 2, -5]
当前分界点为：7
当前最大连续子序列和为：9
-----------------------
当前序列为：[1, -2, 3, 10, -4, 7, 2, -5]
当前分界点为：10
当前最大连续子序列和为：18
-----------------------
所以，最大连续子序列和为 18
```

相比于暴力穷举，分治法的时间复杂度要小许多，当然代码也难懂一些，但其算法思想却是很简单的。其实就是将数字序列分成两部分来计算，用递归分别求出两部分序列中的最大子序列和，然后从序列中间的分界点向左右两边遍历求出包含分界点的连续序列的最大和，二者取大即为最终结果。

11.6　浅谈分治与递归、遍历及贪心

分治法的设计思想是：将一个难以直接解决的大问题分割成一些规模较小的相同问题，以便各个击破，分而治之。

如果原问题可分割成 k 个子问题，$1<k\leq n$，并且这些子问题都可解且可利用这些子问题的解求出原问题的解，那么这种分治法就是可行的，是符合分治法的最优子结构性质和合并局部解性质的。

1．分治与递归

分治法有两个解题阶段：

（1）分：把复杂的大问题分解为简单且独立的相似小问题；

（2）治："治理"小问题，并把小问题的解合并为大问题的解。

由分治法产生的子问题往往是原问题的较小模式，这就为使用递归方法提供了方便。回想一下递归的两个解题阶段：

（1）递：把复杂的大问题递变成简单、重复的小问题；

（2）归：把简单的小问题的解归并成复杂的大问题的解。

显然，虽与分治法表述不同，"里子"却如出一辙。在这种情况下，反复应用分治手段，可以使子问题与原问题类型一致但其规模却不断缩小，最终使子问题可以很容易地直接求出解。这自然会导致递归过程的产生。分治与递归像一对孪生兄弟，经常同时应用在算法设计中，我们将分治的思想融入递归中，又将递归的方法融入分治中，由此产生了许多高效算法。

因此我们可以将分治法的设计策略定义为：对于一个规模为 n 的问题，如果该问题可以容易地解决（比如规模 n 较小）则直接解决，否则就将其分解为 k 个规模较小的子问题，

这些子问题互相独立且与原问题形式相同，然后递归地解这些子问题，最后将各子问题的解合并得到原问题的解。

2．分治与遍历

与分治法有密切关联的另一个算法思想就是遍历法。在前面的几个例子中我们多次提到暴力穷举的方法，并在此基础上进行改进、提升从而引出了分治，正是因为二者有密切的关联。

当我们运用分治法将复杂的大问题分解为简单的小问题后，会对小问题进行直接求解，而最常用的求解方法便是遍历。遍历法的思想最简单、直接且最易于理解，只是由于其时间复杂度过大而不是首选方法，然而当分解之后问题规模变得很小时，遍历法的弊端就不明显了，自然成为直接求解的最佳选择。

当然，对于时间复杂度而言，分治法依旧比暴力法优秀许多。

3．分治与贪心

分治法与贪心法的思路也极其相像。

分治法的解题思路如下：

（1）把复杂的大问题分解为简单且独立的相似小问题。

（2）直接求得小问题的解。

（3）把小问题的解合并为大问题的解。

贪心法的解题思路如下：

（1）将问题转化为有规律可循的数学模型，并分为若干个子问题。

（2）确定适合的贪心策略，针对每个子问题求出局部最优解。

（3）将子问题的局部最优解合并，生成原问题的一个解。

可以看出，二者的解题思路有诸多相同之处，同样要求原问题符合最优子结构性质，同样要求子问题具备简单性和独立性；思路同样是"分解——解决——合并"三部曲，子问题同样是求"最优解"。

分治法与贪心法的区别在于：

- 贪心法不从整体上考虑最优，所考虑的仅仅是某种意义上的局部最优；
- 分治法则要求问题的整体解是通过一系列子问题的解合并得到的。

一句话总结：如果具备最优子结构性质和子问题的简单性而不具备合并解，则可以考虑使用贪心法。

11.7　本　章　小　结

至此，我们已介绍完所有的算法思想，包括遍历、迭代、递归、回溯、贪心及分治。

对于它们的联系和区别读者一定要做到心中有数。

分治法是将一个难以直接解决的大问题，分割成一些规模较小的子问题，并且这些子问题都可解，可利用这些子问题的解求出原问题的解。

与分治法相关的问题一般都是大规模问题，此类问题有以下两个关键特征：

- 最优子结构：可分解为若干个规模较小的相似子问题；
- 合并局部解：整体解可通过一系列子问题的解合并得到。

由大规模问题分解所得的小问题，也有以下两个关键特性：

- 简单性：分解到一定程度的子问题是比较容易解决的；
- 独立性：各个子问题是互相独立的，即子问题之间不包含公共的子子问题。

与递归、回溯一样，分治作为一种解决问题的算法思想，仅仅知道其概念和原理是远远不够的，还需要培养这种思维方式，因此必须要有针对性地多练习，多动脑，只有这样，以后遇到类似问题时才能轻而易举地解决。

因此，本章在介绍分治法的基本思想、解题阶段、思维过程和算法框架之后，相继以汉纳塔问题、最近点对问题、全排列问题、二分查找问题及其四种变形形式，平面凸包问题，以及最大连续子序列和问题详细介绍了遍历与分治的区别、联系及具体应用。

在介绍算法实例时，先利用最简单的遍历法帮助读者理解各个问题与其解题思路，在问题不断扩大后，遍历开始"力不从心"，于是在遍历算法的基础上进行进一步的修改和提升，从而引入分治法。在运用分治法将大规模问题分解为若干个可直接求解的较小的相似子问题后，又回过头运用遍历法求出简单子问题的答案，而后合并得到问题的整体解。

不仅是遍历法，分治与递归也如孪生兄弟般十分相似，二者名字拆开便是各自的两个解题阶段，"分"对应"递"，"治"对应"归"，都是分解问题而后合成解。分治为递归提供了必要的环境，而递归为分治提升了算法效率，二者相互融合，相互促进，产生了许多高效的算法。

同样，分治也与贪心不谋而合。二者对问题的算法思路都是"分解——解决——合并"，区别是分治法要求一系列子问题的解合并可取得问题的整体解；而贪心法则不从整体上考虑最优解，它所考虑的仅仅是某种意义上的局部最优解。

当然，值得注意的是，分治法并不适用于所有问题。如果具备最优子结构性质和子问题的简单性，而不具备合并解，则不符合利用分治法求得整体最优解的要求，此时可考虑使用贪心算法；如果满足以上要求，但子问题之间不独立，虽然依旧可以使用分治法，但是需要多次重复求解公共的子问题，额外增加了许多不必要的工作，则应考虑使用动态规划。

推荐阅读